高职高专"十二五"工学结合精品教材(食品类)

食品添加剂应用技术

杨玉红　主　编

中国质检出版社
中国标准出版社
北　京

图书在版编目(CIP)数据

食品添加剂应用技术/杨玉红主编.—北京:中国质检出版社,2013.4(2020.1重印)

高职高专"十二五"工学结合精品教材(食品类)/贡汉坤编

ISBN 978-7-5026-3776-7

Ⅰ.①食… Ⅱ.①杨… Ⅲ.①食品添加剂—教材 Ⅳ.①TS202.3

中国版本图书馆 CIP 数据核字(2013)第 021081 号

内 容 提 要

本教材以我国《食品安全国家标准 食品添加剂使用标准》(GB 2760—2011)为基础,参考了国内外最新的研究成果,内容新颖、实效性强。该教材的最大特色是考虑了各相关课程的衔接以及学习与应用的衔接,根据食品产品开发和生产实际需要编排各章节内容。全书共分十一章,按照食品保鲜防腐、抗氧化,食品调味、调色、调香、调质,食品酶制剂,食品营养强化和工艺助剂的顺序,分别介绍了各类食品添加剂的基本性质、化学结构、基本毒理学、功能特点、作用原理、使用方法和应用范围,以及国内外食品添加剂管理办法、标准等不同层次的内容。

本书可作为有关院校食品专业教材,也可供从事食品加工、食品卫生的科研人员、技术人员和管理人员阅读、参考。

中国质检出版社
中国标准出版社 出版发行

北京市朝阳区和平里西街甲 2 号(100013)

北京市西城区三里河北街 16 号(100045)

网址:www.spc.net.cn

总编室:(010)64275323 发行中心:(010)51780235

读者服务部:(010)68523946

中国标准出版社秦皇岛印刷厂印刷

各地新华书店经销

*

开本 787×1092 1/16 印张 15.75 字数 377 千字

2013 年 4 月第一版 2020 年 1 月第七次印刷

*

定价 38.00 元

教材编委会

本书编委会

主　　编　　杨玉红

副　主　编　　李平凡　　王卉兰

参编人员　　（按姓名汉语拼音排列）

冀国强（山东药品食品职业学院）

李光辉（河南瑞贝特兔业有限公司）

李平凡（广东轻工职业技术学院）

苗翠翠（威海职业学院）

阳元娥（广东轻工职业技术学院）

秦令祥（河南帮太食品有限公司）

杨玉红（鹤壁职业技术学院）

王永刚（鹤壁职业技术学院）

王卉兰（威海职业学院）

邹　　建（江苏雨润集团）

张　　帆（鹤壁职业技术学院）

张德欣（阜阳职业技术学院）

编者的话

为适应高职高专学科建设、人才培养和教学改革的需要，更好地体现高职高专院校学生的教学体系特点，进一步提高我国高职高专教育水平，加强各高等职业技术学校之间的交流与合作，根据教育部《关于加强高职高专教育人才培养工作的若干意见》等文件精神，为配合全国高职高专规划教材的建设，同时，针对当前高职高专教育所面临的形势与任务、学生择业与就业、专业设置、课程设置与教材建设，由中国质检出版社组织北京农业职业学院、苏州农业职业技术学院、天津开发区职业技术学院、重庆三峡职业学院、湖北轻工职业技术学院、广东轻工职业技术学院、河南鹤壁职业技术学院、广东新安职业技术学院、内蒙古商贸职业学院、新疆轻工职业技术学院、黑龙江科技职业学院等60多所全国食品类高职高专院校的骨干教师编写出版本套教材。

本套教材结合了多年来的教学实践的改进和完善经验，吸取了近年来国内外教材的优点，力求做到语言简练，文字流畅，概念确切，思路清晰，重点突出，便于阅读，深度和广度适宜，注重理论联系实际，注重实用，突出反映新理论、新知识和新方法的应用，极力贯彻系统性、基础性、科学性、先进性、创新性和实践性原则。同时，针对高职高专学生的学习特点，注重"因材施教"，教材内容力求深入浅出，易教易学，以利于改进教学效果，体现人才培养的实用性。

在本套教材的编写过程中，按照当前高职高专院校教学改革，"工学结合"与"教学做一体化"的课程建设和强化职业能力培养的要求，设立专题项目，每个项目均明确了需要掌握的知识和能力目标，并以项目实施为载体加强了实践动手能力的强化培训，在编写的结构安排上，既注重了知识体系的完整性和系统性，同时也突出了相关生产岗位核心技能掌握的重要性，明确了相关工种的技能要求，并要求学生利用复习思考题做到活学活用，举一反三。

本套教材在编写结构上特色较为鲜明，设置"知识目标"、"技能目标"、"素质目标"、"案例分析"、"资料库"、"知识窗"、"本项目小结"和"复习思考题"等栏目。编写过程中也特别注意使用科学术语、法定计量单位、专用名词和名称，运用了有关体系规范用法。既方便教学，也便于学生把握学习目标，了解和掌握教学内容中的知识点和能力点。从而使本套教材更符合实际教学的需要。

相信本套教材的出版，对于促进我国高职高专教材体系的不断完善和发展，培养更多适应市场、素质全面、有创新能力的技术专门人才大有裨益。

教材编委会
2013年1月

前　言

安全、营养、美味和保健是人类对食品的四大本质要求。使用食品添加剂可以防止食品腐败变质，延长食品保质期，可以获得需要的食品色、香、味、形等感官品质，还能增加食品营养和强化特殊功能，便于食品加工制造和改进食品加工制造工艺。食品添加剂是实现对食品的四大本质要求的关键性原料，因此有"没有食品添加剂就没有现代食品工业"的说法。食品工业是永恒的朝阳工业，是我国国民经济的支柱之一，在世界经济中也占有重要地位，食品添加剂的重要性不言而喻。

食品品种多种多样，加工制造方法千差万别，各种新食品不断涌现；食品添加剂种类繁多、功能各异。要想真正发挥出食品添加剂的作用，食品开发、加工制造等方面的技术人员必须了解食品添加剂对食品加工制造的应用和重要作用，应该熟知各种食品添加剂的性能、性状、特点、使用方法和范围，还需要掌握食品添加剂有关国家标准、国际标准和法律法规等，这样才能合法地、正确地使用食品添加剂，避免非食品添加剂当食品添加剂使用、食品添加剂超范围使用以及食品添加剂超限量使用，保证食品添加剂的使用安全。本书在编写时以最新的我国《食品安全国家标准　食品添加剂使用标准》(GB 2760—2011)为基础，参考了最新的研究与应用成果，保证内容的新颖性、正确性和实效性。

食品添加剂技术是食品科学技术学科的重要组成部分，是食品类专业教学课程体系不可或缺的一环。本教材的最大特色是考虑了各相关课程的衔接以及学习与应用的衔接，按照食品产品开发和生产实际需要编排各章节和确定内容。按照食品保鲜防腐、抗氧化，食品调味、调色、调香、调质，食品酶制剂，食品营养强化和食品工艺助剂的顺序，分别介绍各类食品添加剂的基本性质、化学结构、基本毒理学、功能特点、作用原理、使用方法和应用范围，以及国内外食品添加剂管理办法、标准等内容，便于读者学习与应用，并根据需要查阅。本书可作为高职高专食品类专业教材，也可作为相关专业人员、教师、学生的参考。

全书由鹤壁职业技术学院杨玉红教授任主编并统稿。参加本书编写的人员多是从事食品添加剂教学的教师及企业技术人员。邹建、秦令祥、李光辉3位企业技术专家参与了教材大纲的制定及内容筛选工作。具体编写分工是：第一章、第四章由广东轻工职业技术学院李平凡编写；第二章、第七章、第十一章由鹤壁职业技术学院杨玉红、王永刚、张帆共同编写；第三章由阜阳职业技术学院张德欣编写；第五章、第九章由威海职业学院王卉兰编写；第六章由威海职业学院苗翠翠编写；第八章由广东轻工职业技术学院阳元娥编写；第十章由山东药品食品职业学院冀国强编写。

本教材在编写过程中得到了编者所在学校、企业及中国质检出版社的大力支持，还参考了许多文献、资料，包括大量网上资料，在此一并表示感谢。

由于编者水平有限,加之时间仓促,收集和组织材料有限,疏漏和不足之处在所难免。敬请同行专家和广大读者批评指正。

编者

2013 年 1 月

目　录

第一章 绪 论

【学习目标】
1.了解食品添加剂的定义、分类和作用。
2.了解食品添加剂的毒理学评价知识。
3.掌握食品添加剂的使用标准及选用原则。

第一节 食品添加剂的定义、分类和作用

一、食品添加剂的定义

2009年6月1日新施行的《中华人民共和国食品安全法》中对食品添加剂的定义是"指为改善食品品质和色、香、味以及为防腐、保鲜和加工工艺的需要而加入食品中的人工合成或者天然物质"。

按照《食品添加剂使用标准》(GB 2760—2011)第2条,中国对食品添加剂定义为:"为改善食品品质和色、香、味,以及为防腐、保鲜和加工工艺的需要而加入食品中的人工合成或者天然物质"。营养强化剂、食品用香料、胶基糖果中基础剂物质、食品工业用加工助剂也包括在内。

在国际上,由于各国国情和理解等的差异,对食品添加剂的定义也不尽相同,但为了减少由此而导致的贸易争端,国外逐渐采用了通用的国际标准。世界各国对食品添加剂的定义不尽相同,联合国粮农组织(FAO)和世界卫生组织(WHO)联合食品法规委员会对食品添加剂定义为:食品添加剂是有意识地一般少量添加于食品,以改善食品的外观、风味、组织结构或贮存性质的非营养物质。按照这一定义,污染物及以增强食品营养成分为目的的食品强化剂均不应该包括在食品添加剂范围内。

不管如何规定,食品添加剂是直接或者间接进入人体的,它必须确保该物质对人体的安全,必须符合有关食品安全法律和法规的要求。诸如添加"三聚氰胺"的毒奶事件,我们必须坚决予以杜绝。

二、食品添加剂的分类

目前,我国商品分类中的食品添加剂种类共有35类,包括增味剂、消泡剂、膨松剂、着色剂、防腐剂等,含添加剂的食品达万种以上。其中,《食品添加剂使用标准》(GB 2760—2011)和卫生部公告允许使用的食品添加剂分为23类,共2400多种;制定了国家或行业质量标准的有364种。主要有酸度调节剂、抗结剂、消泡剂、抗氧化剂、漂白剂、膨松剂、胶基糖果中基础剂物质、着色剂、护色剂、乳化剂、酶制剂、增味剂、面粉处理剂、被膜剂、水分保持剂、营养强化剂、防

腐、稳定剂和凝固剂、甜味剂、增稠剂、食品用香料、食品工业用加工助剂及其他等23类。

防腐剂——常用的有苯甲酸钠、山梨酸钾、二氧化硫、乳酸等。用于果酱、蜜饯等的食品加工中。

抗氧化剂——与防腐剂类似，可以延长食品的保质期。

着色剂——常用的合成色素有胭脂红、苋菜红、柠檬黄、靛蓝等。它可改变食品的外观，使其增强食欲。

增稠剂和稳定剂——可以改善或稳定冷饮食品的物理性状，使食品外观润滑细腻。他们使冰淇淋等冷冻食品长期保持柔软、疏松的组织结构。

膨松剂——部分糖果和巧克力中添加膨松剂，可促使糖体产生二氧化碳，从而起到膨松的作用。常用的膨松剂有碳酸氢钠、碳酸氢铵、复合膨松剂等。

甜味剂——常用的人工合成的甜味剂有糖精钠、甜蜜素等。目的是增加甜味感。

酸味剂——部分饮料、糖果等常采用酸味剂来调节和改善香味效果。常用柠檬酸、酒石酸、苹果酸、乳酸等。

增白剂——过氧化苯甲酰是面粉增白剂的主要成分。增白剂超标，会破坏面粉的营养，水解后产生的苯甲酸会对肝脏造成损害，过氧化苯甲酰在欧盟等发达国家已被禁止作为食品添加剂使用，我国规定2011年5月1日起禁止在食用面粉中添加。

香料——香料有合成的，也有天然的，香型很多。消费者常吃的各种口味巧克力，生产过程中广泛使用各种香料，使其具有各种独特的风味。

各国对于食品添加剂的分类有差异，但一般来说可以按照其功效、来源和安全评价等方面来划分，具体见图1-1。

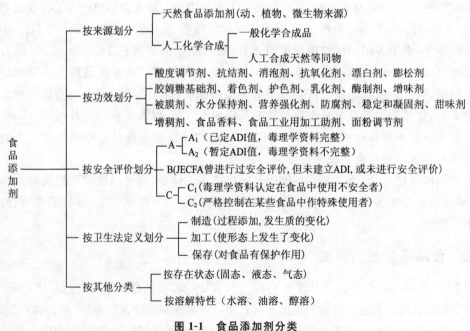

图 1-1　食品添加剂分类

备注:JECFA-FAO/WHO食品添加剂联合专家委员会

ADI(acceptable daily intake)——每人每天允许摄入量，以 $mg \cdot kg^{-1}$ 计算

三、食品添加剂的作用

食以味为先,现代食品工业产品的质量一般取决于原料的质量、加工工艺过程与设备和食品添加剂。其中食品添加剂号称食品工业的秘密武器,为食品工业的飞速发展起到了非常重要的作用,主要体现在以下几点。

（1）防止食品腐败:如防腐剂和抗氧化剂。

食品大多数都来自于动、植物。各种新鲜的食品若不能及时加工或加工不当,很容易造成腐败变质。食品腐败变质后会带来很大损失,甚至危害人体的生命健康。而添加防腐剂可以在一定程度上防止由微生物污染引起的食品中毒作用。抗氧化剂则可以延迟食品的氧化变质,提高食品的贮存时间。

（2）改善食品感官性状:如乳化剂、增稠剂、护色剂、增香剂等。

食品的品质不仅包括其理化指标,也包括色、香、味、形状等。加工过程或加工后的食品会出现颜色、风味和质地等的变化。而适当的使用着色剂、护色剂等食品添加剂则可以明显改善和提高食品的感官质量,满足人们对食品的需求。

（3）有利于食品加工操作:如澄清剂、助滤剂和消泡剂。

在食品的加工过程中,往往会出现沉淀、泡沫、过滤困难等现象,如果处理不好,会直接影响到产品的品质和生产进度。例如,葡萄糖液在过滤时要添加一定量的助滤剂,以提高和稳定过滤速度。

（4）保持或提高食品的营养价值:如营养强化剂。

食品在加工过程中往往会伴随营养物质的损失,所以在食品加工过程中添加诸如抗营养强化剂等,可以明显改善和提高食品的营养价值,可以防止营养不良和营养缺乏,促进营养平衡,提高人们的健康水平。

（5）满足某些需要:例如营养甜味剂可满足糖尿病患者的特殊要求;某些加工食品在真空包装后,为防止水分蒸发需要吸湿剂等。

第二节　食品添加剂的毒理学评价

理想的食品添加剂应该具备以下条件:进入人体后参与正常代谢;在加工或烹调过程中分解或破坏而不摄入人体;进入人体后经体内正常解毒过程后排出体外,不在体内蓄积或与食品成分发生作用产生有害物质。

事实上,食品添加剂并非完全无毒,随着摄入食品添加剂种类的增加,长期少量摄入或一次大量摄入都可能会造成慢性或急性中毒。因此。对食品添加剂要进行毒理学评价,确定对人体的安全性。

一般来说,人们将各种不同物质按其急性毒性试验,即一次给与较大剂量的受试物后,观察动物所产生的毒性反应,并用其半数致死量 LD_{50} 来了解该物质的毒性大小。LD_{50} 即为针对试验对象(试验鼠、兔等)的半数致死摄入量,以 $mg \cdot kg^{-1}$ 计算。

一、毒理学评价的主要内容

食品添加剂的毒理学评价主要内容如下。

（1）理化分析　食品添加剂的化学结构、理化性质、纯度等，该食品添加剂在食品中存在形式以及降解过程和降解产物。

（2）动力学研究　食品添加剂被机体吸收后，在机体内的分布、转运、吸收和排泄。

（3）毒性研究　食品添加剂及其代谢产物对机体可能造成的毒害作用及其机理。包括急性毒性、慢性毒性、对生育繁殖的影响、胚胎毒性、致畸形、致突变性、致癌性、致敏性等方面。

二、毒理学评价的方法

（1）人体观察　直观，有效，但是基于人道的原因，通常不直接做人体观察实验，而是首先要进行实验室研究，取得大量实验室资料表明这个添加剂对人体无害才能进行人体观察。

（2）实验研究　除了做必要的理化、生理或生化分析检验外，通常就是通过动物毒性实验获取资料。

三、动物毒性试验的四个阶段和内容

在进行动物毒性试验时，按照《食品安全性毒理学评价程序》分为以下四个阶段。

（1）第一阶段：急性毒性试验

将食品添加剂在不同剂量水平一次或多次给予试验动物（小鼠或大鼠等），观察动物的中毒情况（中毒性质、症状、持续时间、死亡率和病理解剖），测定 LD_{50}，LD_{50} 即半数致死量：指于既定动物实验期间和条件下统计学上使动物死亡的剂量。①LD_{50}＜10 倍的人摄入量，放弃该添加剂用于食品。②LD_{50}＝10 倍的人摄入量，重复实验或采用另一种方法验证。③LD_{50}＞10倍的人摄入量，可进行进一步毒理学实验。

例如，人对含某种食品添加剂可能摄入量为 1mg/kg（体重）：①LD_{50}＜10mg/kg（体重），放弃该添加剂用于食品；②LD_{50}＝10mg/kg（体重），重复实验或采用另一种方法验证；③LD_{50}＞10mg/kg体重，可进行进一步毒理学实验。

（2）第二阶段：蓄积毒性实验和致突变实验

蓄积毒性试验是用不同性别的动物连续给药 20 天来确定有无剂量—反应关系以确定蓄积性强弱。若蓄积系数小于 3 则放弃试验，若大于或等于 3 则可进入以下试验。

致突变试验是为了对试验化合物判断其有无致癌作用的可能性进行筛选。对细菌诱变试验、微核试验、显性致死试验及 DNA 修复合成试验，可任选三种。根据试验结果确定是否进入下一步试验。

（3）第三阶段：亚慢性毒性实验（90 天喂养实验和繁殖实验）和代谢试验

① 亚慢性毒性实验：观察受试动物以不同剂量水平经 90 天喂养后对动物的毒性作用（性质和靶器官），确定最大无作用剂量（MNL），了解受试物对动物繁殖及对子代的致畸作用，为下一阶段实验提供理论依据。

最大无作用剂量（MNL）：指于既定的动物实验毒性实验期间和条件下，对动物某项毒理学指示不显示毒效的最大剂量。

如果：MNL≤100 倍（人摄入量）表示毒理较强；100＜MNL＜300 倍，表示可进行慢性毒性实验；MNL≥300 倍，不必进行毒性实验。

② 代谢实验：了解添加剂在体内的吸收、分布和排泄情况、蓄积程度及作用的靶器官，了解是否有毒性代谢产物的形成。

（4）第四阶段：慢性毒性试验（包括致癌试验）

慢性试验是观察试验动物长期摄入受试物所产生的毒性反应，确定最大无作用剂量，为受试物能否用于食品的最终评价提供依据。

慢性试验所得到的重要结果是最大无作用剂量（MNL），它小于人的可能摄入量 50 倍时表示毒性较强，应予以放弃；在 50～100 倍之间必须由专家评议；而大于或等于 100 倍时，可考虑用于食品，应制定日允许摄入量（ADI）。

四、食品添加剂毒理学评价程序

根据我国《食品安全性毒理性学评价程序》，对一般食品添加剂和香料类添加剂的规定如下。

1. 一般食品添加剂的毒理学评价程序

（1）属于毒理学资料比较完整、世界卫生组织已经公布 ADI 或者无需规定 ADI 值，需要急性毒性试验和一项致突变试验，首选 Ames 试验或小鼠骨髓核试验。

（2）有一个国际组织或国家批准使用，但世界卫生组织未公布 ADI，或者资料不完整者，在进行第一、第二阶段毒性试验后做初步评价，已经决定是否需要进行进一步毒性试验。

（3）对于天然植物制取的单一组分，高纯度的添加剂，凡属新品种必须先进行第一、第二阶段的毒性试验，凡属国外已经批准使用的，则进行第一、第二阶段毒性试验。

（4）进口食品添加剂，要求进口单位提供毒理学资料及出口国批准使用的资料，由省、直辖市或自治区以及食品卫生监督检验机构提出意见，报食品卫生监督检验所审查决定是否需要进行毒性试验。

2. 香料的毒理学评价程序

香料品种繁多，用量少，故另行规定。

（1）凡属于世界卫生组织已批准使用或者已经制定 ADI 者，以及香料生产者协会（FEMA）、欧洲理事会（COE）和国际食用香料工业组织（IOFI）四个国际组织中的两个或两个以上允许使用的，在进行急性毒性试验后，参照国外资料或规定进行评价。

（2）凡属于资料不全或只有一个国际组织批准的，先进行毒性试验和本程序所规定的，在进行急性毒性试验后，参照国外资料或规定进行评价。

（3）凡属于尚无资料可查，国际组织未允许使用的，先进行第一、第二阶段毒性试验，经初步评价后决定是否需要进行进一步实验。

（4）用动、植物可食部分提取的单一高纯度天然香料，如其化学结构及有关资料并未提示具有不安全性的，一般不要求进行毒性试验。

研究食品中可能存在或混入的化学物质（如食用色素、香精、合成甜味剂等的添加剂、农药、化肥、天然毒素、污染物、微生物毒素及霉菌毒素等）的毒性作用、毒理作用，为其安全性评价、制定日允许量（每日允许摄入量，ADI），最大残留限量等有关的食品卫生标准及预防措施，提供科学依据。

第三节　食品添加剂的使用标准及选用原则

综上所述，食品添加剂有着广泛的用途。正因为如此，很多不良厂家为了节约成本，违规使用食品添加剂。大量人工化学合成的食品添加剂在食品中大量应用，甚至滥用。造成了食品添加剂市场的混乱，鱼目混珠。所以我们必须了解食品添加剂的使用标准和选用原则。一定要在相关法律法规的规定下合理、正确选用食品添加剂。

一、食品添加剂的选用规定

按照食品添加剂的定义可以知道，首先食品添加剂必须具有一定功能，其次对人体必须无任何毒害作用。具体选用时除了必须注意了解政府制定的有关食品添加剂的卫生法规外，还要符合以下规定要求：

（1）经食品毒理学安全性评价，证明在使用限量内长期使用对人体安全无毒；

（2）应有中华人民共和国卫生部颁布并批准执行的使用卫生标准和质量标准；

（3）对营养成分不应有破坏作用；

（4）食品添加剂摄入人体后，最好能参与人体正常的物质代谢或能被正常解毒过程解毒后全部排出体外；在达到一定目的后，能够经过加工、烹调或储存被破坏或排除；

（5）禁止以掩盖食品腐败变质或以掺假、掺杂、伪造为目的而使用食品添加剂；不得经营和使用无卫生许可证、无产品检验合格证及污染变质的食品添加剂；

（6）未经卫生部允许，婴儿及儿童食品不得加入食品添加剂；

（7）选用食品添加剂时还要考虑价格低廉，使用方便，安全，易于储藏和运输处理等；

（8）应用到食品后，可以被分析鉴定出来。

二、食品添加剂的使用标准

为了保证使用食品添加剂的安全性，必须有严格的产品质量标准和卫生标准。据介绍，现在的一些标准交叉重复、指标不统一，许可使用的食品添加剂品种已经为数不少，但已制定国家标准或行业标准的品种并不多。有些在国际上已普遍禁止的品种，在我国仍允许使用。一些食品添加剂缺少残留限量标准和检测方法，现有法规对食品违法经营者的处罚力度也不够。业内人士透露，现行加工食品的国家标准、行业标准正在调整完善，其中食品添加剂标准是重中之重。今后将在标准中明确列出所有禁止添加物质的名单，检测食品质量时，将首先检测产品中可能含有的有害物质。质量技术监督局等相关部门还将加大执法力度，严厉查处滥用食品添加剂等威胁食品安全的行为，让百姓的餐桌更丰富、更环保、更安全。

使用标准即指提供安全使用食品添加剂的定量指标的标准。食品添加剂使用标准一般包括允许使用的食品添加剂种类、使用目的、使用范围以及最大使用量或残留量，有的甚至要注明使用方法。最大使用量一般以 g/kg 为单位。

制定食品添加剂的使用标准要以对食品添加剂的使用情况作出的实际调查和毒理学评价为依据,对某一种或者某一类食品添加剂来说,制定使用标准的程序如图 1-2 所示。

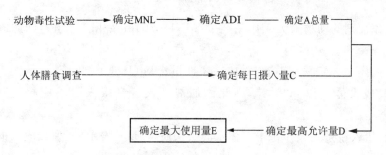

图 1-2　食品添加剂制定使用标准的一般程序

MNL-动物最大无作用量;ADI-人体每日允许摄入量;A-人体每日允许摄入总量;

C-各种食品每日摄入量;D-每种食品中的最高允许量;E-每种食品中的使用标准量

(一)食品添加剂的使用标准

为了强化食品添加剂的安全性,规定了其使用标准。主要包括卫生标准和质量标准。

1. 使用卫生标准

使用食品添加剂必须符合卫生部发布的《食品添加剂使用标准》(GB 2760—2011)。鉴于有的食品添加剂具有一定的毒性,应尽可能不用或少用,必须使用时应严格控制使用范围和使用量。凡列入食品添加剂使用卫生标准的品种,在国家未颁发标准前,可制订地方(或企业)质量卫生标准,由生产厂提出,经省、自治区、直辖市主管部门及卫生主管部门进行审查后,报地方标准局批准,按生产管理办法的有关规定颁发临时生产许可证。食品添加剂使用卫生标准由全国食品添加剂标准化技术委员会审议通过后报卫生部批准颁发。食品添加剂规格质量国家标准由全国食品添加剂标准化技术委员会审议,其中有卫生意义的指标,由主管部门送卫生部审定后,报国家标准局批准颁发。

2. 产品质量标准

食品添加剂必须符合质量标准,并由国务院主管部门会同卫生部或省、自治区、直辖市主管部门会同卫生部门审查,颁发定点生产证明书、生产许可证,方可生产。食品添加剂的生产单位应按规定的质量标准进行生产,逐批检验,经营部门加强验收,卫生部门加强监督检查。食品添加剂包装上应注明:①食品添加剂的品名及生产许可证号;②质量标准、规格、并标注"食品添加剂"字样;③用法说明;④生产厂名、批号、生产日期,保存期限。

和国外相比,我国的食品添加剂的质量标准尚有一定的差距,分散在各行业的添加剂没有制定统一的国家标准。对于没有国家标准的产品,企业应该参照国际或者发达国家标准先制定企业标准。

(二)食品添加剂标准中使用的术语

1. 每日允许摄入量 ADI

人体每日摄入量(Acceptable Daily Intakes;ADI)是以动物最大无作用量。将动物最大无作用量应用到人体时,要充分考虑到人和动物抵抗能力等的差异,以及人与人之间的差异等因素,必须引入一定的安全系数。人和动物之间的安全系数一般取 100~1000,对于某些实验时间短,毒理性资料不足的情况,可以增大安全系数。

$$人体每日允许摄入量(ADI)=\frac{最大物作用量(MNL)}{安全系数}$$

例如,某添加剂的动物最大无作用剂量(MNL)为 10mg/kg(体重),则此添加剂的人体 ADI 为:

$$10mg÷100=0.10mg/kg(体重)$$

如果一般成人体重以 60kg 计,则此添加剂成人每日摄入量不应超过 $0.10×60mg/$(人·日)。

人体每日摄入量是以人体每千克体重的摄入质量(mg)表示的,那么成人的每人允许摄入总量(A),就可用每日摄入量(ADI)乘以平均体重而求得,即:

$$每日允许摄入总量(A)=ADI 值×平均体重$$

2. 食品中最高允许量

若从不同种的食品中摄入某物质的总量(B)等于各种食物中该物质摄入总量(B):

$$B=B_1+B_2+B_3+……+B_n$$

有了该食品添加剂的每日摄入总量 A 后,根据人群的膳食调查,搞清楚膳食中含有该物质的各种食品的每日摄入量 C,就可以分别算出其中每种食品含有该物质的最高允许量 D。

3. 各种食品中的使用标准

某种食品添加剂在每种食品中的最大使用量(E)是其使用标准的主要内容。最大使用量(E)是根据上述相应的食品中的最高允许量(D)制定的。在某些情况下可以相同,但为安全起见,一般都会希望食品中的最大使用量标准略低于最高允许量,具体的要视具体情况而定了。

附:食品添加剂的部分术语简称

ADI(acceptable daily intake):每日允许摄入量,以每千克体重可以摄入的质量(mg)表示,即 mg/kg(体重)。

CAC(Codex Alimentarius Commission):联合国食品法规委员会。

CCFA(Codex Committee on Food Additives):联合国食品添加剂法规委员会。

CCFAC(Codex Committee on Food Additives and Cominants):联合国食品添加剂和污染物法规委员会(1998 年由 CCFA 改为 CCFAC)。

CFR(U. S. Code of Federal Regulation):美国联邦法规汇编。

CI(Colour Index):色素索引。

CE 或 COE(Council of Europe):欧洲理事会。

EBC(Eurpean Brewery Convention):欧洲啤酒酿造协会。

EC(Eurpeaan Community):欧洲共同体。

E. C(Enzyme Commission):国际酶学委员会。

EEC(Eurpeaan Economic Community):欧洲经济共同体。

EOA(The Essential Oil Association of USA):美国精油协会。

FAO(Food and Agruculture Organization of the United Nations):联合国食品与农业

组织。

FCC(Food Chemical Codex)：（美国）食品用化学品法典。

FDA(Food and Drug Administration)：（美国）食品与药物管理局。

FEMA(Flavour Extract Manufacture's Association)：（美国）香味料和萃取物制造者协会。

GB：中华人民共和国国家标准。

GMP(good manufacturing practice)：良好生产规范。

GRAS(generally recognized as safe)：一般公认安全。

HG：中华人民共和国化学工业标准。

HLB(hydophile-lipophile balance)：亲水、亲油平衡。

INS(international numbering system)：国际编码系统。

IOFI(International Organization of the Flavour Industry)：国际食用香料工艺组织。

ISO(International Standard Organization)：国际标准组织。

I. U(international units)：国际单位。

JECFA(joint FAO/WHO Expert Committee on Food Additives)：FAO/WHO 联合食品添加剂专家委员会。

LD_{50}(50% lethal dose)：半数致死量。

LD(lethal dose)：致死剂量。

MRL(maximum residue limit)：最大残留限量。

MTDL(maximum tolerable daily intake)：每日最大允许摄入量。

MNL(maximum no-observable-effect level)：最大无作用量。

QB：中华人民共和国轻工业部标准。

USP(United States Pharmacopoeia)：美国药典。

WHO(Word Health Organization)：（联合国）世界卫生组织。

【复习思考题】

1. 按照来源和用途分类，食品添加剂的分类有哪些？

2. 食品添加剂的选用原则有什么？举例说明。

3. 食品添加剂的毒理学评价程序是什么？

4. 食品添加剂使用标准的制定依据和内容是什么？

5. 解释下列名词：食品添加剂、最大无作用量、阈值、ADI、LD_{50}、WHO、FAO、ISO、FDA、CCFA。

6. 举例说明食品添加剂的发展趋势。

第二章　防腐剂与杀菌剂

【学习目标】

1. 了解食品添加剂的定义、分类和作用。
2. 了解食品添加剂的毒理学评价知识。
3. 掌握食品添加剂的使用标准及选用原则。

第一节　防腐剂抗菌作用的一般机理

一、微生物引起的食品变质

（一）食品腐败

食品腐败变质是指食品受微生物污染。在适合的条件下，微生物的迅速繁殖导致食品的外观和内在发生劣变而失去食用价值的现象。食品发生腐败、在感官上丧失食品原有的色泽，产生各种颜色，发出腐臭气味，呈现不良滋味。如糖类食品呈现酸味，蛋白质类食品呈现苦味和涩味，食品组织发生软化，生着白毛，产生黏液物。从微观上讲，微生物代谢分泌的酶类对食品的蛋白质肽类、肠、氨基酸等含氮有机物进行分解产生多种低分子化合物，如酚、吲哚、腐胺、尸胺、脂肪酸等，然后进一步分解成硫化氢、硫醇、氨、甲烷、二氧化碳等。在这种一系列分解过程中产生大量毒性物质，并散发出令人厌恶的恶臭味；某些分解脂肪的微生物能分解食品中的脂肪而导致其酸败变质。

造成食品腐败的微生物主要有以下 6 种菌属：假单胞菌属、黄色杆菌属、无色杆菌属、变形杆菌属、梭状芽孢杆菌属和小球菌属。

（二）食品霉变

食品霉变是指霉菌在代谢过程中分泌出大量糖酶，使食品中的碳水化合物分解而导致食品变质。食品霉变后，外观颜色改变，营养成分破坏，且染有霉味。若霉变是由产毒霉菌造成的，则产生的毒素对人体健康有严重影响，如黄曲霉素一类可导致癌症，所以防止食品的霉变十分必要。

危害较大的引起食品霉变的霉菌主要有 7 种：毛霉属的总状毛霉、大毛霉、根霉属的黑根霉、曲霉属的黄曲霉，灰绿曲霉，黑曲霉、青霉属的灰绿青霉。

（三）食品发酵

食品发酵是微生物代谢所产生的氧化还原霉促使食品中所含的糖发生不完全氧化而引

起的变质现象。食品常见的发酵有酒精发酵、醋酸发酵、乳酸发酵和酪酸发酵。

酒精发酵是食品中的己酸在酵母作用下降解为乙醇的过程。水果、果汁、果酱和果蔬罐头等食品发生酒精发酵时，都产生酒味。

醋酸发酵是食品中己糖经酒精发酵生成乙醇，进一步在醋酸杆菌作用下氧化为醋酸。食品发生醋酸发酵时，不但质量变劣，严重时还会完全失去食用价值。某些低度酒类、饮料（如果酒、啤酒、黄酒、果汁）和蔬菜罐头等常常发生醋酸发酵。

乳酸发酵是食品中的己糖在乳酸杆菌作用下产生乳酸，使食品变酸的现象。鲜奶和奶制品易发生这种酸变而变质。

酪酸发酵是食品中的己糖在酪酸菌作用下产生酪酸的现象。酪酸污染食品发出一种令人厌恶的气味。鲜奶、奶酪、豌豆类食品发生这种酸变时，食品质量严重下降。

微生物繁殖需要有适合的客观条件，即适当的水分、温度、氧、渗透压、pH和光等。控制食品所处的环境条件或加入防腐剂均可达到食品防腐的目的。

防止食品腐败变质可采用物理方法处理（如冷冻、干制、腌渍、烟熏、加热、辐射等），然而最有效的办法是使用防腐剂。防腐剂能使微生物的蛋白质凝固或变性，从而干扰其生存和繁殖；或改变胞浆膜的渗透性，使微生物体内的酶类和代谢产物逸出导致其失活；或干扰微生物体的酶系，破坏其正常代谢，抑制酶的活性，达到食品防腐的目的。

二、防腐剂抗菌作用的一般机理

食品防腐剂不但抑制细菌、霉菌及酵母的新陈代谢，而且抑制其生长。抑菌作用和杀菌作用表现在微生物的死亡率方面是不同的。根据所使用防腐剂的种类，在通常使用的浓度下，需要经过几天或几周时间、最后才能达到杀死所有微生物的状态。在防腐剂的作用下，杀死微生物的时间符合单分子反应的动力学方程式：

$$k = \frac{1}{t} \ln \frac{Z_0}{Z_t}$$

式中　k——死亡率常数；

　　　t——时间；

　　Z_0——防腐剂开始起作用时的活细胞数；

　　Z_t——经过时间 t 以后的活细胞数。

严格地说，只有防腐剂的剂量相当高时，并且遗传上是均匀的细胞质，此方程式才能成立。还要预先设定一个封闭系统，防腐剂不因蒸发而减少，即使 pH 不发生任何变化，也不会由于二次污染而使更多的微生物进入。

随着防腐剂浓度的增加，微生物的生长速度减慢，而其死亡速率则加快，但还要注意防腐剂的使用浓度，在一定的浓度范围内，大多数微生物被抑制或被杀灭，即能达到有效的防腐作用。虽然经过一段时间后，残存的微生物又会开始繁殖，但此时食物已被食用。一般来说，实际上应在微生物数量比较少的时间就采取防腐措施，而不是在微生物生长期中添加防腐剂。防腐剂不能使已经含有大量微生物的食品回复新鲜状态，实际上，就大多数防腐剂的使用浓度而言，这是根本不可能的。即使在实际的食品保藏中不完全具备这些要求，但上述方程式对研究食品中防腐剂的作用仍是很好的方法。

防腐剂的作用机理有各种看法和假设,1991 年 Glld 对防腐剂作用机理和范围作如下归纳:作用于遗传物质或遗传微粒结构,作用于细胞壁和细胞膜系统,作用于酶或功能蛋白。一般说来防腐剂是多种作用的结果,主要有破坏微生物的细胞膜,干扰微生物的新陈代谢;影响生物过程的电性平衡和抑制酶的活性,对细胞原生质部分的遗传微粒结构产生影响。显然,并不是各种防腐剂都具有全部的作用,而这些作用是相互关联、相互制约的。总的来说,防腐剂的最重要的因素可能是抑制一些酶的反应,或者抑制微生物细胞中酶的合成。一般可能是抑制细胞中基础代谢的酶系,或者是抑制细胞重要成分的合成,如蛋白质的合成或核酸的合成。原则上说,防腐剂也能对人体细胞有同样的抑制作用。但决定的因素是防腐剂的使用浓度,在微生物细胞中所需要的抑制浓度远比人体细胞中要小。就大多数防腐剂而言,防腐剂在人体器官中很快被分解或从体内排泄出去,因此在一定的使用浓度范围内,不会对人体造成显著的伤害。

第二节　合成类防腐剂

防腐剂按来源可分为合成类防腐剂和天然防腐剂,合成类化学防腐剂主要分为有机防腐剂及无机防腐剂两大类。有机防腐剂主要有苯甲酸及其盐类,山梨酸及其盐类,对羟基苯甲酸酯类、丙酸及其盐类,以及乳酸、醋酸等。还有一些其他类型的有机化合物,如联苯、邻苯基苯酚及其钠盐(OPP 及 SOPP)、噻苯咪唑(TBZ)等化合物。无机防腐剂主要有硝酸盐及亚硝酸盐类,二氧化硫、亚硫酸及其盐类,游离氯及次氯酸盐等。这些无机化合物除有防腐作用外,对食品还有一些其他作用。

目前世界各国用于食品防腐的药剂种类很多,对它们的要求是:符合卫生标准,对人体正常功能无影响;与食品不发生化学反应;防腐败效果好;此外还要求使用方便,价格便宜。美国允许使用的约有 50 余种,日本 40 余种。我国《食品添加剂使用标准》GB 2760—2011 公布的防腐剂有:苯甲酸及其钠盐、山梨酸及其钾盐、二氧化硫、焦亚硫酸钠、焦亚硫酸钾、丙酸钠、丙酸钙、对羟基苯甲酸乙酯、对羟基苯甲酸丙酯、脱氢醋酸等。下面介绍常用的几种食品防腐剂。

一、常用的几种食品防腐剂

(一)苯甲酸及苯甲酸钠

苯甲酸亦称安息香酸,化学式 $C_7H_6O_2$,相对分子质量 122.12。苯甲酸钠亦称安息香酸钠,化学式 $C_7H_5O_2Na$,相对分子质量 144.11。

苯甲酸　　　　　　　　　　　苯甲酸钠

1. 性状

苯甲酸为白色有荧光的鳞片状结晶或针状结晶,或单斜棱晶,质轻无味或微有安息香或苯甲醛的气味。在热空气中微挥发,于 100℃左右升华,能与水汽同时挥发。苯甲酸的化学性稳定,有吸湿性,在常温下溶于水,0.34g/100mL(25℃)。溶于热水,4.55g/100mL(90℃),也溶于乙醇、氯仿、乙醚、丙酮、二硫化碳和挥发性、非挥发性油中,微溶于己烷。苯甲酸的相对密度为1.2659,熔点122.4℃,沸点249.2℃。

苯甲酸钠为白色颗粒或晶体粉末。无臭或微带安息香气味,味微甜,有收敛性,在空气中稳定;易溶于水,53.0g/100mL(25℃),其水溶液的pH为8。溶于乙醇,1.4g/100mL(25℃)。

2. 防腐性能

苯甲酸为一元芳香羧酸,酸性较弱,其25%饱和水溶液的pH为2.8,所以其杀菌、抑菌效力随介质的酸度增高而增强。在碱性介质中则失去杀菌、抑菌作用。pH为3.5时,0.125%的溶液在1h内可杀死葡萄球菌和其他菌;pH为4.5时,对一般菌类的抑制最小浓度约为0.1%;pH为5时,即使5%的溶液,杀菌效果也不可靠;其防腐的最适pH为2.5~4.0。

苯甲酸亲油性大,易透过细脑膜,进入细胞体内,从而干扰了微生物细胞膜的通透性,抑制细胞膜对氨基酸的吸收。进入细胞体内的苯甲酸分子,电离酸化细胞内的碱性,并能抑制细胞的呼吸酶系的活性,对乙酰辅酶A缩合反应有很强的阻止作用,从而起到食品防腐作用。苯甲酸对细菌抑制力较强,对酵母、霉菌抑制力较弱。表2-1列出苯甲酸的抑菌力。

表2-1　苯甲酸的抑菌力

微生物属种	pH	最低有效浓度/溶质质量分数
假单胞菌属	6.0	0.02~0.048
小球菌属	5.5	0.005~0.010
链球菌属	5.2~5.6	0.02~0.02
乳酸杆菌属	4.3~6.0	0.03~0.18
大肠菌属	5.2~6.6	0.005~0.012
蜡状芽孢杆菌	6.3	0.05
产孢子菌母	4.6~5.0	0.007~0.015
黑根菌	5.0	0.003~0.012
毛菌	5.0	0.003~0.012
青霉菌	2.5~5.0	0.003~0.028
曲霉菌	3.0~5.0	0.002~0.030
芽枝霉	5.1	0.01

苯甲酸钠的防腐作用机理与苯甲酸相同,但防腐效果小于苯甲酸,pH3.5时,0.05%的溶液能完全防止酵母生长;pH6.5时,溶液的浓度需提高至2.5%方能有此效果。这是因为苯甲酸钠只有在游离出苯甲酸的条件下才能发挥防腐作用。在较强酸性食品中,苯甲酸钠的防腐效果好。本品1.18g的防腐效能相当于1.0g苯甲酸。

3. 毒性

苯甲酸:大鼠经口LD$_{50}$2.7g/kg~4.44g/kg(体重),MNL为0.5g/kg(体重)。用添加

1％苯甲酸的饲料喂养大白鼠,4代试验表明,对成长、生殖无不良影响;用添加5％苯甲酸的饲料喂养大白鼠,全部白鼠都出现过敏、尿失禁、痉挛等症状,而后死亡。成人每服1g苯甲酸,连续3个月,未呈现反应;体内无蓄积作用,无抗原作用,无致畸、致癌和致突变作用。苯甲酸入口后,经小肠吸收进入肝脏内,在酶的催化下大部分与甘氨酸化合成马尿酸,剩余部分与葡萄糖醛酸化合形成葡萄糖苷酸而解毒,并全部进入肾脏,最后从尿排出。

苯甲酸是比较安全的防腐剂,按添加剂使用卫生标准使用,目前还未发现任何有毒作用。

苯甲酸钠:大鼠经口 LD_{50} 为 2.7g/kg(体重)。按 FAO/WHO(1985)规定,成人日允许摄入量 ADI 为 0mg/kg～5mg/kg(体重)。

4. 应用

苯甲酸在常温下难溶于水,使用时需充分搅拌,溶于少量热水或乙醇。

我国《食品添加剂使用标准》(GB 2760—2011)规定:用于碳酸饮料,最大使用量为0.2g/kg(以苯甲酸计);用于配制酒(仅限预调酒),最大使用量为 0.4g/kg(以苯甲酸计);用于蜜饯凉果,最大使用量为 0.5g/kg(以苯甲酸计);用于复合调味料,最大使用量为 0.6g/kg(以苯甲酸计);用于果酒、除胶基糖果以外的其他糖果,最大使用量为 0.8g/kg(以苯甲酸计);用于风味冰、冰棍类、果酱(罐头除外)、腌渍的蔬菜、调味糖浆、醋、酱油、酱及酱制品、半固体复合调味料、液体复合调味料、果蔬汁(肉)饮料(包括发酵型产品)、蛋白饮料类、风味饮料(包括果味饮料、乳味、茶味、咖啡味及其他味饮料等)、茶、咖啡、植物饮料类,最大使用量为 1.0g/kg(以苯甲酸计);用于胶基糖果,最大使用量为 1.5g/kg(以苯甲酸计)。

(二)山梨酸及山梨酸钾

山梨酸为 2.4-己二烯酸,亦称花楸酸,化学式 $C_6H_8O_2$,相对分子质量 112.13。结构式: $CH_3-CH=CHCH=CHCOOH$ 。

山梨酸钾,化学式 $C_6H_7KO_2$,相对分子质量 150.22。结构式: $CH_3CH=CHCH=CH.COOK$ 。

1. 性状

山梨酸为无色针状结晶或白包晶体粉末,无臭或微带刺激性臭味,熔点 132℃～135℃,沸点 228℃(分解),耐光、耐热性好,在 140℃下加热 3h 无变化,长期暴露在空气中则被氧化而变色。山梨酸难溶于水,溶解度为 0.16g/100mL(20℃);在其他溶剂的溶解度为:乙醇,10g/100mL;乙醚,5g/100mL;丙二醇,5.5g/100mL;无水乙醇,13.9g/100mL;花生油,0.9g/100mL;甘油,0.3g/100mL;冰醋酸,11.5g/100mL;丙酮,9.7g/100mL。

山梨酸钾为白色至浅黄色鳞片状结晶、晶体颗粒或晶体粉末,无臭或微有臭味,长期暴露在空气中易吸潮、被氧化分解而变色。相对密度为 1.363,熔点 270℃(分解)。山梨酸钾易溶于水,67.6g/100mL(20℃);溶于 5％食盐水,47.5g/100mL(室温);溶于 25％糖水,51g/100mL(室温);溶于丙二醇,5.8g/100mL;溶于乙醇,0.3g/100mL。1％山梨酸钾水溶液的 pH 为 7～8。

2. 防腐性能

山梨酸(山梨酸钾)是使用最多的防腐剂,大多数国家都使用。1945 年美国 Gooding 发

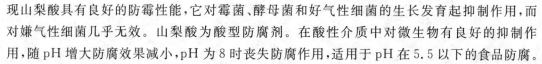

现山梨酸具有良好的防霉性能,它对霉菌、酵母菌和好气性细菌的生长发育起抑制作用,而对嫌气性细菌几乎无效。山梨酸为酸型防腐剂。在酸性介质中对微生物有良好的抑制作用,随 pH 增大防腐效果减小,pH 为 8 时丧失防腐作用,适用于 pH 在 5.5 以下的食品防腐。

山梨酸的抑菌作用机理是它与微生物的酶系统的巯基相结合,从而破坏许多重要酶系统的作用。此外它还能干扰传递机能,如细胞色素 C 对氧的传递,以及细胞膜能量传递的功能,抑制微生物增殖,达到防腐的目的。

3. 毒性

大鼠经口 LD_{50} 为 10.5g/kg(体重)。大鼠 MNL 为 2.5g/kg(体重)。FAO/WHO(1985)规定,ADI 为 0g/kg～0.025g/kg(体重)。以添加 4%、8% 山梨酸的饲料喂养大鼠,经 90d,4% 剂量组未发现病态异常现象;8% 剂量组肝脏微肿大,细胞轻微变性。以添加 0.1%、0.5% 和 5% 山梨酸的饲料喂养大鼠 100d,对大鼠的生长、繁殖、存活率和消化均未发现不良影响。苯甲酸的毒性比山梨酸大,许多国家已逐渐用山梨酸取代苯甲酸作食品防腐添加剂。

山梨酸参与人体内新陈代谢所发生的变化和产生的热效应与同碳数的饱和及不饱和脂肪酸无差异,其分子中存在共轭双键,但无特异的代谢效果。

4. 应用

山梨酸难溶于水,使用时先将其溶于乙醇或碳酸氢钠、硫酸氢钾的溶液中,故实际应用中多使用山梨酸钾。使用山梨酸作食品防腐剂时,要特别注意食品卫生,若食品被微生物严重污染,山梨酸会成为微生物的营养物质,不但不能抑制微生物繁殖,反而会加速食品腐败。山梨酸与其他防腐剂复配使用,可产生协同作用提高防腐效果。在使用山梨酸或其盐时,要注意勿使其溅入眼内,它们能严重刺激眼睛,一旦进入眼内赶快以水冲洗,然后就医。

我国《食品添加剂使用标准》(GB 2760—2011)规定:山梨酸及其钾盐用于熟肉制品、预制水产品(半成品),最大使用量为 0.075g/kg(以山梨酸计);用于葡萄酒、配制酒、果酒,最大使用量分别为 0.2g/kg、0.4g/kg、0.6g/kg(以山梨酸计);用于风味冰、冰棍类、经表面处理的鲜水果、蜜饯凉果、经表面处理的新鲜蔬菜、腌渍的蔬菜、加工的食用菌和藻类、胶原蛋白肠衣,最大使用量为 0.5g/kg(以山梨酸计);用于饮料类(包装饮用水除外)、果冻,最大使用量为 0.5g/kg(以山梨酸计,如用于固体饮料及果冻粉,按冲调倍数增加使用量);用于干酪、氢化植物油、人造黄油及其类似制品(如黄油和人造黄油混合品)、果酱、腌渍的蔬菜(仅限即时笋干)、豆干再制品、新型豆制品(大豆蛋白膨化食品、大豆素肉等)、除胶基糖果以外的其他糖果、面包、糕点、焙烤食品馅料及表面用挂浆、风干、烘干、压干等水产品,其他水产品及其制品(仅限即食海蜇)、调味糖浆、醋、酱油、复合调味料、乳酸菌饮料,最大使用量为 1.0g/kg(以山梨酸计);用于胶基糖果、杂粮灌肠制品、米面灌肠制品、肉灌肠类、蛋制品,最大使用量为 1.5g/kg(以山梨酸计);用于食品工业用浓缩果蔬汁(酱),最大使用量为 2.0g/kg(以山梨酸计)。

山梨酸在贮存时应注意防湿、防热(温度以低于 38℃ 为宜),保持包装完整,不破不漏,严禁毒物污染。

(三) 丙酸钠与丙酸钙

丙酸钠,化学式 CH_3CH_2COONa 相对分子质量 96.06。结构式: $CH_3—CH_2—COONa$。

丙酸钙、化学式$(CH_3CH_2COO)_2Ca \cdot nH_2O(n=0,1)$，相对分子质量 186.22（无水盐）。结构式：$(CH_3—CH_2—COO)_2Ca \cdot nH_2O$。

1. 性状

丙酸钙为白色结晶或白色晶体粉末或颗粒，无臭或微带丙酸气味。用作食品添加剂的丙酸钙为一水盐，对光和热稳定，有吸湿性；易溶于水，39.9g/100mL（20℃）；不溶于乙醇、醚类。在 10％丙酸钙水溶液中加入同量的稀硫酸，加热能放出丙酸的特殊气味。丙酸钙呈碱性，其 10％水溶液的 pH 为 8～10。

丙酸钠为白色结晶或白色晶体粉末或颗粒，无臭或微带特殊臭味，易溶于水，溶解度为 39.9g/100mL（20℃）；不溶于乙醇。在 10％的丙酸钠水溶液中加入同量的稀硫酸，加热后即产生有丙酸臭味气体。

2. 防腐性能

丙酸是一元羧酸。它是以抑制微生物合成 β-丙氨酸而起抗菌作用的，故在丙酸钠中加入少量 β-丙氨酸，其抗菌作用即被抵消；然而对棒状曲菌、枯草杆菌、假单孢杆菌等却仍有抑制作用。

丙酸钠对防霉菌有良好的效能，而对细菌抑制作用较小，如对枯草杆菌、变形杆菌等杆菌只能延迟它们发育 5d。对酵母菌无作用。它能使蛋白质变性、酶变性，防止产生黄曲霉毒素。丙酸钠是酸型防腐剂，起防腐作用的主要是未离解的丙酸，所以应在酸性范围内使用。如用于面包发酵，可抑制杂菌生长及乳酪制品防霉等。

丙酸钙的防腐性能与丙酸钠相同，在酸性介质中游离出丙酸，而发挥抑菌作用。丙酸钙抑制霉菌的有效剂量较丙酸钠小，但它能降低化学膨松剂的作用，故常用丙酸钠，然而其优点在于，在糕点、面包和乳酪中使用丙酸钙可补充食品中的钙质。丙酸钙能抑制面团发酵时枯草杆菌的繁殖，pH5.0 时最小抑菌浓度为 0.01％，pH5.8 时为 0.188％，最适 pH 为 5.5。其他参照丙酸钠。

3. 毒性

丙酸是人体正常代谢的中间产物，可被代谢和利用，安全无毒。

丙酸钠：小鼠经口 LD_{50} 为 5.1g/kg（体重）。FAO/WHO(1985)规定，ADI 不作限制性规定。用添加 1％～3％丙酸钠的饲料喂养大鼠 4 周，又用添加 3.7％丙酸钠的饲料喂养大鼠 1 年，未发现对大鼠的生长、繁殖、主要内脏器官有任何影响。

丙酸钙：大鼠经口 LD_{50} 为 3.34g/kg（体重）。FAO/WHO(1985)规定，ADI 不作限制性规定。用添加 1％、3％和 6％丙酸钙的饲料喂养大鼠 180d，体重较对照组增加，血液、内脏无异变。

4. 应用

丙酸的钠盐和钾盐用作食品防腐添加剂，我国《食品添加剂使用标准》（GB 2760—2011）规定：用于生湿面制品（如面条、饺子皮、馄饨皮、烧麦皮），最大使用量为 0.25g/kg（以丙酸计）；用于豆类制品、面包、糕点、醋、酱油，最大使用量为 2.5g/kg（以丙酸计）；用于原粮，最大使用量为 1.8g/kg（以丙酸计）；用于杨梅罐头加工工艺用，最大使用量为 50.0g/kg（以丙酸计）。

（四）对羟基苯甲酸酯类（尼泊金酯类）

对羟基苯甲酸类有：对羟基苯甲酸甲酯、对羟基苯甲酸乙酯、对羟基苯甲酸丙酯，对羟基苯甲酸丁酯和对羟基苯甲酸异丁酯。它们对食品均有防止腐败的作用，其中以对羟基苯甲酸丁酯的防腐作用最好。我国主要使用对羟基苯甲酸乙酯和丙酯、日本使用最多的是对羟基苯甲酸丁酯。

对羟基苯甲酸酯类具有良好的防止发酵、抑制细菌增殖和杀菌能力，表 2-2 列出与石炭酸的比较。由于对羟基苯甲酸酯类都难溶于水，所以通常是将它们先溶于氢氧化钠、乙酸、乙醇中，然后使用。为更好发挥防腐作用，最好是将两种或两种以上的该酯类混合使用。

表 2-2　对羟基苯甲酸酯类的防腐效果与石碳酸的比较

名称	防止发酵力	抑制增殖力	对葡萄球菌杀菌力
对羟基苯甲酸乙酯	5.3	8.0	5.3
对羟基苯甲酸丙酯	25.0	17.0	25.0
对羟基苯甲酸丁酯	40.0	32.0	40.0
石碳酸	1.0	1.0	1.0

1. 对羟基苯甲酸乙酯

对羟基苯甲酸乙酯亦称尼泊金乙酯，化学式 $C_6H_{10}O_3$，相对分子质量 166.18。结构式：

对羟基苯甲酸乙酯

（1）性状　对羟基苯甲酸乙酯为无色细小结晶或白色晶体粉末。几乎无味，稍有麻舌感的涩味，耐光和热。熔点 116℃～118℃，沸点 297℃～298℃，不亲水，无吸湿性。微溶于水，0.17g/100mL（25℃）。它易溶于：乙醇，70g/100mL（室温）；丙二醇，25g/100mL（室温）；花生油，1g/100mL（室温）。

（2）防腐性能　对羟基苯甲酸乙酯对霉菌、酵母有较强的抑制作用；对细菌，特别是革兰氏阴性杆菌和乳酸菌的抑制作用较弱。其抗菌作用较苯甲酸和山梨酸强。

对羟基苯甲酸酯类的抗菌能力是由其未电离的分子决定的，其抗菌效果不像酸性防腐剂那样易受 pH 变化的影响。因此，在 pH 为 4～8 的范围内有较好的抗菌效果。

对羟基苯甲酸酯类的抗菌机理为：抑制微生物细胞的呼吸酶系与电子传递酶系的活性，以及破坏微生物的细胞膜结构。在有淀粉存在时，对羟基苯甲酸乙酯的抗菌力减弱。

（3）毒性　对羟基苯甲酸乙酯的毒性试验，小鼠经口 LD_{50} 为 5.0/kg（体重），狗经口 LD_{50} 为 5.0g/kg。FAO/WHO（1985）规定，ADI 为 0～0.01g/kg。小鼠发生对羟基苯甲酸乙酯中毒后，呈现动作失调，麻痹等现象，但恢复很快，约 30min 恢复正常。对羟基苯甲酸乙酯的毒性低于苯甲酸，高于对羟基苯甲酸丙酯。

（4）应用　按我国《食品添加剂使用标准》（GB 2760—2011），对羟基苯甲酸乙酯的最大使用范围和最大使用量（以对羟基苯甲酸计，g/kg）为：经表面处理的鲜水果、新鲜蔬菜 0.012；碳酸饮料、热凝固蛋制品（如蛋黄酪、松花蛋肠）0.2；醋、酱油、酱及酱制品，蚝油、虾油、鱼露,发酵型果蔬汁(肉)饮料、果味风味饮料 0.25。

2. 对羟基苯甲酸丙酯

对羟基苯甲酸丙酯,化学式 $C_{10}H_{12}O_3$,相对分子质量 180.20。

$$HO—\boxed{}—COO(CH_2)_2CH_2$$

对羟基苯甲酸丙酯

(1) **性状** 对羟基苯甲酸丙酯为无色细小结晶或白色晶体粉末,无臭无味,微有涩感,熔点 95℃~98℃。微溶于水,0.05g/100mL(25℃);易溶于乙酸、乙醇 95g/100mL;溶于丙二醇,26g/100mL;溶于丙酮,105g/100mL;溶于甘油,0.4g/100mL;溶于花生油,1.4g/100mL(室温),其水溶液呈中性。

(2) **防腐性能** 对羟基苯甲酸丙酯的防腐性能优于乙酯,对黑根霉、啤酒酵母、耐酸酵母等有良好的抑杀能力。

(3) **毒性** 小鼠经口 LD_{50} 为 3.7g/kg(体重)。FAO/WHO(1985)规定,ADI 为 0g/kg~0.01g/kg。对羟基苯甲酸丙酯对大白鼠所作试验表明,MNL 为 1.0g/kg。

(4) **应用** 实际使用量:饮料 0.001%~0.003%;糖果 0.003%~0.01%;焙烤食品 0.003%~0.01%;蜜饯 0.1%。

按 AF0/WHO(1984)规定,对羟基苯甲酸丙酯可用于果酱和果冻;最大使用量 1.0g/kg(单用或与其他苯甲酸盐类、山梨酸和山梨酸钾合用量)。

3. 对羟基苯甲酸丁酯

对羟基苯甲酸丁酯,化学式 $C_{11}H_4O_3$,相对分子质量 l94.23。结构式如下:

$$HO—\boxed{}—COO—CH_2—CH\begin{smallmatrix}CH_3\\CH_3\end{smallmatrix}$$

对羟基苯甲酸丁酯

(1) **性状** 对羟基苯甲酸丁酯为无色细小结晶或白色晶体粉末,无臭,口感最初无味,稍后有涩味,熔点 69℃~72℃。它难溶于水,0.02g/100mL(25℃),0.15g/100mL(80℃);易溶于乙醇,210g/100g;溶于丙酮,240g/100g;溶于乙醚,150g/100g;溶于花生油,5g/100g。

(2) **防腐性能** 对羟基甲酸丁酯的抗菌能力大于对羟基苯甲酸丙酯和乙酯。对酵母和霉菌有强抑制作用。在中性条件下能充分发挥防腐作用。

(3) **毒性** 小鼠经口 LD_{50} 为 17.1g/kg(体重),皮下注射 16.0g/kg。按 FAO/WHO(1985)规定,ADI 为 0g/kg~0.01g/kg。有试验报告表明,对小鼠有抑制体重增加的作用,对人有引起急性皮炎的毒性。对羟基苯甲酸丁酯较丙酯、乙酯防腐效果好,但不足的是毒性较大。

(4) **应用** 对羟基苯甲酸丁酯在水中溶解度小,通常都是将其配制成氢氧化钠溶液、乙醇溶液或醋酸溶液使用。用于酱油时,在 5% 的氢氧化钠溶液中加 20%~25% 对羟基甲酸丁酯,然后加到 80℃的酱油中,用量为 0.05g/L~0.10g/L 即可达到酱油防霉的目的。可与苯甲酸合用。

对食醋可用醋酸溶液或氢氧化钠溶液,用量为 0.1g/L。可与水杨酸合用。对清凉饮料可用乙醇溶液或氢氧化钠溶液,通常与苯甲酸和脱氧醋酸合用。对果汁和各种腌渍食品使

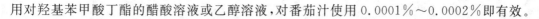

用对羟基苯甲酸丁酯的醋酸溶液或乙醇溶液,对番茄汁使用 0.0001%～0.0002%即有效。

(五) 双乙酸钠

双乙酸钠简称 SDA,又名二醋酸一钠,是一种新型的食品添加剂。具有高效防腐、防霉、保鲜及增加食品营养价值等功效。双乙酸钠化学式 $C_4H_7NaO_4 \cdot H_2O$,相对分子质量142.9(无水)。结构式:$CH_3COONaCH_3COOH \cdot H_2O$。

1. 性状

双乙酸钠为白色结晶粉末,是乙酸钠和乙酸的分子化合物,由短氢键相螯合。带有醋酸气味,易吸湿,极易溶于水(100g/100mL)、放出 42.25%醋酸;10%的水溶液 pH 为 4.5～5.0;加热至 150℃以上分解,具有可燃性;双乙酸钠在阴凉干燥条件下性质很稳定。

2. 防腐性能

双乙酸钠是一种广谱、高效、无毒的防腐剂。对细菌和霉菌有良好的抑制能力。其抗菌机理是:双乙酸钠含有分子状态的乙酸,可降低产品的 pH;乙酸分子与类酯化合物溶解性较好,而分子乙酸比离子化乙酸更能有效地渗透微生物的细胞壁,干扰细胞间酶的相互作用,使细胞内蛋白质变性,从而起到有效的抗菌作用。

3. 毒性

按 FAO/WHO(1985)规定,ADI 为 0g/kg～0.015g/kg。双乙酸钠作为食品添加剂是很安全的。国家《食品添加剂使用标准》(GB 2760—2011)已批准将其用于谷物、豆制品和膨化食品中。研究试验证明,使用双乙酸钠对人和动物及生态环境没有破坏和副作用,它在生物体内的最终代谢产物是水和二氧化碳。

4. 应用

双乙酸钠用于粮食、谷物、米面及豆制品。双乙酸钠对粮食、谷物有极好的防霉效果。使用范围:谷物和豆制品,最大使用量为 1g/kg。在谷物中添加 0.1%～0.8%的双乙酸钠,谷物的贮藏期可由原来的 90d 延长到 200d 以上。双乙酸钠用于面包、蛋糕等食品的防霉,可以完全代替丙酸钙。由于两者有协同作用,复配使用能大大提高防霉的效果,混合物的添加量一般在 0.3%以下。将双乙酸钠用于月饼的保鲜,在饼皮中添加 0.3%即可达到防霉的效果,可用作果冻食品,添加量为 0.1%～0.3%时,常温下果冻的保存期最长可达 30d(未密封包装)。在肉制品、软糖中最大限量为 0.1%;在肉汁和沙司调味料中限量为 0.25%;在小吃点心中的最大添加量为 0.05%。双乙酸钠除用作防腐剂外,也用作螯合剂螯合食品中引起氧化作用的金属离子。

二、正确使用与发展食品防腐剂

近年来世界各国对食品的防腐虽然采用了很多先进的保藏手段,如气调速冻保藏、辐射保藏、真空充氮贮藏、低温贮藏、脱氧保藏等。但化学防腐剂的应用仍很普遍。防腐剂的使用,对食品工业的发展发挥了巨大的作用。而且防腐剂的品种不断增加,使用量逐年增长,因此利用防腐剂进行食品的防腐保鲜仍然是一种不可缺少的重要手段。立足于当前,我们必须正确地使用已有的食品防腐剂。

好的药剂必须有合适的使用方法,要做到良药善用。为了使防腐剂在食品中充分发挥作用,必须注意以下几个方面。

1. 使用时应注意的问题

(1) 减少原料染菌的机会 食品加工用的原料应保持新鲜、干净,所用容器、设备等应彻底消毒,尽量减少原料被污染的机会。原料中含菌数越少,所加防腐剂的防腐效果越好。若含菌数太多,即使添加防腐剂,食品仍易于腐败。尤其是快要腐败的食品,即使加了防腐剂如同没有添加一样。

(2) 确定合理的添加时机 防腐剂是在原料中添加还是添加到半成品中,或者添加在成品表面,这应根据产品的工艺特性及食品的保存期限等来确定,不同制品的添加时机可以不同。

(3) 适当增加食品的酸度(降低 pH) 不同防腐剂的防腐作用的效果,受基质 pH 的影响较大,一般来说对酸性防腐剂只有未离解的酸才具有抗菌作用。它能够通过微生物细胞的半透膜在细胞内部产生作用,防腐剂的作用浓度大大低于 1‰。酸型防腐剂通常在 pH 较低的食品中防腐效果较好。此外,在低 pH 的食品中,细菌也不易生长。因此,若能在不影响食品风味的前提下增加食品的酸度,可减少防腐剂的用量。

(4) 与热处理并用 热处理可减少微生物的数量。因此,加热后再添加防腐剂,可使防腐剂发挥最大的功效。如果在加热前添加防腐剂,则可减少加热的时间。但是,必须注意加热的温度不应太高,否则防腐剂会与水蒸气一起挥发掉而失去防腐作用。

(5) 分布均匀 防腐剂必须均匀分布于食品中,尤其在生产时更应注意。对于水溶性好的防腐剂,可将其先溶于水,或直接加入食品中充分混匀,对于难溶于水的防腐剂,可将其先溶于乙醇等食品级有机溶剂中,然后在充分搅拌下加入食品中。有些防腐剂并不一定要求完全溶解于食品中,可根据食品的特性,将防腐剂添加于食品表面或喷洒于食品包装纸上。此外食品中的水分活度及防腐剂在油相及水相中的溶解度之比(即分配系数的大小),也对防腐剂的防腐作用具有明显的影响。

2. 针对防腐对象合理用药

在食品的防腐保鲜中主要针对的微生物包括细菌、真菌和酵母。不同的食品需要考虑的对象不同。如水果以真菌为主,肉类以细菌为主。因此不同食品要针对其对象决定用药品种。表 2-3 列出一些常用食品防腐剂对微生物的作用情况。

表 2-3 一些常用食品防腐剂对微生物的作用

药剂	细菌	真菌	酵母
二氧化硫	++	+	+
丙酸	+	++	++
山梨酸	+	+++	+++
苯甲酸	++	+++	+++
尼泊金酯	++	+++	+++
甲酸	+	++	++
亚硝酸钠	++	—	—

注:"+"表示有抑制作用;"++"表示有较强抑制作用;"+++"表示有强的抑制作用;"—"表示无抑制作用。

用药方式必须合理,一种药剂要达到预期的效果必须有一定的浓度,因此绝不能"少量多次"地用药,而必须是在用药之始就达到足够的浓度,随后再保持一个维持浓度。另外,要根据实际情况,选择合适的剂型。

3. 食品防腐剂的混配使用

食品防腐剂的混配使用可以扩大使用范围,改变抗微生物的作用。至今没有发现能杀灭所有菌的药剂,也没发现只杀灭一种菌的药剂,也就是说各种杀菌剂都有一定的杀菌谱。一种食品中所含有的菌有时不是一种防腐剂都能抑制的。从理论上说,两种防腐剂混配使用的杀菌带与单一种防腐剂的杀菌谱不同,因此混配使用的防腐剂就可以抑制一种防腐剂不能抑制的,或者需要在很高浓度下才能抑制的菌。例如,山梨酸和苯甲酸混配使用要比单独使用能抑制更多的菌。

两种或几种防腐剂混配使用在抗菌能力上有下列 3 种可能:相加效应,也指各单一物质的效应简单地加在一起;协同效应,也称增效效应,是指混合物的效果比单一物质的效果显著提高,或者说在混合物中每一种药剂的有效浓度都比单独使用的浓度显著降低;拮抗效应,是指与协同效应相反的效应,即混合物的抑制浓度显著高于单一组成物质的浓度。表 2-4 列出常用防腐剂混配使用的效果。

表 2-4 防腐剂混配使用的效果

防腐剂		SO_2	甲酸	山梨酸	苯甲酸	尼泊金酯
在 pH＝6 时对大肠埃希氏菌的作用	SO_2		—	±	+	±→+
	甲酸	—		±	±	±→+
	山梨酸		±		±	±→—
	苯甲酸	+	±	±		±
	尼泊金酯	±→+	±→+	±→+	±	
在 pH＝5 时对啤酒酵母的作用	SO_2				±→+	
	甲酸				±→—	±
	山梨酸		—			±→—
	苯甲酸	±→+	±→—			±→—
	尼泊金酯		±	±→+	±→—	
在 pH＝5 时对黑曲霉的作用	SO_2		+	+	+	+
	甲酸	+		+	+	±
	山梨酸	+	+		±	
	苯甲酸	+	+	±		±→—
	尼泊金酯	+	+	—	±→—	

注:"—"表示拮抗作用;"±"表示相加效应;"+"表示增效效应。

防腐剂的混配使用尽管具有上述好处,但在实际工作中必须慎用,不能乱用混合制剂,因为若混用不当,不但造成药剂浪费,而且会促进微生物产生抗药性。药剂混配使用遵循的原则是:只有那些对有互补作用和增效作用的药剂才能混合使用;杀菌谱互补的可以混合使用;作用方式互补的,如保护性杀菌剂与内吸剂,速效杀菌剂与迟效杀菌剂可以混配使用。例如,在饮料中可并用二氧化碳和苯甲酸钠,有的果汁并用苯甲酸和山梨酸钾。并用防腐剂必须符合我国有关规定,用量应按比例折算且不超过最大使用量。由于使用卫生标准的限制,不同防腐剂并用的实例不多,但同一类防腐剂如山梨酸及其钾盐、对羟基苯中酸酯类的并用则较多。

4. 食品防腐剂的交替使用

长期使用一种防腐剂会使防腐效果降低,这就是通常所说的抗药性。所谓抗药性,指的是微生物反复不断地通过含有非致死浓度的防腐剂时所产生的抗活性物质能力,这里要区别适应性(非遗传性)和突变性(遗传性)。微生物的适应性是指在防腐剂作用停止时,微生物的抵抗力就消失,而突变性则仍然保持其抵抗力。至于微生物对防腐剂的分解作用,不是抗药性。

为了解决微生物的抗药性问题,除了不断地研制新的防腐剂外,还需特别注意对现有药剂的合理使用。一种防腐剂无论开始时多么有效,也不能"长命百岁"地连年使用下去,应该是不同药剂交替使用。关于药剂的交替使用要特别注意两点:一是具有交叉抗性的药剂的交替使用没有意义;二是不要认为使用不同商品名称的药剂就是交替使用了,因为许多商品名称不同的防腐剂其有效成分是一样的。

5. 防腐保鲜必须立足于"防"与"保"

在食品防腐保鲜中,对于微生物必须立足于"防",对于食品固有的色、香、味、形与营养成分必须立足于"保"。

无论是加工食品,还是果、蔬等鲜活食品,一旦发生腐烂变质,就不能用防腐剂来"治疗"。因此,对于微生物所致的腐烂变质,只能是发生之前预防。

在贮藏期间对于食品的色、香、味、形及营养成分,当前还不能在贮藏期间创造,因此只能立足于"保"。有人现在正作这样的研究:对于各种水果具有的特有香味,能否在贮藏期间再在果实内合成? 现在已知在草莓的贮藏环境中加入化学药剂可以产生乙酸乙酯,这是草莓香气的主要成分。如果这种方法能够成功,那就意味着可以在贮藏期间利用果疏的生理活动为保鲜做出新贡献。此外,将防腐剂与冷藏、辐射等共用可收到更好的效果。

为了保藏食品可采用罐藏、冷藏、干制、腌制或化学保藏等方法、各种方法都各具特点。虽然像正在迅速发展中的速冻之类的贮藏法,对保持食品的品质来说是非常优越的,但亦受到设备与成本等条件的限制。在一定的条件下,配合使用防腐剂作为一种保藏的辅助手段,对防止某些易腐食品的损失有显著的效果,它使用简便,一般不需要什么特殊设备,甚至可使食品在常温及简易包装的条件下短期贮藏,在经济上较各种冷热保藏方法优越。所以现阶段防腐剂尚有其一定的作用。今后随着速冻或其他保藏新工艺的不断发展,防腐剂可逐步减少使用。

随着社会的发展,人们对于健康更加重视,对于食品的要求不断地提高。现在人们对食品不但要求质量好(包括色、香、味、形、营养等内、外质量),而且要求方便、贮藏期长。为了达到这些要求、食品添加剂曾经发挥了相当重要的作用。食品的种类繁多,有害微生物也千差万别,因而少数几种防腐剂远不能满足食品工业发展的需要。今后,防腐剂必然要根据食品工业的发展来寻求新的发展道路。当然,有效、经济、安全仍是指导食品防腐利发展的原则。但是近年来,在回归自然的大趋势下,人们对食品添加刑,尤其是防腐剂产生了各种怀疑。根据我国的情况,必须立足于当前,展望未来,今后食品防腐剂的发展,绝不是单纯地再寻找一些新的防腐剂的问题,而是还要开发和运用新的具有根本性变革的防腐技术,也就是既要合理地综合运用现有的食品防腐技术,又要研究具有根本性变革的新技术,才能满足食品工业发展的要求。具体有以下三点。

(1)积极发展综合的防腐系统。前面已经提到,涉及食品安全性和保鲜质量的因素包括食品的性质和贮存条件;如温度、贮藏环境下的气体成分、食品的组分、pH、水的活度、氧化—还原电势、防腐剂等。因此,搞好食品防腐必须注意改进食品加工工艺,加强对食品的销售、贮藏条件的控制,合理使用防腐剂等多种抗菌、防腐方法的综合使用,避免单纯地依赖某一种抗菌、防腐手段。可以用这样的例子来比喻综合防腐技术与单纯地依赖某一种防腐技术的区别:一种食品可以看成是一个生态系统,传统的防腐方法是运用激烈的手段,如盐掩、糖渍、腌制、加热、极端的强化等,这就像是重重地敲打,虽然达到防腐的目的,但使食品的内部和感官性质都受到了破坏。综合的防腐系统则是利用可以影响这个生态系统的各种因素,就像若干轻微敲打,尽管哪个都不强烈,但总的结果是制止了有害菌的活动,达到了防腐的目的。

(2)不断开发和应用有效的、经济的、安全的防腐剂新品种,淘汰不宜使用的旧品种。目前使用的防腐剂的安全性是根据现在的资料及技术水平来评价的,但科学技术在不断地发展,分析测试手段不断提高,因而这些资料和评价都将受到检验,从而对防腐剂不断地进行取舍。过去曾经用进的防腐剂如硼砂、甲醛、水杨酸等均已禁用;焦碳酸二乙酯,以前认为是一种安全理想的饮料防腐剂,但近年来发现其处理的饮料能生成氨基甲酸乙酯,是一种广谱致癌物。

(3)与天然防腐剂复配。现在国内外都在大力寻找低毒、高效、广谱及经济实用的防腐剂,与天然防腐剂复配是一个研究方向,下面介绍天然防腐剂。

第三节　天然防腐剂

化学合成防腐剂均有一定的毒性,这是困扰人们的重大问题。随着社会、经济的发展,人们对食品的要求越来越高,为满足对食品在品种、品质和数量上更高的要求,除加速开发安全、高效、经济的新型化学合成食品防腐剂外,更应充分利用天然食品防腐剂。天然食品防腐剂一方面在安全卫生性上比较有保证,另一方面还能更好地接近、符合消费者的需要。根据一些科学家的预测,从动植物体或其代谢物中直接提取食品防腐剂将成为今后食品工业发展的四大趋势之一。下面介绍几种天然防腐剂。

一、植物中的抗菌成分

自然界的天然植物中存在许多生理活性物质,具有抗菌的作用。我国已鉴定的药用植物有 6000 种,经过筛选,结果发现 300 种具有一定抗菌效果。研究发现抗真菌作用较强、抗细菌作用较强的植物有几十种,如表 2-5 所示。

表 2-5 具有抗菌作用的药物用植物

抗真菌作用较强的	抗细菌作用较强的
丁香　木香　大黄　荆芥　藿香　肉桂　茵陈　艾叶　川楝子　肉豆蔻　黄连　黄芩　紫草　黄柏	千里光　藿香　乌梅　栀子　连翘　五味子　金银花　大青川　桉叶　紫苏梗　厚朴　五倍子　虎杖　草珊瑚　白头翁　黄连

　　植物抗菌作用是指一种植物的提取物在体外能抑制微生物生长繁殖或具有杀灭作用,其机理主要是干扰微生物的代谢过程,影响其结构和功能,如干扰细菌细胞壁的合成,影响细胞膜的通透性,阻碍菌体蛋白质的合成和抑制核酸合成等。具有抗菌活性的植物有效成分结构类型较多,如生物碱、皂苷类、内酯类、黄酮类、萜类、含硫化台物、酚、醇等。有人曾对22 种挥发油抗菌活性进行研究,发现他们成分中均含有肉桂醛,抗菌能力强,是很好的粮食、水果防腐防霉剂。生物碱中小蘗碱杀菌作用很强,该碱同时在黄连、黄柏、三颗针等植物中存在,这三种植物均有杀菌作用。可以看出,杀菌作用还是植物中化学成分在起作用,所以对不同植物成分中化学结构研究,对有效成分抗菌作用机理研究,找出其构效关系,发现新的抗菌化合物结构,这将是该领域的一项突破。将植物抗菌作用研究成果应用于食品生产,是一项非常复杂的而又有意义的工作。下面介绍几种植物的提取物的抗菌作用。

1. 芥子提取物

　　芥子提取物是以芥子或山葵为原料,由黑芥子酶加水分解芥子苷后,水蒸气蒸馏得到。芥子提取物的抗菌物质为丙烯基异氰酸酯(AIT),有强烈的刺激性的淡黄色澄清液体。芥子提取物的一般性质如下:相对密度(15℃)1.014～1.022,折射率(20℃)1.532～1.529,旋光度±0℃,沸点148℃～154℃,烯丙基芥子油含量94％以上、溶解度(90％的乙醇)1/0.5。因为烯丙基芥子油含量已在94％以上,可以认为芥子提取物与烯丙基芥子油的物性相类似,可以参照烯丙基芥子油的蒸气压变化、稳定性、腐蚀性、包装材料的透气性等。

　　芥子提取物阻碍微生物细胞呼吸等,抗菌范围广,在 600mg/kg 浓度以上就能抑制细菌、酵母菌、霉菌,但对乳酸菌抗菌性弱,需 360mg/kg 以上的 AIT 才能抑制生长,对霉菌、类似酵母菌的真菌抗菌效果最好,细菌中革兰氏阳性菌比革兰氏阴性菌抑制效果好。芥子提取物在蒸汽状态比溶液状态抗菌性强,特别对真菌有很强抗菌性,有抑制在食品生长的霉菌及酵母类菌的效果,应用于焖菜类、面包、点心、饼类、渍物等。芥子提取物可抑制大肠菌的生长。芥子提取物在食品中直接涂抹、浸渍或者用气相接触,添加在食品表面很少的量,就可以发挥烯丙基芥子油的抗菌作用。日本实验证明将芥子油蒸气,表面接触就可以使食品抑制微生物繁殖的效果。使食品表面经处理、吸附很微量的烯丙基芥子油,又不损害食品原有的风味,达到抗菌的效果。添加 0.5g 芥子油于 100g 苹果汁中,可防腐保存 4 个月。

　　烯丙基芥子油虽然有很强的抗菌力,但是因有强烈的刺激臭味和挥发性,所以在推广应用方面,必须解决既不影响食品的风味又能有抑制细菌繁殖的有效浓度。日本经过多年研究解决了这些问题,将天然芥子提取物配制成制剂,在食品防腐保鲜方面推广应用,已经达到商品化阶段。将芥子提取物用 CO_2 溶解在高压气瓶里,与 N 或者 CO_2 气体置换包装容器相配合的方法,效果更显普,多用于谷物或饲料的防霉处理。

烯丙基芥子油还有抑制乙烯作用的效果。能使甘蓝的乙烯产生和褐变酶的活性都有下降和抑制作用,对番茄、香蕉等因乙烯而过熟和变色也有阻碍作用,因此,对新鲜水果、蔬菜也适用。但芥子提取物释放的蒸气浓度不要过高,否则,浓度过高时,对于鲜果本身也要受损害。

抑菌的效果与食品的生产状况及贮存时间、温度都有很大的关系,对于不同菌种抑菌效果也不一样,因此,在实际应用时要进行模拟应用试验,即所谓要做小样试验,以决定采用何种形式的制剂及确定食品处理的有效浓度(MIC)。对芥子提取物制剂的安全性不必担心,可放心使用。芥子提取物主要成分烯丙基芥子油在人们常吃的油菜和蔬菜中如甘蓝和花椰菜都含有。此外,芥子提取物还作为香辛剂的食品添加剂许可使用。

2. 海藻糖

海藻糖是由两个葡萄糖分子通过 a,a-1,1 半缩醛羟基结合而成的非还原性二糖。海藻糖是白色晶体,无色无味,入口清凉,一分子海藻糖含有两分子结晶水,能溶于水、冰醋酸和热乙醇,不溶于乙醚。在 pH3.5~10,100℃,24h,还有 99% 残存;海藻糖水溶液性质稳定,水溶液可长期保存稳定性 37℃ 12 个月不分解、不褐变,沸水中 90min 不褐变,120℃ 可保存 90min。海藻糖对热、酸都非常稳定,是天然双糖中最稳定的糖质。由于不具还原性,即使与氨基酸、蛋白质等混合加热也不会产生美拉德反应。当加热到 130℃ 时,海藻糖失去结晶水,变成无水晶体。

海藻糖(含 2 分子结晶水)的熔点:97℃;无水结晶:210.5℃;熔解热(含 2 分子结晶水)57.8kJ/mol;无水结晶:53.4kJ/mol;甜度约为蔗糖甜度的 45%;食后口中不留后味,味质爽口。溶解度约为砂糖的 2/3,与麦芽糖大致相同。渗透压与砂糖、麦芽糖等双糖相同。含 2 分子结晶水的海藻糖结晶没有吸湿性,但无水海藻糖有很强的吸湿性,能转化成二水结晶。海藻糖几乎不被一般的酶分解,只被具有特异性的海藻糖酶水解。

海藻糖是一种无毒热值低的二糖,海藻糖最初是从生活在沙漠中的一种甲虫蛹中分离得到的,后来发现它广泛存在于低等植物、藻类、细面、昆虫及无脊椎动物中。如存在于蘑菇、蜂蜜、海虾、某些玉米和面包酵母中,其甜度极低,故对食品的风味影响很小。

从面包酵母中提取海藻糖是目前制备海藻糖的主要方法,工艺简单易行,但成本较高。酶法生成海藻糖的生物合成途径有多种。如利用酵母体内的葡萄糖磷酸化酶和海藻糖磷酸化酶,分两步作用将两个葡萄糖分子转化为一个海藻糖分子。日本发现两种新的淀粉酶:低聚麦芽糖苷基海藻糖生成酶,低聚麦芽糖苷基海藻糖水解霉。利用两种酶的协同作用,将一定链长的直链淀粉转化为海藻糖。酶法生产海藻糖由于比较困难,因此目前很难进入工业化大生产。利用植物生产海藻糖是最有可能得到廉价产品的方法。目前,英美科学家正在进行能够合成海藻糖的重组植物的研究工作。

海藻糖经口摄取能消化吸收,在人体内可被酶分解为葡萄糖。

海藻糖具有良好的防腐作用,是由它的抗干燥特性决定的。它是一种非特异性保护剂,几乎对所有的生物分子都具有一定的保护功能。生物体内的蛋白质、碳水化合物、脂肪和其他大分子物质均被一层水膜包围保护着,在干燥过程中,这层水膜逐步消失,导致大分子物质发生不可逆变化,造成食品品质下降。据研究,当蛋白质的结晶水失去时,海藻糖在干燥生物分子的失水部位,以氢键形式连接,构成一层保护膜代替失去的结晶水膜。此外,海藻糖还能形成一种类似水晶玻璃的玻璃体,保护冷冻生物分子。因此,添加海藻糖的食品经冷冻、干燥后,不仅能起到良好的防腐作用,而且在品质上也不会发生变化。

海藻糖具有抗逆保鲜作用,化学性质十分稳定、甜味极弱,所以用在食品中不会改变食品原有风味,又不发生美拉德反应,不会焦化。从而不影响食品的颜色、风味和营养特性,是理想的食品保鲜剂。如食品(从水果到肉类)在加热浓缩或干燥脱水前添加海藻糖,可防止蛋白质变性,能在货架上长时期地保存。当这种食品再水化的时候,干燥产品冲调后非常接近原物。它能够恢复原有的色泽、风味、质地和香气,其至维生素在脱水期间也能保留。如用海藻糖干燥水果,经复水后仍可保持水果原有的色香味。在食品加工中的应用潜力主要是能改进食品干燥工艺,往高于环境温度下加热干燥含蛋白质的食品。

3. 香辛料提取物

据美国香辛料协会(American Spice Association)定义,凡是主要用来做食品调味用的植物,均可称为食用香辛料植物。香辛料作为调味剂和防腐剂,应用在食品中已有相当长的历史,近年来人们开始使用从香辛料中的提取物作食品防腐添加剂,并取得良好的防腐效果。许多香辛料含有杀菌、抑菌成分,将它们提取出来用作天然防腐剂,既安全又有效。具有较强抗菌作用的有丁香、花椒、高良姜、甘草、乌梅等。其油剂和乙醇提取物具有强的抑菌作用,如丁香液抑制葡萄球菌及变形菌。

丁香的抑菌成分富集于丁香油中,丁香中精油含量达15%~20%,而在精油中丁子香酚占70%~90%、丁子香酚乙酸酯占3%~13%,这两个成分具有抗菌活性。丁香的抑菌成分主要为丁子香酚,其化学名称为2-甲氧基-4-烯丙基苯酚。即有芳香环且芳香烃上有极性基团,它能与某些酶的活性基团结合,破坏其正常的代谢功能,从而影响了细菌的生长。丁香对霉菌、酵母菌、细菌均有抑制作用,它是一种广谱的抑(杀)菌剂,随着其浓度的增加,抑(杀)菌能力增强。对不同菌种的抑制浓度不同,如0.35%的丁香能完全抑制霉菌生长,但要完全抑制酵母菌和细菌的生长,则需0.5%的浓度。故丁香可作为食品防腐剂使用。利用水中蒸馏法可从丁香粉末中提取丁香油。

丁香应用在酱油防腐中,随着丁香粉末浓度的增加,酱油出现的白花时间亦晚,从而使酱油的保质期延长。添加0.35%的丁香粉末,其氨基酸含量、感官品质无多大变化,仅它赋予酱油微辛辣香味,可改善酱油的风味。将丁香、花椒、高良姜等组成复方进行抗菌试验,效果更好。

紫苏、桂皮、大蒜、白胡椒、豆蔻等也有抑菌作用。大蒜是百合科植物,具有很强的杀菌、抗菌能力,自古人们就用大蒜治疗肠胃病、肺病和感冒等疾病。大蒜的杀菌、抗菌成分为蒜辣素和蒜氨酸,前者有令人不愉快的臭气,而后者则无,故适合用作食品防腐剂的主要是蒜氨酸。蒜氨酸的提取可用大蒜在一定温度下加热,以杀死蒜酶,使其失去催化能力,防止蒜氨酸在提取过程中转化为蒜辣素,然后用甲醇提取。

人们在生产实践中发现,紫苏叶洗净晾干后浸渍于装有酱油的容器中,具有很好的防腐效果,还可增加酱油的醇香味。月桂树干叶加到猪肉罐头内,不仅能起到防腐作用,还能使猪肉增加特殊的香味。此外还发现百里酚、香芹酚、异冰片、旨香脑、肉桂醛、香草醛和水杨醛具有很强的抗菌性。

大量实验表明,食用香料植物抑菌防腐的主要活性物质是精油,如芥菜子中的异琉氰酸烯内酯、丁香花中的丁子香酚、肉桂中的桂醛都是起抑菌作用的有效成分。KnoblochL 对植物芳香精油的抗菌性能进行了研究,认为在水相中的溶解度与精油中有效成分透过细胞而进入菌体的能力直接相关,而抗菌性则基于抗菌剂在菌体细胞膜双磷脂层中的溶解度;精油中的类萜类降低生物膜的稳定性,从而干扰了能量代谢的酶促反应。Gocho 对来源于植物的 26 种芳香族化合物的抗菌效果进行了研究,根据对湿孢子有效而干孢子无效的实验结果,认为桂醛、茴香脑等有效芳香抗菌成分的抗菌性是基于孢子对抗菌剂的吸收而起作用。

上面所介绍的香辛料的抗菌成分几乎都是挥发性的精油成分,而非挥发性成分也有很多已确认具有抗菌性。如辣椒中的辣味成分辣椒素具有显著的抗菌力。

此外,肉豆蔻中所含的肉豆蔻挥发油,肉桂中所含的挥发油等均有良好的杀菌、抗菌作用。现在已有利用香辛料的抗菌性,将香辛料以精油、浸提液的形式添加在西式火腿、香肠、点心等食品中,这不仅起到防腐作用,而且还有增加食品风味的效果。此外,将香辛料与少量的其他天然防腐性物质如鱼精蛋白并用,可以大大提高防腐效果。

食用香料植物成分之间还存在抗菌性的协同增效作用。斯里兰卡肉桂的抑菌性比较好,就是因为它既含有桂酯主要成分,又有含量少的次要成分丁子香酚,这两者存在协同增效作用。Kang 发现紫苏醛与墓蒌二醛之间存在协同抗菌作用,香兰素与桂醛之间也有协同效应。香兰素添加量过大,会引起食品的褐变,桂醛浓度高时,会给产品带来特殊味道而有损食品原有的风味,两者混合使用时共用量大为减少,既能发挥防霉作用,又对加香调味非常有利。

4. 中草药

我国中草药品种繁多,研究历史悠久,利用天然中草药制备有抑菌作用的食品防腐保鲜剂具有很实际的意义。例如,甘草来源于豆科甘草属多种植物的根和根茎,是一种非常重要的药材,还是医药、食品、烟草等工业的常用原料和风味添加剂。有人从提取甘草酸后的甘草渣中筛选出了抗菌成分,发现甘草提取物对黑曲霉、米曲霉、黑根霉、毛霉、拟青霉具有较好的抑制作用,并利用薄层层析法初步判定抗霉的关键成分是甘草黄酮类化合物。有研究者采用 80% 乙醇浸渍法提取佑叶中抑菌成分,结果发现该提取物对细菌及酵母等主要靠无性裂殖繁殖的微生物具有明显的抑制作用,其最低抑菌浓度(MIC)大都不超过 8%,且在弱碱条件下效果最好。同时发现 80% 乙醇提取物较稳定,能耐高温短时及超高温瞬时的热处理条件。有人发现银杏叶的醇—水提取物对食品上的常见微物质,包括一些革兰氏阴性菌和阳性菌,有强烈的抑制作用。并认为提取物中多种长链酚类物质如白果酸、白果酚及接有不同烃基侧链的漆树酸是抗菌的主要物质。安徽食品科技研究者利用滤纸圆片和牛津杯法,研究了茶多酚 3 种浓度(1%,0.5%,0.2%)对 3 种致病菌的作用。湖南一学者用微量热法研究不同浓度的茶多酚等对大肠杆菌、产气杆菌的抑制作用,并做出热谱图。他们根据实验结果认为茶多酚对细菌具有广泛的抑制作用,不失为一良好的天然食品防腐剂。

日本利用其先进仪器设备,对中药成分做了大量分析工作,应用于食品保藏并作了些研究。几年前日本厚生省批准了 5 种植物作为食品防腐剂,即齐墩果、瓦高、白柏、厚朴、连翘的提取物,用来取代本甲酸钠、山梨酸。柑柄果皮、苹果渣的果胶酶分解物分解率达 40% 以上者有抗菌活性。有抗菌性的果胶分解物主要是平均聚合度为 3～5 的聚半乳糖醛酸及半乳糖醛酸,其抗菌性受 pH 影响,pH6.0 以下抗菌性强,pH＞6.0 抗菌性低。一般食品中添加 0.1％～0.3％;应用于汉堡包、汤面、奶油蛋糕、泡菜、酸菜、盐渍乌贼等。如汤面保存试验中,未添加果胶分解物的,于 20℃保存到第 2 天达 10^8 以上的生菌数,产生混浊;而加果胶分解物的经过 5d 后,生菌数仅 10^3 以下,不产生混浊(果胶分解物制剂加 0.3％,pH4.9)。

二、动物中的抗菌物质

动物成分的抗菌物质有蟹、虾得来的壳聚糖,大麻哈鱼及鲱鱼的鱼精蛋白抽提物——鱼精蛋白,牡蛎壳烘成的钙等。

1. 壳聚糖

壳聚糖即脱乙酰甲壳质,又称几丁质,学名为聚 2-氨基-2-脱氧-D-葡萄糖,化学式 $C_{30}H_{50}N_4O_{19}$,相对分子质量 770.73。壳聚糖为含氮多糖类物质,约含氮 7％,化学结构与纤维素相似,是黏多糖类之一。壳聚糖呈白色无定形粉末状,不溶于水、有机溶剂和碱,溶于盐酸、硝酸、硫酸等强酸。壳聚糖对大肠杆菌、荧光假单孢菌、普通变形杆菌、金黄色葡萄球菌、枯草杆菌等有良好的抑制作用,并且还有抑制鲜活食品生理变化的作用。因此,壳聚糖可用作食品,尤其是水果的防腐保鲜剂。壳聚糖属甲壳质水解的高分子多糖中的一种,在毛霉属及霉菌类细胞壁中也存在。壳聚糖由甲壳质脱乙酰而来,是白色或淡黄色粉末,难溶于有机溶剂,能溶于醋酸、乳酸、苹果酸等,但也难溶于柠檬酸与酒石酸中。壳聚糖经鼠试验及食用结果证明十分安全。可用于从食品厂废水中回收蛋白质,也可用于渍物类保存。其抗菌作用能作用于微生物细胞表层,影响物质透过性,损伤细胞。壳聚糖的脱乙酰程度越高,即氨基越多,抗霉活性越强,对细菌有广谱抗菌性。对革兰氏性阳菌壳聚糖在 0.025 能完全抑制 E. aerogenes 生长,对 S. aureus、S. faecalis、B. subutilis 等革兰氏阳性菌在 0.05％左右壳聚糖就能抑制;而对 E. coli 及 Ps. fluoresscens 等革兰氏阴性菌抑制较难,需 0.1％以上浓度。

壳聚糖广泛存在于甲壳类虾、蟹、昆虫等动物的外壳和低等植物如菌、藻类的细胞壁中,此外在乌贼、水母和酵母等中亦有存在。

壳聚糖的制法是,将虾、蟹壳洗净风干,用 2mol 盐酸浸渍以溶去无机盐,离心分离、水洗后,在 1mol 干酪素碱中于 100℃下浸渍 12h,并用碱液反复清洗后在有二氯化磷的干燥器中真空干燥而得。

实验证明:壳聚糖在果实表面能形成一层不易察觉、无色透明的半透膜,能有效地减少氧气进入果实内部,显著地抑制了果实的呼吸作用,再加上其抗菌作用,故可达到推迟生理衰老,防止果实腐败变质的效果。

由于壳聚糖不溶于水,使用壳聚糖一般用醋酸、乳酸等溶解,也有用酿造醋的。应用于保存食品必须注意下面几点:pH7 以上时壳聚糖呈胶态,如食品 pH 在 7 以上则抗菌性低;壳聚糖不适用于含蛋白质的食品、蛋白质浓度高的食品,因壳聚糖是蛋白凝集剂,由于凝聚作用使壳聚糖的抗菌性降低。因此,壳聚核适用于 pH 偏酸性及蛋白质少的食品,如水果的防腐保鲜。用含 2％改性壳聚糖制剂处理的苹果块,在 30℃下贮存 1 周未出现霉斑,而对照苹果块则受微生物浸染出现霉斑。腌菜的调味液,如盐渍白菜,添加壳聚糖 0.0125％～0.05％于 30℃,分别保存 43.5h～90.5h,而对照不加壳聚糖仅保存 15h,生菌数达 10^6 cfu/mL。也适于保存盐渍胡瓜,在添加壳聚糖的情况下,20℃保存能保持胡瓜的透明不

混浊达 3d 以上。壳聚糖用量：醋酸 0.1％＋壳聚糖 0.05％～0.1％。

2. 鱼精蛋白

鱼精蛋白是一种相对分子质量从数千到 12000 的碱性多肽构成的抗菌物质，为结构简单的球形蛋白质，含大量氨基酸，其中 70％为精氨酸。主要来自大麻哈鱼、鲱鱼的鱼精，分别称为大麻哈鱼精蛋白、鲱鱼鱼精蛋白，存在于鱼的精子细胞中。它对细菌、醇母菌、霉菌有广谱抗菌作用。特别对革兰氏阳性菌抗菌作用更强，对枯草杆菌、巨大芽孢杆菌、地衣形芽孢杆菌、凝固芽孢杆菌、胚芽乳杆菌、干酪乳杆菌等均有良好的抗菌作用，最小抑菌浓度为 70mg/mL～400mg/mL。

鱼精蛋白的作用机制是抑制线粒体与传递系统中的一些特定成分，抑制一些与细胞膜有关的新陈代谢过程。经鱼精蛋白处理后，发现细胞 ATP 含量降低，氨基酸的转运受到抑制，这表明产生质子动势的能力受损，鱼精蛋白可能与磷脂头部的负电荷通过静电引力相互作用，定位在膜的表面，与那些涉及营养运输或生物合成系统的蛋白质作用，而使这些蛋白的功能受损，从而抑制细胞的新陈代谢而使细胞死亡。

鱼精蛋白在碱性介质中有较高的抗菌能力，在酸性（pH 小于 6）介质中抗菌能力较低。在钙、镁等二价阳离子及磷酸、蛋白质等存在时有抑制抗菌力倾向，因此用于面茶、米饭等淀粉类食品保存比蛋白类食品多。鱼精蛋白抽提物热稳定性高，120℃加热 30min 也能维持活性。即使在 210℃下维持 90min 仍有一定的抗菌能力。

鱼精蛋白已被广泛应用于各种食品中，如在水产品、米面制品、畜肉、蛋、奶、果蔬中都取得较好的防腐效果。鱼精蛋白能有效延长鱼糕制品的保存期。当鱼精蛋白的添加量达到 1％时，鱼糕的保存期趋向稳定，在 12℃和 24℃的有效保存期分别为 8d 和 6d；当添加量低于 0.4％时；无论是在 12℃或 24℃条件下保存，鱼糕的保存期相同，有效保存期只能为 2d。在牛奶、鸡蛋布丁中添加 0.05％～0.1％的鱼精蛋白，能在 15℃保存 5d～6d，而对照组（不添加鱼精蛋白的）第 4 天就开始变质；切面中添加了同样量的鱼精蛋白后可保存 3d～5d，对照组 2d 后就变质。实际应用上常将鱼精蛋白和其他药剂或其他保存方法并用，如鱼精蛋白与山梨酸并用。不但能在较宽的 pH 范围内具有抗菌效果，而且还能够得到两者并用的复合抗菌效果。鱼精蛋白与 0.01％～0.02％的山梨酸混合使用，即使其浓度比单用鱼精蛋白或山梨酸的浓度低也可取得相同的抗菌效果。鱼精蛋白与其他添加剂如与甘氨酸、醋酸钠、乙醇、单甘油酯等并用或加热后并用，抗菌有相乘效果，适用的食品防腐范围也更厂。米饭保存试验时接种葡萄球菌及加入鱼精蛋白提取物，于 30℃保存比对照能明显延长保存期。应用于香肠保存，添加浓度 0.7％的保存剂（甘氨酸：醋酸钠：鱼精蛋白＝28.6：57.1：14.3）在冷库内保存效果非常明显。

3. 溶菌酶

溶菌酶是一种专门作用于微生物细胞壁的水解酶，存在于高等动物的组织及分泌物中。植物和微生物中亦存在。其中在鲜鸡蛋中的含量最高，蛋清中的含量达 0.25％～0.3％。作为一种存在于人体正常体液及组织中的非特异性免疫因子，溶菌酶对人体完全无毒、无副作用，且具有多种药理作用，它具有抗菌、抗病毒、抗肿瘤的功效，所以是一种安全的天然防腐剂。溶菌酶又称胞壁质酶，是一种低分子质量的球状蛋白质，溶菌酶为白色结晶，易溶于水，不溶于丙酮、乙醚。溶菌酶是一种比较稳定的碱性蛋白质，最适 pH 为 6～7，最适温度为

5℃,在酸性条件下最稳定,加热至 55℃活性无变化,在 pH 为 3 时能耐 100℃加热 4min;在中性和碱性条件下耐热较差,如在 pH7、100℃处理 10min 即失活。在水溶液中加热至62.5℃并维持 30min,则完全失活。溶菌酶溶于食盐水,而在 15％的乙醇液中于 62.5℃下维持 30min 不失活,在 20.5％的乙醇液中于 62.5℃下维持 20min 亦不失活。蛋清溶蜂胶溶菌酶是抗菌酶类的典型代表,也是被了解最清楚的溶菌酶之一。它由 129 个氨基酸残基的单肽链蛋白质组成,含有 4 对二硫(S-S)键。相对分子质量 14500,等电点 10.5～11.0。

按作用的微生物不同可将溶菌酶分为 3 大类:细菌细胞壁溶解酶、酵母细胞壁溶解酶和霉菌细胞壁溶解酶。

溶菌酶能催化细菌壁多糖的水解,从而溶解许多细菌的细胞壁,使细胞膜的糖蛋白类发生水解,而引起溶菌现象。溶菌酶对革兰氏阳性菌、好气性孢子形成菌、枯草杆菌、地衣型芽孢杆菌等均有良好的抗菌能力。研究表明溶菌酶、氯化钠和亚硝酸钠联合应用到肉制品中可延长肉制品的保质期,其防腐效果比单独使用溶菌酶或氯化钠和亚硝酸钠的效果更好。对于新鲜的海产品及水产品经溶菌酶处理后均可延长贮存期。奶油糕点容易腐败,在其中加入溶菌酶,可防止微生物的繁殖,也可起到一定的防腐作用。在低度酒中添加 20mg/kg 的溶菌酶不仅对酒的风味无任何影响,还可防止产酸菌生长。食品中的羧基和硫酸能影响溶菌酶的活性,因此将溶菌酶与其他抗菌物如乙醇、植酸、聚磷酸盐、甘氨酸加以复配使用,效果会更好。目前,溶菌酶已用于面类、水产、熟食品、冰淇淋、色拉和鱼子酱等的防腐。

蜂胶是从植物幼芽及树干上采集的树脂,混入上颌的分泌物、蜂蜡等加工而成的一种具有芳香气味不透明胶状固体。呈黄褐色或灰褐色,味微苦,不溶于水,溶于乙醇、乙醚等有机溶剂,成分复杂。它具有抗菌、消炎、防腐、护肤、促进机体免疫功能等作用,应用于食品、医药、轻工等领域。锋胶提取物对一些常用的食品微生物有一定的抑制作用。蜂胶用于"纯天然蜂王浆蜜口服液"的生产中,不仅具有天然防腐剂的作用、还可加强产品的营养保健作用,具有广阔的开发前景。

三、微生物天然防腐剂

利用微生物之间的寄生、拮抗作用,是生物防治的理论基础,它比化学药剂处理更安全、有效。在研究中马利安纳发现市场销售的封袋式"热狗"食品大多化验出内含李斯特氏菌,尽管李斯特氏菌具有严重的危害性,但事实上吃"热狗"食品的消费者们却都安然无恙不受其害。原因何在呢?科学家们经进一步探查发现,"热狗"食品中竟自发存在着一部分能抵御李斯特氏菌毒性作用的细菌素,正是出于这种微生物间的相互"搏杀"和抗衡,才最终使食"热狗"的消费者免受了李斯特氏菌的毒害作用。细菌素实际是一种微细蛋白质的物质,是由某类细菌的分泌释放而产生的,经验证明它对某些微菌杀伤力很强但对另一些微菌杀伤破坏作用不大。下面介绍几种常用的微生物防腐剂。

(一)常用的微生物防腐剂

常用的微生物防腐剂有乳酸链球菌素、那他霉素等。

1. 乳酸链球菌素(Nisin)

乳酸链球菌素也称乳酸链球菌肽、尼生素(亦称乳链菌肽或音译为尼辛),是某些乳酸链球菌(Streptocus Lactis)在变性乳介质中发酵产生的一种小分子多肽抗菌物质。它的成熟分子由 34 个氨基酸残基组成,化学式 $C_{143}H_{230}N_{42}O_{37}S_7$,相对分子质量为 3510,为灰白色固体粉末,是一种高效、无毒、安全、无副作用的天然食品防腐剂。乳酸链球菌素的商品名为乳酸链球菌制剂。天然的乳酸链球菌素主要以乳酸链球菌素 A 和乳酸链球菌素 Z 形式存在。同浓度下,一般乳酸链球菌素 Z 的溶解度和抗菌力强于乳酸链球菌素 A。

乳酸链球菌素的溶解度和稳定性与溶液的 pH 有关,一般随 pH 下降稳定性增强,溶解度提高,pH2.5 时溶解度为 12%,pH5.0 时为 4.0%;中性和碱性时不溶;pH2.5 时稳定,pH8.0 时易被蛋白水解酶钝化。

对其毒理学研究表明,乳酸链球菌素是一种对人体安全的天然防腐剂。乳酸链球菌素对蛋白水解酶特别敏感,在消化道中很快被 a-胰凝乳蛋白酶分解。它对人体基本无毒性,也不与医用抗菌素产生交叉抗药性,能在肠道中无害地降解。

造成肉制品腐败的细菌相当多,如乳酸杆菌属、链球菌属等。这些细菌多属于耐热性病原菌,普通的加热方式无法将其完全杀灭,残留的细菌常引起肉制品的腐败。乳酸链球菌素能有效地抑制许多革兰氏阳性菌,如金黄色葡萄球菌、溶血链球菌、链球菌、李斯特氏菌的生长和繁殖,尤其对革兰氏阳性菌如枯草芽孢杆菌、嗜热脂肪芽孢杆菌等有很强的抑制作用,广泛用于乳制品、罐装食品、植物蛋白食品和肉制品的防腐保鲜。

在添加乳酸链球菌素的包装食品中,可以降低灭菌温度,缩短灭菌时间,改善食品的品质和节省能源,有效地延长食品保藏时间。乳酸链球菌素也可以单独使用,按《食品添加剂使用标准》(GB 2760—2011)规定,用于食用菌和藻类罐头、八宝粥罐头、酱油、酱及酱制品、复合调味料等,最大使用量为 0.2g/kg;乳制品、肉制品、可直接食用的预制水产品最大使用量为 0.5g/kg。也可以和其他防腐剂复合使用,以扩大抑菌范围,增强防腐效果。全世界有 50 多个国家和地区已将其应用于乳制品、肉制品、鱼虾、植物蛋白食品和果汁饮料的防腐保鲜,延长食品的货架期。

乳酸链球菌素使用方法:可先将防腐剂粉体按设定量配成溶液,再直接与辅料、肉制品一起混合均匀或注射入肉制品中,也可喷涂于肉制品表面或在防腐液中浸渍一定的时间,操作过程简单。应用实例(牛肉冷却肉保鲜):将鲜牛肉经 24s 预冷(2℃),用乳酸链球菌素溶液浸渍 30s,沥干,真空包装,80℃热水浸渍 2s,4℃下贮藏、观察。结果发现,在牛肉冷却保鲜中,乳酸链球菌素有显著的抑菌作用,细菌总数明显降低,且保鲜效果随乳酸链球菌素浓度增加而增强,且与乳酸钠之间存在协同作用。又如李斯特氏菌也曾在海鲜制品中检出,它对人体会造成极大的危害。若添加适量的乳酸链球菌素就可抑制腐败细菌的生长和繁殖,延长制品的保质期。

乳酸链球菌素在奶制品中应用更加广泛。"无抗奶"的话题近年来逐渐被人们所关注。所谓"无抗奶"就是不含有抗生素的牛奶。乳酸链球菌素可取代抗生素治疗奶牛乳腺炎。它可用于干酪、巴氏消毒奶、风味奶、奶粉复原的乳制品和鲜奶运输过程中的保鲜。由于乳链菌肽是一个小肽,食用后很快被消化道中的蛋白水解酶降解。因此,乳酸链球菌素不会进入肠道而改变肠道内的正常菌群,不会引起常用药用抗菌素出现的抗药性问题,也不会与其他抗菌素出现交叉抗性。实验证明,人们食用含有乳链菌肽的牛奶,10min 后就不能从唾液中检测出乳链菌肽活性。对乳链菌肽的毒性和生物学研究表明,乳酸链球菌素是安全的。

乳酸链球菌素应用于酱菜罐头可以降低酱菜中食盐含量,而卫生质量与产品风味不受影响,这符合低盐的发展要求。另外,乳酸链球菌素还可有效控制罐头食品在贮藏期由于高温引起的腐败,延长货架寿命。

2. 纳他霉素

纳他霉素也称游链霉素(Pimaricin),是由一种链霉菌经生物技术精炼而成的生物防腐剂,商品名称为霉克。纳他霉素为无气味、无味道的白色粉末,是一种具有活性的环状四烯化合物,含三分子以上的结晶水,微溶于水、甲醇,溶于稀酸、冰醋酸,难溶于大部分有机溶剂pH低于3或高于9时,溶解度会有增高。由于具有环状化学结构,对紫外线较敏感,故不宜光照。纳他霉素具有一定的抗热能力,在干燥状态下能耐受短暂高温(100℃),其活件的丧失是由于环状化学结构被水解所致。如置于50℃以上,超过24h活性的衰退有明显的升高。纳他霉素活性稳定性还受氧化剂以及重金属的影响。

纳他霉素对真菌的抑菌作用极强,其抑菌原理出于那他霉素的活性是基于麦角固醇与真菌(霉菌及酵母菌)的细胞壁及细胞质膜的反应。由于这个反应导致细胞质膜破裂,使细胞液和细胞质渗漏,最终导致死亡。当某些微生物的细胞壁及细胞质膜不存在这些类似固醇的化合物时,纳他霉素就不产生抗菌的活性。因此,纳他霉素被列为抗真菌类产品。

纳他霉素对真菌极为敏感,使用微量即可作用。若将那他霉素与山梨酸钾的最小抑制浓度值(MIC)相比时很容易看到,山梨酸钾对付霉菌和酵母菌功效比纳他霉素低100～200倍,也就是说20mg/kg的纳他霉素相当于1000mg/kg～2000mg/kg的山梨酸钾。与常用的山梨酸钾等防腐剂相比,纳他霉素在pH3～9中具有活性,其适用pH范围更宽。

纳他霉素ADI值为0.3mg/kg体重,即按60kg体重计,每天最大可食入18mg。根据我国《食品添加剂使用标准》(GB 2760—2011)规定,食物中纳他霉素的最大残留量为10mg/kg。纳他霉素在实际中的使用量为10数量级。因此纳他霉素属高效、安全的新型生物防腐剂。

纳他霉素在食品中的应用广泛,例如在乳制品中的应用:酸奶是一种人工培养含多种对人体有益乳酸菌的乳制品。由于酸奶中含有活性乳酸菌,尤其是L-嗜酸菌和双歧杆菌,饮用后有利于人体健康,其原因是这些有益的活菌能够存活在消化道,并能通过消化道在大肠中建立一个最佳菌群环境。因此,酸奶这一重要特征的体现,在于产品达到消费者手中时,乳酸菌仍然是活的,这就意味着在发酵作用结束时应避免热处理,而这会影响酸奶的货架期。用添加纳他霉素的方法可以高效低成本地抑制真菌,延长酸奶的货架期,保证加工产品的质量。通过5mg/kg～10mg/kg的添加量,可使产品的货架期延长4周以上。

纳他霉素也应用在果蔬汁饮料中:霉菌和酵母菌是导致果蔬汁变质的主要菌类,添加纳他霉素可有效地防止因真菌而引起的变质。在葡萄汁中20mg/kg的纳他霉素可防止因酵母菌污染而导致的果汁发酵。在富含酵母菌的酒类中加入4mg/kg的纳他霉素能在1h内清除酒内的酵母菌。实际应用中,为达到消毒目的,可加入10mg/kg纳他霉素。在苹果汁中,30mg/kg的纳他霉素可防止果汁发酵,使果汁在4℃下保存6周之久,而果汁的原有风味无任何变化。纳他霉素迅速使果汁中酵母菌的数量降低。同时,随着储存期的推移,使酵母菌活细胞数目进一步下降。酵母菌活细胞数目与使用的纳他霉素的浓度成正比。在较高浓度时,饮品存放时间越长,纳他霉素所呈现的杀菌效果则越显著。实际应用时,在一定温度条件下,1.25mg/kg~2.5mg/kg 的纳他霉素是使用的最低有效浓度。

在肉类保鲜方面可采用浸泡或喷涂肉类食品来达到防止霉菌生长的目的。每平方厘米含有 4mg/kg 的纳他霉素时,即可达到安全而有效的抑菌水平和最经济的使用浓度。一般将纳他霉素配制成 150mg/kg~300mg/kg 的悬浮液对肉制品的表面浸泡和喷除,可达到安全有效的抑菌目的。在制作香肠时,将纳他霉索悬乳液浸泡或喷涂已填好陷料的香肠表面,可有效地防止香肠表面长霉。

在焙烤食品中,例如,蛋糕、面包等都可用纳他霉素的悬浮液喷涂其表面,在不对产品产生任何影响的同时,可以有效地防止霉变,延长货架期。

在其他食品中的应用,例如在年糕、馒头中使用,可防止发霉,有效地延长货架期。在酱油、食醋等调味品中,使用 2.5mg/kg~5mg/kg 的纳他霉素,可防止霉菌和酵母菌引起的变质。在啤酒、葡萄酒中 2.5mg/kg 的纳他霉素可使保质期大大延长。

用纳他霉素进行食品防腐时,其防腐效果比同类制剂的优越性在于:pH 适用范围广,用量低,成本增加少,对食品的发酵和熟化等工艺没有影响,抑制真菌毒素的产生,使用方便,不影响食品的原有风味。

常用的微生物防腐剂还有霉菌,如:红曲霉广泛用于传统酿造行业中,能产生某些抑菌物质,主要作用于细菌,对霉菌、酵母作用很弱。其抑菌作用与所产色素有关,它是聚酮类化合物。又如聚赖氨酸是由链霉菌属的生产菌产生的代谢产物,经分离,提取而精制得到的发酵产品,其化学组成是 L-赖氨酸构成的多肽,它经消化可变成单一的赖氨酸而成为人体营养强化剂,且安全性高无副作用。在日本已将其使用于快餐、鲜肉、禽类保鲜,效果很好。聚赖氨酸对革兰氏阳性菌、阴性的耐热芽孢杆菌、真菌都有显著抑制作用,具有良好的水溶性和耐热稳定性,安全性高,能在中性和酸性较广的 pH 范围内使用。还有曲霉发酵所产生的曲酸对某些细菌和真菌具有抑制作用。此外还有酵母菌,自然界有一类嗜杀酵母,在其生长繁殖过程中能向体外分泌一种毒蛋白,杀死同族及亲缘酵母;酵母属(裂殖酵母属、假丝酵母属)中的某些菌株,通过富集培养,能够产生一种蛋白质,对某些细菌具有明显抑制作用。

我国食品添加剂标准化技术委员会批准使用的微生物防腐剂只有乳酸链球菌素和纳他霉素,它们分别被 50 多个国家批准使用,其他种类的微生物防腐剂正在研究之中。

(二)微生物防腐剂使用方式及注意的问题

微生物防腐剂使用方式可采用保护性培养、添加"粗"抑菌物、添加"纯"抑菌物等。保护性培养是指菌株直接作为生产菌种,或者配合生产菌种加入培养基中,使其在生产中释放出抑菌物质。如用产乳酸链球菌素的乳酸菌生产干酪或在制造香肠时加入。但在采用保护性培养时,必须以不影响产品的风味与感官质量为前提。添加"粗"抑菌物是将产抑菌物菌株大规模培养结束后,将苗体灭活或除去,把培养物直接加到食品中去。此法简便,但因抑菌物浓度较低不得不加入大量培养物。添加"纯"抑菌物是将抑菌物质分离、提取、纯化后加入食品中。这样可准确添加抑菌物,并对食品的副作用最小,但分离提取工作繁杂,还可能造成抑菌物质的损失。三种使用方式各有所长。为了使防腐剂充分发挥作用,采用何种方式,应取决于被保护食物的特性以及微生物抗菌是否能充分抑制该食品中腐败菌的生长,能否在食物中均匀扩散,活力是否会被食物中的某些成分破坏(如被蛋白酶降解)或在加工过程中损失(如受热失活)等因素。

不少微生物菌体在其代谢过程中都能产生抑菌物质,但作为食品防腐剂,必须符合以下几点:①抑菌物本身对人体完全无害;②在消化道内降解为食物的正常成分;③对食物进行热处理时降解为无害成分;④不影响消化道菌群;⑤不影响药用抗菌素的使用。

(三)微生物防腐剂的发展趋势

细菌素的选择针对性很强,即对某类有害菌杀伤力强的细菌素可能对另一些有害菌无杀伤力,因而又有人称其为"窄谱抗菌素"。采用单一微生物防腐剂来抑制所有食品腐败菌是不可能的。可以使用几种微生物防腐剂,利用协同效应可增强效果,如乳酸链球菌素与纳他霉素的抑菌谱互补,可将两者配合使用。此外,也可将微生物防腐剂与来自动植物或化学防腐剂配合使用。如乳酸链球菌素与山梨酸钾一起用于肉类防腐,提高产品的质量,以此达到增强防腐效果,扩大应用范围的目的。由单一型向复合型防腐剂转变,微生物防腐剂的应用前景必将更广阔。

目前,天然防腐剂受到抑菌效果、价格等方面的限制,其应用尚不能完全取代化学防腐剂。但天然防腐剂的添加,使食品杀菌条件更趋温和,或可减少化学防腐剂的用量。例如与亚硝酸钠并用,减少亚硝酸钠的用量。据一些科学家的预测,这已成为当今食品保藏研究的热点。

第四节　果蔬保鲜防腐剂

新鲜果蔬易受病原微生物侵染而腐败变质。因此,世界各国都十分重视果蔬采后的防腐保鲜工作。随着生产和生活的发展和提高,人们对果蔬的防腐保鲜日益重视,我国是一个农业大国,地域辽阔,果蔬品种繁多。目前由于缺乏必要的手段,致使我国果蔬腐烂损失率每年达 20%～25%。为了充分利用食物资源和满足人们尤其是不同地区人们生活的需要,许多科研、生产、销售部门纷纷研究果蔬保鲜技术并推广使用。目前最常用的保鲜手段有低温法、气调法。但即使在低温和气调条件下,如果没有防腐保鲜剂的配合,许多果蔬也很难有理想的保鲜效果。目前主要是进行化学品处理,如采用防霉、杀菌、被膜、代谢控制剂处理等,具体应用时可采用药液浸渍、药纸包裹、纸格浸药等方法,用以保护果蔬的鲜度,延长其保存期。在所用果疏防腐保鲜的化学品中,主要是一些广谱、高效、低毒的杀菌、防腐剂。贮存前利用防腐保鲜剂处理,能够杀死病菌,控削潜伏性病菌的生长,并能在一定程度上调节果疏的生理代谢,延长保鲜期,保持果蔬的品质。以下简述保鲜的主要类型、用法、应用中注意的问题以及其研究发展方向。

一、保鲜剂的主要类型、用法

1. 溶液浸泡型防腐保鲜剂

防腐保鲜剂的主要类型是溶液浸泡型防腐保鲜剂,这类保鲜剂主要被制成水溶液,通过浸泡达到防腐保鲜的目的,是最常用的防腐保鲜剂。该类药剂能够杀死或控制果蔬表面或内部的病原微生物,有的也可以调节果蔬代谢。

（1）苯并咪唑及其衍生物　该类药剂主要有苯来特、噻苯唑、托布津、甲基托布津、多菌灵等,是高效、广谱的内吸性杀菌剂,可以控制青霉菌丝的生长和孢子的形成。但长期使用易产生抗性菌株,并且对一些重要的病原菌如根霉、链格孢菌、疫霉、地霉、毛霉以及细菌引起的软腐病没有抑制作用。

（2）新型抑菌剂　主要有抑菌唑、双胍盐、米鲜安、三唑灭菌剂、抑菌脲、瑞毒霉、乙磷铝等。这类药是广谱性的,对对苯并咪唑类有抗性的菌株有效。抑菌唑主要用于柑橘,对镰刀青霉菌孢子的形成有抑制作用,常用浓度为 $1000mg/L \sim 2000mg/L$。双胍盐水溶液对柑橘和甜瓜的酸腐病、青霉、绿霉、对苯并咪唑类的抗性菌株有强抑制作用,其浓度一般为 $250mg/L \sim 1000mg/L$。米鲜安抑制青霉、抗苯来特和噻苯唑的菌株,常用于桃和梨,使用浓度为 $500mg/L \sim 1000mg/L$。三唑灭菌剂对酸腐病有强抑制作用,常用于梨,使用浓度为 $250mg/L \sim 1000mg/L$。抑菌脲可以抑制根霉菌、灰葡萄孢霉等,处理蔬菜的浓度为 $500mg/L$,处理水果的浓度为 $500mg/L \sim 1000mg/L$。瑞毒霉可以有效控制霉菌引起的柑橘褐腐病,浓度为 $1000mg/L \sim 2000mg/L$。乙磷铝是良好的内吸剂,对疫霉及抗瑞毒霉有抑制作用,常用浓度为 $2000mg/L \sim 4000mg/L$。

（3）防护型杀菌剂　该类有硼砂、硫酸钠、山梨酸及其盐类、丙酸、邻苯酚（HOPP）、邻苯酚钠（SOPP）、氯硝胺（NCNA）、克菌丹、抑菌灵等。其主要作用是防止病原微生物侵入果实,对果蔬表面的微生物有杀灭作用,但对侵入果实内部的微生物效果不大。目前主要用作洗果剂。最常用的是邻苯酚钠,邻苯酚钠在使用中要严格控制 pH 在 $11 \sim 12$ 之间,处理柑橘时其浓度为 2%,并加入 1% 的六胺及 2% 的 NaOH,处理苹果和梨的浓度为 0.6%,处理桃时浓度为 1%。

（4）植物生长调节剂　该剂可使果蔬按照人们的期望去调节和控制采后的生命活动。目前主要有生长素类、赤霉素类和细胞分裂素类。实践证明,$50mg/L \sim 200mg/L$ 的 2,4-D 与 $500mg/L \sim 1000mg/L$ 的托布津或 $250mg/L \sim 500mg/L$ 的多菌灵配合作用,对柑橘保鲜效果很好,$10mg/L \sim 20mg/L$ 赤霉素（GA）对柑橘也有很好的效果;$10mg/L \sim 20mg/L$ 的 6-苄基腺嘌呤对多种蔬菜有明显的保鲜效果。

（5）中草药煎剂　近年来,中草药煎剂用于果品防腐保鲜的研究日益增多。中草药中含有杀菌成分并且具有良好的成膜特性。现在研究利用的主要有香精油、高良姜煎剂、魔芋提取液、大蒜提取液、肉桂酸等。但是,由于中草药有效成分的提取及大批量生产中存在着很多问题,因此尚未大量利用。

2. 吸附型防腐保鲜剂

保鲜剂主要用于清除贮藏环境中的乙烯、降低 O_2 含量、脱除过多的 CO_2 抑制果蔬后熟。主要有乙烯吸收剂、吸氧剂和 CO_2 吸附剂。

乙烯吸收剂主要有高锰酸钾载体,如沸石、膨润土、过氧化钙,铝、硅酸盐或铁、锌等。吸氧剂主要有亚硫酸氢盐、抗坏血酸、一些金属如铁粉等。CO_2 吸附剂主要有活性炭、消石灰、氯化镁等。另外,焦炭分子筛既可吸收乙烯,又可吸收 CO_2。

吸附剂一般都是装入密闭包装袋中,与所贮藏的果蔬放到一块。使用中应选择适当的吸附剂包装材料,以使吸附剂能起到最大作用。

3. 熏蒸型防腐剂

熏蒸型防腐剂指在室温下能够挥发,以气体形式抑制或杀死果蔬表面的病原微生物,而其本身对果蔬毒害作用较小的一类防腐剂,目前已经大量用于果蔬及谷物。常见熏蒸剂有仲丁胺、O_3、SO_2 释放剂、二氧化氮、联苯等。

熏蒸剂在使用中要掌握好浓度和熏蒸时间。SO_2 是常用的一种熏剂,主要用于葡萄的保鲜,对灰霉葡萄孢和链格孢有较强的抑制作用。其具体方法是:葡萄入库后及时用 0.5%～1%(体积分数)的 SO_2 熏蒸 20min,贮藏期间每隔 15d～30d 用 0.25% 的 SO_2 熏蒸 30min。也可用亚硫酸盐加入 1/3～1/4 的干燥硅胶混合,装入小纸袋或小聚乙烯袋中,按葡萄鲜重的 0.3% 剂量将药袋分散在葡萄上部和中部。熏后贮藏温度应控制在 $-1℃～0℃$,并要及时检测、调节 SO_2 浓度。

二、几种常用果蔬保鲜防腐剂

1. 噻苯咪唑

噻苯咪唑又称涕必灵、杀菌灵、TBZ。化学名称 2-(4-噻唑基)-苯并咪唑。结构式:

噻苯咪唑

(1) 性状　为白色粉状结晶,性质稳定,遇碱不分解,无味、无臭,熔点 304℃～305℃,290℃升华。难溶于水(溶解度 30mg/L),pH2.2 时,对水溶解度为 3.84%,对其他溶剂的溶解度分别为:甲醇 0.93%,乙醇 0.68%,乙二醇 0.77%,丙酮 0.28%,丁酮 1.25%,苯 0.23%。

(2) 毒性　噻苯咪唑小鼠经口服 LD_{50} 为 2400mg/kg(体重),兔经口服 LD_{50} 为 3600mg/kg(体重),ADI 为 0.05g/kg(体重)(FAO/WHO,1984)。毒性试验结果表明,噻苯咪唑除了对血液结构致微小变化外,对内部器官无明显损伤。

(3) 应用　噻苯咪唑为广谱性抗真菌剂,但对 Rhizopus、Alternaria、Geotrichum 和软腐细菌无效。噻苯咪唑有内吸性,它可通过蒸腾流而在整个植物体内运转分布。它具有很长的残效期,它可控制感染,而且可抑制芽孢发芽,干扰菌丝体的生长并影响分生孢子的形成。现在研究认为它的抑菌机理在于干扰 DNA 的合成和细胞复制,其缺点是容易产生抗性菌系。噻苯咪唑可用于水果、蔬菜贮藏期防腐、烟草防霉。使用的剂型有胶悬剂、可湿性粉剂、液剂。这些剂型均可在加水稀释后用于浸果或喷洒,也可混入果蜡中或制成烟剂。用于柑橘、香蕉的浸果,其使用浓度为 0.1%～0.45%。烟剂可在库房、塑料棚等各种可密闭条件下使用,比如柱蒜薹贮藏中即可在蒜薹预冷时作烟熏处理。合理地使用本品与其他药剂的混合制剂是提高药效和推迟抗性菌系产生的有效方法。有报道,采用仲丁胺噻苯咪唑、抑霉唑-噻米咪唑等多种混合制剂,均取得很好效果。

2. 仲丁胺

仲丁胺又称另丁胺、2-氨基丁烷、2-AB。

$$CH_3-\underset{\underset{\displaystyle NH_2}{|}}{CH}-CH_2-CH_3$$

仲丁胺

（1）性状　为无色、具氨臭，易挥发的液体，具旋光性。工业品为外消旋体，强碱性，可与水、乙醇任意混溶，沸点 63℃，D_4^{15} 为 0.729，折射率 n_D^{20} 为 1.3940，蒸汽压 7.498kPa（4.5℃），pK_a 为 10.56（25℃水溶液）。

（2）毒性　仲丁胺大鼠经口服 LD_{50} 为 660mg/kg（体重）。最大无作用剂量 MNL：大鼠为 63mg 仲丁胺醋酸盐/（kg·d）[相当于 35mg 仲丁胺/（kg·d）]；狗为 125mg 仲丁胺醋酸盐/（kg·d）[相当于 69mg 仲丁胺/（kg·d）]。仲丁胺 ADI 为 0mg/kg～0.1mg/kg（体重）（暂定）。

仲丁胺为伯胺，进入人体后可迅速被胃肠道吸收，并广泛分布于肌肉、肝、肾、脂肪等组织中。仲丁胺在狗体内经氧化脱氨而形成丁酮，主要经尿排出体外，也就是说它不经肝脏代谢。仲丁胺可迅速被排出体外，并且有良好的水溶性，故无蓄积作用。由上述可见，吸收快、代谢快、无蓄积是仲丁胺在动物体内代谢的重要特点。

（3）应用　仲丁胺及其衍生物均不添加于加工食品中，只在水果、蔬菜贮藏期作防腐使用。仲丁胺及其盐类对霉菌均有很好的抑菌—杀菌作用，但对细菌、酵母效果不佳。仲丁胺及其易于分解的盐类如碳酸盐、碳酸氢盐等在使用中的一个重要特点就是其熏蒸性，即使在低温（如 0℃低浓度，含量为 1%）下也具有足够的蒸汽压而起到熏蒸作用。仲丁胺的一些盐类在熏蒸的控制释放方面有重要意义，在干燥条件下它们是稳定的。水和酸是它们释放仲丁胺的启动剂，这两个条件在水果、蔬菜环境中是完全具备的，所以这样的熏蒸剂使用起来非常方便。

仲丁胺防腐剂在使用中的另一个重要持点就是它与其他防腐剂的配合性和制剂、剂型的多样性。仲丁胺及其衍生物可与多种杀菌剂、抗氧剂、乙烯吸收剂等配合使用，而起到互补和增效的作用。仲丁胺及其衍生物自身或与其他药剂配合可制成乳剂、油剂、烟剂、蜡剂、固体熏蒸剂等各种剂型，也可加到塑料膜、包果纸、包装箱中做成防腐包装。市售的保鲜剂克霉灵、橘腐净、复方 18 号防腐保鲜剂、敌毒烟剂、固体熏蒸剂、加药塑料膜单包装袋等，均为以仲丁胺或其衍生物为主要有效成分的保鲜剂。

3. 桂醛

又称肉桂醛、RQA，化学名称苯丙烯醛：

$$\text{（苯环）}CH=CH-C\underset{H}{\overset{\displaystyle O}{\big\langle}}$$

桂醛

（1）性状　纯品为无色至淡黄色油状液体，具强烈的肉桂臭，具甜味，在不同压力下的沸点分别为 120℃（1.3kPa）；177.7℃/（13.3kPa）；246℃（101.3kPa）（部分分解）。凝固点 -7.5℃、n_D^{20} 为 1.618～1.623，d_{25}^{25} 为 1.048～1.052。基本不溶于水，700g 水可溶 1g 桂醛。能溶于乙醇、乙醚、氯仿、油脂等。有抑菌作用，在 1/4000 浓度时，对黄曲霉、黑曲霉、橘青霉、串珠镰刀菌、交链孢霉、白地霉、酵母等均有强烈的抑制效果。

桂醛可由桂皮等植物体提取，也可由化学合成，合成方法是由苯甲醛和乙醛在稀碱条件下经羟醛缩合反应而制得。

（2）毒性　桂醛大鼠经口服 LD_{50} 为 3200mg/kg（体重）（中国预防医学科学院营养与卫生研究所），最大无作用剂量 MNL 为 125mg/kg，每日允许最高摄入量 ADI 未提出（FAO/WHO，1994）。桂醛在人体内有轻度蓄积性，蓄积指数为 6。

（3）应用　桂醛作为食品添加剂主要用作香料。也可将它用作水果贮藏期防腐剂。其使用方法可将桂醛制成乳液浸果，也可将桂醛涂在包果纸上，利用它的熏蒸性起到防腐保鲜作用。包果纸上桂醛的含量为 $0.012mg/m^3 \sim 0.017mg/m^3$。将这种包果纸用于柑橘，贮藏后的残留量为 0.3mg/kg。橘皮，小于 0.6mg/kg；橘肉，小于 0.3mg/kg。我国《食品添加剂使用标准》（GB 2760—2011）规定桂醛用于水果保鲜，其残留量为 0.3mg/kg 以下。

4. 乙氧基喹

乙氧基喹亦称虎皮灵、抗氧喹。化学名称为 6-乙氧基-2,2,4-三甲基-1,2-双氧喹啉，简称 EMQ。由于它可防治苹果贮藏期的虎皮病而得此名，结构式：

乙氧基喹

（1）性状　为淡黄色至琥珀色的黏稠液体，在光照和空气中长期放置可逐渐变为暗棕色的黏稠液体。但不影响质量。沸点 $134℃ \sim 136℃$（1.3kPa），n_D^{25} 为 $1.569 \sim 1.672$；d_{25}^{25} 为 $1.029 \sim 1.031$。不溶于水，可与乙醇任意混溶。乙氧基喹制成 50% 乳液即为"虎皮灵"，能很好地分散于水中。

（2）毒性　乙氧基喹小鼠经口服 LD_{50} 为 1680mg/kg $\sim$ 18080mg/kg（体重），大鼠经口服 LD_{50} 为 1470mg/kg（体重），大鼠经口服 $LD_{50} > 1000mg/kg$（体重），每日允许最高摄入量 ADI 为 0.06mg/kg（体重）（WHO/FAO，1972）。经 ^{14}C 示踪试验表明，乙氧基喹可很快通过机体排泄，乙氧基喹由消化道吸收，在体内大部分脱去乙基或羟基后由尿排出、少量未经代谢部分由胆汁排出，无蓄积作用。

（3）应用　乙氧基喹除作食品、饲料防腐剂和抗氧剂外，也可用于苹果、梨等贮藏期防治虎皮病。苹果虎皮病是在贮存后期发生的病变，果皮变褐，似烫伤，故又称烫伤病。虎皮病是由于果皮的果蜡中产生的倍半萜烯类物质-2 法尼烯（2-famesenc）发生氧化生成共轭三烯化合物，使果皮细胞受到伤害而引起的，鸭梨黑皮病的发病机理与此相似。乙氢基唑有抗氧化作用，能保护果实中不饱和脂肪酸，抑制 2-法尼烯氧化，而防止苹果虎皮病的发生。

乙氧基喹用于水果贮藏可单独使用，也可与其他药剂（如防腐剂等）混合使用，使用方法可浸果，也可熏蒸。将乙氧基喹配成乳液，药液中乙氧基喹浓度为 2000mg/kg $\sim$ 4000mg/kg，水果用此药液浸后贮藏；将乙氧基喹加到纸上制成包果纸，或加到聚乙烯中制成加药塑料膜单果包装纸，或加到果箱隔板等处，借其挥发性而起到熏蒸作用。

我国《食品添加剂使用标准》（GB 2760—2011）规定乙氧基喹作用于苹果保鲜可按生产需要适量使用，残留限量为 1mg/kg。在实际使用中，若用 4000mg/kg 乙氧基喹乳液浸红香蕉苹果,贮藏 2 个月的残留量为 0.7mg/kg,贮藏 4 个月为痕量,贮藏 6 个月后未检出。

用于维生素 A、维生素 D 和胡萝卜素时使用量为 0.2%,用于龟粉和脂肪时使用量为 0.1%。

5. 联苯

联苯又称联二苯,结构式:

联苯

(1)性状　纯品为无色片状结晶,具特臭。熔点 69℃～71℃,沸点 254℃～255℃,相对密度为 1.041。微溶于水,对水溶解度为 0.0075g/L(25)。易溶于醚、苯及烃。

(2)毒性　大鼠经口服 LD_{50} 为 3300g/kg～5000g/kg(体重),每日允许最高摄入量 ADI 为 0mg/kg～0.5mg/kg(体重)(FAO/WHO,1985)。大白鼠、兔和狗对联苯的代谢是将体内的联苯转化为 4-羟基联苯和其他羟基联苯及联苯葡萄糖醛酸,这些物质均可随尿排出。

6. 邻苯基苯酚钠

邻苯基本酚(钠)

(1)性状　为几乎无色的片状构成白色结晶粉末。邻苯基苯酚熔点为 56℃～58℃,沸点 286℃,难溶于水,溶于乙醇、丙酮、乙醚、苯和碱溶液。

(2)毒性　邻苯基苯酚和邻苯基苯酚钠毒性很小、邻苯基苯酚苯酚对老鼠 LD_{50} 为 2700mg/kg(体重),邻苯基苯酚钠对老鼠为 4000mg/kg(体重)。对邻苯基苯酚及邻苯基苯酚钠的安全性,1977 年得到了世界卫生组织(WHO)的承认和许可、因此美国、日本都广泛使用其作为柑橘类水果的防腐剂。

(3)应用　用于水果保鲜,可采用喷、涂等方式或做成包装材料,它可以防止贮藏期内多种霉菌所造成的腐败变质。美国、英国允许使用于多种水果,日本规定只用于柑橘,使用量(邻苯基苯酚)0.01g/kg。

此外果蔬保鲜防腐剂还可采用蜡和涂膜剂,用蜡和涂膜物质涂布果蔬表面成膜,可以减少果蔬水分损失,抑制呼吸,延续后熟衰老,还能阻止微生物侵染,增加果蔬表面的光洁度,提高商品质量。

三、保鲜防腐剂使用中应注意的问题

(1)不可夸大果蔬保鲜防腐剂的作用　果蔬贮藏保鲜是一个系统工程,它涉及果蔬种类和品种的贮藏性、生长的环境条件、农业栽培技术、采后处理及贮运条件等多方面的因素,不能单靠保鲜剂解决问题。

(2)对症下药　应该在搞清楚引起果蔬腐败变质的可能原因及病原菌之后,有根据地选择防腐保鲜剂,有效地控制果蔬的腐烂变质。

(3)选择适当的保鲜剂浓度和作用条件　药剂浓度决定着药剂的效果,过高造成浪费,过低达不到效果。此外,药剂的作用条件也直接影响效果,不适宜的条件可导致药效丧失。

例如,灭菌水剂或膜剂的 pH 影响果蔬表皮组织对药剂的吸收。因此,必须恰当合理地控制药剂浓度及其作用条件。

(4)保鲜剂配伍合理 配伍时应该弄清楚药剂的理化性质和作用范围,配伍时应注意以下 3 点:①偏酸性的不宜和偏碱性药剂配合;②配合后产生化学效应,引起果蔬药害的不能配伍;③混合后出现破坏剂型的不能配伍。

(5)防止抗性菌株的出现 连续使用一种杀菌剂,可能出现抗性菌株,降低药剂的杀菌或抑菌效果,因此要交替使用不同生化作用的保鲜剂。

(6)要按照保鲜剂的说明用药,避免超过安全范围。

第五节 杀 菌 剂

杀菌剂实际上也是防腐剂的一部分,具有良好的防腐性能。杀菌剂分为还原型杀菌剂和氧化型杀菌剂两类。还原型杀菌剂是由于它具有还原能力而起杀菌作用的。如亚硫酸及其盐类(将在漂白剂章节里加以讨论,并介绍在防腐方面的应用)。氧化型杀菌剂是借助于氧化能力而起杀菌作用的,这类杀菌剂通常有强杀菌消毒能力,但化学性质较不稳定,易分解,故作用不持久,且有异臭。因此,它们很少直接用于食品加工,主要是用来对设备、容器、半成品和水的杀菌消毒。国外常用的有漂白粉、漂粉精、次氯酸及其盐、过醋酸等。

一、漂白粉与漂粉精

1. 漂白粉

漂白粉是氢氧化钙、氯化钙和次氯酸钙的混合物,主要成分是次氯酸钙 $Ca(ClO)_2$,有效氯为 30%~38%。

(1)性状 漂白粉为白色或灰白色粉末或颗粒物,有强烈的氯臭味,很不稳定,易受光、热、水、乙醇等作用而分解,有强吸湿性。它溶于水,6.9g/100mL,其水溶液可使石蕊试纸变蓝,随后逐渐褪色变白。遇空气中的二氧化碳可游离出次氯酸,遇稀盐酸则产生大量的氧气。

(2)杀菌性能 漂白粉水溶液能释放出游离氯,有很强的杀菌、漂白能力。这种游离氯称为"有效氯",它侵入微生物细胞的酶蛋白中,或破坏核蛋白的巯基,或抑制其他对氧化作用敏感的酶类,导致微生物死亡。

漂白粉对细菌的繁殖型细胞、芽孢、病毒、酵母和霉菌等均有杀灭能力,且杀菌力随作用时间、浓度和温度成正比增高。溶液的酸度对其杀菌力有显著影响,pH 低时杀菌效果好。对白色葡萄球菌、大肠杆菌、沙门菌、甲型副伤寒杆菌等均有杀菌效果,2%的溶液在 5min 内即可杀死生长细菌。

(3)毒性 漂白粉水溶液进入体内,对胃肠黏膜有强刺激性,其粉尘对眼有严重刺激性,能引起角膜溃疡和鼻黏膜溃疡;对呼吸道有强刺激性,能引起咳嗽;对手可引起出汗和湿疹。但使用其稀水溶液时,不会引起什么不好的现象,然而浓度高时会感到有氯臭味。

(4)应用 我国食品行业通常都使用漂白粉作为杀菌消毒剂,如用于饮用水和果蔬的杀菌消毒,还常用于游泳池、浴室、家具等物品的消毒;此外也常用于油脂、淀粉、果皮等食品的漂白;还可用在废水脱臭、脱色处理上。

0.2％漂白粉水溶液能在 5min 杀死生长态细菌,20％的水溶液在 10min 内可杀死破伤风菌芽孢。使用前先将漂白粉溶于少于其 2 倍量的水中,充分搅拌后,加入 6～10 倍量的水,搅拌溶解,静置澄清,取其上部溶液备用。对饮料水,其使用量应掌握在有效氯为 0.00004％～0.0001％;用于水果、蔬菜消毒时,有效氯应为 0.005％～0.01％;用于食用器皿消毒时,有效氯需在 0.01％～0.02％范围内。

2. 漂粉精

漂粉精亦即高纯度漂白粉,主要成分为次氯酸钙 $Ca(ClO)_2$。

(1)性状　漂白精为白色或类白色的颗粒或粉未,带有氯气臭味,比较稳定。它吸湿而分解,遇高温、火和光发生激烈分解,甚至爆炸。漂粉精溶于水(12.8g/100mL),其有效氯浓度在 65％以上。如以次氯酸钙为主要组成的,有效氯在 90％以上;以 $Ca(ClO_2) \cdot 2Ca(OH)_2$ 为主要组成的,有效氯浓度为 65％～70％。

(2)杀菌性能　漂粉精的杀菌性能与漂白粉相同,但其有效氯比一般漂白粉高 1 倍多,故杀菌力更强。

(3)毒性　漂粉精的毒性与漂白粉相似,但毒性作用更强。

(4)应用　漂粉精的用途与漂白粉相同,但杀菌和漂白效果较漂白粉高 1 倍左右。使用前将其溶于水,取上部澄清液。由于漂粉精不溶性残渣少,稳定性和有效氯含量高,更适用于湿热地区,故有取代漂白粉的趋势。

二、次氯酸与次氯酸钠

1. 次氯酸

次氯酸,化学式 $HClO$,相对分子质量为 52.47。

(1)性状　次氯酸通常以水溶液的形式存在,为浅黄色透明状液体,带有氯臭味。在 20℃和 100kPa 下,100g 水约溶解 0.72g 氯。次氯酸水溶液不稳定,分解放出氧并生成盐酸,而起强氧化作用,这种液体不能长期保存,在 -20℃下也只能保持几天。

(2)杀菌性能　次氯酸水溶液的杀菌能力与 pH 有关,pH 越低,次氯酸分子数目越多,杀菌能力越大。

(3)毒性　次氯酸进入血液中会引起全身中毒,进入口内能激烈地刺激胃。

(4)应用　用于水、果蔬、餐具、炊具等消毒。

2. 次氯酸钠

次氯酸钠,化学式 $NaClO$,相对分子质量为 74.44。

(1)性状　次氯酸钠为无色至浅黄绿色液体,有强烈的氯气味,有效氯浓度在 4％以上。它溶于冷水,在热水中分解,若混有氢氧化钠在空气中也不稳定。能使红色石蕊试纸变蓝,继而褪色。相对密度为 1.1。

(2)杀菌性能　利用其氯的杀菌能力,可用作广谱性杀菌剂;利用其氧化能力,可用于脱臭、脱色、废水处理,其杀菌力随 pH 减小而增大。

(3)毒性　常常引起洗涤业工人皮肤发炎,对其毒性未做特殊试验,可参照亚硫酸氢钠。

（4）应用　用于饮用水、果蔬消毒，以及食品生产设备、器皿的消毒，也用于医疗用品和手的消毒。

三、过醋酸

过醋酸亦称过氧乙酸、化学式 $C_2H_4O_3$，相对分子质量76.05。结构式：

过醋酸

（1）性状　过醋酸为无色液体，有很强醋酸气味，熔点$-0.2℃$，沸点$110℃$，不稳定。它易溶于水、醇、醚，水溶液呈酸性，易分解，在低温（$2℃\sim6℃$）分解较慢。通常为$32\%\sim40\%$乙酸溶液。

（2）杀菌性能　过醋酸对细菌、芽孢、真菌、病毒均有很强的杀灭能力，是广谱型高效杀菌剂。0.2%浓度的过醋酸水溶液即可有效地杀死霉菌、酵母和细菌。对蜡状芽孢杆菌的芽孢，用0.3%的过醋酸水溶液$3min$，即可杀死。其特点是杀菌力强，杀菌范围广，低温下仍有良好的杀菌力，特别是对在有机物保护下的细菌亦有杀灭能力。

（3）毒性　大鼠经口 LD_{50} 为 $0.5g/kg$（体重）。

过醋酸对人体无害，高浓度（40%）能使皮肤变白、起泡，皮肤灼伤后 $1d\sim2d$ 即可恢复正常。手触浓溶液后立即以水冲洗，不会引起灼伤。此外，对呼吸道黏膜有刺激性。

（4）应用　近年来我国许多地区都在试用。用 0.2% 浓度的水溶液浸泡水果、蔬菜$2min\sim5min$，可抑制霉菌生长、增殖。用 0.1% 浓度的水溶液浸泡鸡蛋 $2mm\sim5mm$，可明显消除蛋壳表面上的细菌，再经涂膜，以利于保存。此外，过醋酸还可用于车间、工具、容器和皮肤的消毒。由于过醋酸的稀溶液分解很快，通常是使用时现配，亦可暂存于冰箱内，以减少分解。40%以上浓度的溶液易爆炸、燃烧，使用时要注意，还要注意不得与其他药品混合。

第六节　食品防腐剂的发展趋势

食品是生命之源，是人类生存的永恒主题。但人们发现除了一些即采即食的果蔬外，工业化生产的食品从原料到生产再到消费者手中，必须经过多种天然的和人工的环节，受到各种腐败菌和致病菌的污染在所难免。虽然，抑制各种有害微生物有许多方法，但食品工业的实践反复证明，添加适量的防腐剂是达到有效、简捷、经济的方法之一。人们对食品防腐剂的副作用有种种担心固然不无道理，但这不应该也不可能限制食品防腐剂的技术开发。因为，食品工业在可见的将来还离不开防腐剂。可见，探讨食品防腐剂的技术发展趋势，不断研究开发更安全、更有效、更方便、更经济的防腐剂产品和使用方法，是食品行业广大工作技术人员面临的重要课题。

一、产品的天然化趋势

回归自然，生产更多更好的绿色食品和有机食品，这是当今食品工业的一大潮流。相应地，食品防腐剂的天然化已成为防腐剂技术的一大趋势。人们普通认为，目前，天然防腐剂大致有三种类型：第一种是天然动植物的直接提取物，如鱼香草油、甲壳素；第二种是生物工程产品，如乳酸链球菌素、海松素、溶菌酶；第三种是生存于各种生物体且可以通过人工修正、分解、蒸馏等方法制得的产品，如丙酸、维生素、ε-聚赖氨酸。

天然防腐剂的最大特点，是在人体内可以分解成各种营养物质，其安全性好，发展前景好。当然，天然防腐剂技术虽已成为人们关注的热点，但在品种和产量上一时还很难成为食品防腐剂系列中的主角。原因是，天然防腐剂的天然物质在数量上有限，自然界中的再生周期长，人工提取和制造工艺复杂。技术投资规模大，产品产率低，价格昂贵，这就大大限制了生产商对这类产品的生产和使用。其次，天然防腐剂的抗菌性一般较窄。客观上使其应用领域受到了限制。例如，乳酸链球菌素，虽能有效抑制乳酸菌和肉毒杆菌的生长，但对于霉菌、酵母菌和革兰氏阴性菌几乎无效。因此，天然防腐剂存在的弱点也就成为科技工作者研究攻克的难点和重点。

二、使用的微量化趋势

除天然防腐剂外，目前大多数防腐剂对人体或多或少有些负面影响，这是一个不争的事实。因此，食品生产商如果想要兼顾仪器的安全性和经济性，那么，非天然的防腐剂使用时的微量化是一条很好的好途径。

据国内外报道，在常用的食品防腐剂中，尼泊金酯是目前国际公认的高效、广谱性防腐剂之一，其抑菌效果随着脂肪链的延长而增强。在大多数食品中，其添加量只有 $0.1\% \sim 0.2\%$，在毒理性指标方面它明显比苯酸钠强，且被人体摄入后可在肠胃中充分分解进而被排出体外。因此，该系列的产品特别适宜在成本低、消费量大且易受微生物污染的食品中使用、其有效性和经济性明显优于山梨酸钾。目前，在日本和东南亚地区，诸如酱油和食醋之类的调味品大都选用尼泊金酯作为防腐剂。人们普遍认为，微量化是经济性的应有特性。

三、品种的多样化趋势

在食品添加剂技术领域，行家们一般将各种防腐剂分成四种类型，即酸性防腐剂、酯型防腐剂、无机盐防腐剂和生物防腐剂。目前，美国的食品法规允许单独使用的防腐剂品种大概有 50 种，日本有 40 种，我国有 32 种，其中不包括某些天然防腐剂品种和虽然有防腐作用但主要当作其他食品添加剂使用的品种。

防腐剂品种的多样化，是食品微生物品种的多样性同防腐剂抗菌谱系的有限性相互矛盾的必然结果。在生物界，微生物种类和数量是一个最大的家族。现在，人们已经知道的微生物有 10 万种左右，各种微生物的代谢产物超过 1300 种，其中可引起食物中毒和食品腐败的细菌与真菌不下 1 万种。然而，人们已经发现和发明的食品防腐剂尚未有一种能有效抑制所有的致病菌和腐败菌。显然，人们可以用来抑制微生物生长繁殖的防腐剂品种越少，食品安全性也就越差。随着我国加入 WTO，食品防腐剂应用技术上必然要尽快与国际接轨。

目前,国家正在研究放宽对已经由 JECFA 制定了 ADI 值的防腐剂品种的审批程序,这对我国食品防腐剂品种的多样化和国际化将会起到极大的促进和推动作用。

四、实用领域制剂化趋势

防腐剂品种的多样化是防腐剂技术发展的必然趋势,但是这种多样化不能仅仅靠新产品的开发来实现。它可边开发边升级,还可以通过不同品种的复配和品种不同的剂型两种形式逐步更新换代。可见,食品防腐剂品种的多样化必然导致实用制剂化的发展,这应当引起食品界的关注和重视。

有文献报道,英国在 20 世纪 80 年代至 90 年代开发一个食品防腐剂新品种平均要花费 120 万英镑。从这一数据看,国内一般规模的企业就难以独立完成食品防腐剂的新品开发,充分利用国外现有的成熟产品,通过产品的复配和剂型的多样化即产品的制剂化实现防腐剂品种的多样化和实用化,这是国内大多数中小食品企业所希望而也是容易采用的有效途径。

防腐剂复配技术的关键,是弄清不同品种在功能上的增效、曾加和拮抗效应,防腐剂多样化的重点,则是寻找各种不同防腐剂的最佳适用条件,提高防腐剂在使用过程中的方便性。这两者均可通过大量的常规性应用试验加已实现。同单纯的新品开发相比,制剂化自然是开发周期短、经费开支少。烷基链短的品种抑制革兰氏阴性菌的效果好,抑制革兰氏阳性菌的效果差,烷基链长的品种的抑菌效果则相反。因此,日本许多食品企业采取了将长、短链产品复配使用的办法,以扩大防腐剂的抑菌谱系。另外,在剂型方面,尼泊金酯通常为油溶性晶体,水溶性较差,这是该产品在国内使用较少的重要原因。最近,苏南地区某食品添加剂开发公司研究开发的几种不同剂型的尼泊金酯制剂,解决了产品乳化性和水溶性问题,这是防腐剂技术实用化的有益尝试。

【复习思考题】

1. 食品变质的主要表现现象是什么? 导致食品变质败坏的主要因素是什么?
2. 简述防腐剂抗菌作用的一般机理。
3. 防腐剂在食品中充分发挥作用,必须注意哪些方面?
4. 试比较几种化学防腐剂的共同点和不同点。
5. 举例阐述一类天然防腐剂的性质特点和应用。
6. 举例说明漂白粉的杀菌性能和应用。
7. 举例说明过醋酸的杀菌性能和应用。

第三章　抗　氧　化　剂

【学习目标】
1. 了解抗氧化剂的概念及分类。
2. 理解抗氧化剂作用机理。
3. 掌握抗氧化剂的安全性、抗氧化性及使用特性。
4. 能利用抗氧化剂的互配效应以达到较小的剂量解决食品的抗氧化问题。

第一节　抗氧化剂的定义、分类及应用

一、抗氧化剂的定义

食品变质除微生物所引起外,氧化也是一个重要的因素,特别是油脂和含油食品。油脂和含油脂的食品,在贮藏、加工及运输过程中均会自然地氧化变质,产生哈喇味,造成食品品质下降,营养价值也降低。除此之外,肉类食品的变色、果蔬的褐变、啤酒的异臭味及变色,也与氧化有关。因此防止氧化,已成为食品工业的一个重要问题。

食用油脂自动氧化后的食品,有碍人体健康,会促进人体的脂肪氧化,破坏生物膜,引起细胞功能衰退乃至组织死亡,严重的还会导致各种生理疾病。此外,直接食用一些含有抗氧化组分的食品,对抗衰老和控制疾病有重要作用。现代医学研究表明,活性氧、自由基与许多衰老相关的疾病的发生、发展、预防和治疗有关,如心血管病、老年性痴呆、肿瘤、糖尿病、艾滋病、白内障等。在食品中合理使用抗氧化物质或者使用含较高抗氧化组分的食品,及时清除体内自由基和活性氧,可以有效地控制这些疾病的发生,具有良好的预防和控制作用。

防止食品氧化,除了采用密封、排气、避光及降温等措施外,适当地使用一些安全性高、效果显著的抗氧化剂,是一种简单、经济而又理想的方法。

所谓抗氧化剂,即是添加于食品后阻止或延迟食品氧化,提高食品质量的稳定性和延长贮藏期的物质。抗氧化剂是食品添加剂的一个重要类别,对其可以使用的种类、质量要求、最大允许使用量和最大允许残留量等指标,必须严格按照我国《食品安全国家标准　食品添加剂使用标准》(GB 2760—2011)的规定进行。

二、抗氧化剂的分类

抗氧化剂的种类繁多,目前尚无统一的分类标准,由于分类依据的不同,可以形成不同的分类结果。

食品抗氧化剂按溶解性的不同可分为油溶性抗氧化剂及水溶性抗氧化剂两类。油溶性

抗氧化剂如丁香羟基茴香醚（BHA）、二丁基羟基甲苯（BHT）、没食子酸丙酯（PG）、特丁基对苯二酚（TBHQ）及维生素 E 等，常用于油脂类的抗氧化作用；水溶性抗氧化剂包括抗坏血酸及其盐类、异抗坏血酸及其盐类及植酸等，多用于食品色泽的保持及果蔬的抗氧化。

按来源不同，抗氧化剂可分为天然抗氧化剂和人工合成抗氧化剂。天然抗氧化剂包括茶多酚、植酸、磷脂等；人工合成抗氧化剂包括 BHA，BHT，TBHQ 等。

按作用机理的不同，抗氧化剂又可分为自由基抑制剂、金属离子螯合剂、氧清除剂、单重态氧淬灭剂、过氧化物分解剂、酶抗氧化剂、甲基硅酮和甾醇抗氧化剂和紫外线吸收剂等。

此外，还有一些物质，本身虽没有抗氧化作用，但与抗氧化剂混合使用，却能增强抗氧化剂的效果，这些物质统称为抗氧化剂的增效剂。现已广泛使用的增效剂有柠檬酸、磷酸、苹果酸、乙二胺四乙酸二钠（EDTA 二钠）和葡萄糖酸钙等，这些物质并未直接参与抑制氧化反应，而是在使用过程中，与食品中存在的金属离子形成较稳定的金属盐，使金属离子不再对氧化反应具有催化作用，或者是增效剂向氧化剂的自由基团（A·）提供氢，使抗氧化剂获得再生，增强了抗氧化剂的抗氧化作用。

现在大约有 150 个化合物可作为工业抗氧化剂，但可用于食品的抗氧化剂较少。作为食品抗氧化剂应具备一些基本条件：①低浓度有效；②与食品可以共存；③对食品的感官性质无影响；④对消费者无毒、无害。我国《食品安全国家标准　食品添加剂使用标准》（GB 2760—2011）允许使用的抗氧化剂有丁基羟基茴香醚（BHA）、二丁基羟基甲苯（BHT）、没食子酸丙酯（PG）、特丁基对苯二酚（TBHQ）、4-己基间苯二酚、抗坏血酸棕榈酸酯、硫代二丙酸二月桂酯、植酸（肌醇六磷酸）、竹叶抗氧化物、维生素 E、乙二胺四乙酸二钠（EDTA 二钠）、异抗坏血酸钠及茶多酚等。

抗氧化剂的销售量近年来增长较快，如美国批准使用 26 种，消费量为 8310t/年，并以2.8％年增长率增长；日本批准使用 19 种，产量为 1250t/年，欧洲产量为 980t/年。我国已批准使用 15 种，生产能力约 5000t/年，主要品种为丁基羟基茴香醚（BHA）、二丁基羟基甲苯（BHT）、没食子酸丙酯（PG）、特丁基对苯二酚（TBHQ）等，主要用于油脂、油炸食品、色拉油和起酥油中。每年产量增长率约 4％。天然抗氧化剂发展迅速，预计其销售额将超过传统的合成抗氧化剂。

三、抗氧化剂的应用技术

1. 必须在食品氧化变质前使用

抗氧化剂是一类阻止和延缓食品氧化的添加剂，如果在食品已经氧化变质后使用，则达不到抗氧化效果，因此只能在食品发生氧化前使用，才能发挥其提高食品质量稳定性和延长贮藏保质期的作用。

在农业生物材料的酶促褐变反应过程中，在酚氧化酶存在的情况下，将酚氧化成醌，再进一步聚合成黑色素，引起食品褐变。因此为防止果蔬加工中的酶促褐变，抗氧化剂的使用必须在氧化反应发生的开始阶段。

2. 注重抗氧化剂之间以及抗氧化剂与增效剂之间的复配使用

增效剂是一种本身不具有抗氧化作用但能增强抗氧化作用效果的物质。如果在果蔬的酶促氧化褐变过程中，添加抗氧化剂的同时，用某些酸性物质如柠檬酸、磷酸等，则能显著地

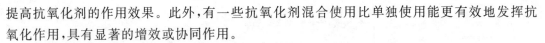

提高抗氧化剂的作用效果。此外,有一些抗氧化剂混合使用比单独使用能更有效地发挥抗氧化作用,具有显著的增效或协同作用。

3. 控制光、热、氧和金属离子等条件

影响抗氧化剂抗氧化作用效果的因素有光、热、氧、金属离子和抗氧化剂在食品中的分散状态等,对这些因素加以控制,能更有效地发挥抗氧化效果。

有些抗氧化剂在加热到一定温度的情况下会发生分解或者挥发而失去抗氧化作用。如BHA在大豆油中加热到170℃并保留60min,会完全分解失效,而在100℃以上加热则会迅速升华挥发。

氧是食品氧化反应进行的一个必要条件,要使抗氧化剂达到预期的抗氧化效果,隔绝氧是一个非常有效的方法。因此在使用抗氧化剂的同时通过一定的包装方法降低食品内部及其周围氧的浓度或隔断空气中的氧,能更好地发挥抗氧化剂作用效果。

一些金属离子如铜、铁能催化氧化的进程,提高自由基产生的速度,它们的存在会使抗氧化剂迅速氧化而失去作用。因此在使用抗氧化剂时,应尽量避免这些金属离子混入食品,同时还可以使用螯合剂络合它们。

此外,一些卫生标准决定了抗氧化剂在食品中用量较少,为了使其充分发挥作用,必须将其均匀分散到食品中,对于某些抗氧化剂有必要将其转变成液体再添加到食品中。

第二节 抗氧化剂的作用机理

要了解抗氧化剂的抗氧化作用机理必须先了解氧化的发生机理。

由活性氧引起的游离基反应可产生许多变化,如生物体内的氧化还原、老化及食品品质的劣变等。活性氧即单重态氧,是由三重态氧($3O_2$)经过诱导而产生的,单重态氧($1O_2$)和过氧化阴离子游离基($\cdot O_2$)都可以还原为过氧化氢(H_2O_2)。H_2O_2与金属离子在紫外线照射的作用下生成羟基游离基($\cdot OH$)和其他种类游离基,所有这些活性物质与生物体或食品中的成分均可发生明显的相互作用,其结果通过成分的氧化而发生老化、变质。

在自动氧化过程中,参与反应的物质或其生成物本身作为催化剂其数量不断发生变化,在诱导期或感应期吸氧不大明显,一段时间后氧化速度则明显加快。油脂的氧化在大多数情况下遵循典型的自由基链式反应机理,光、热、氧气、酶等因素都可以引发油脂自动氧化链式反应。油脂自动氧化步骤通常可分为引发、传递和终止三个阶段。这种反应尤其在含有不饱和脂肪酸甘油酯的油脂中更易于发生,由于其结构上的不饱和键的存在,很容易与空气中的氧发生自动氧化反应,生成过氧化物,进而又不断裂解,产生具有臭味的醛或碳链较短的羧酸。

氧代谢产生的"废物"氧自由基会对细胞造成严重破坏,损伤 DNA 甚至危害生命;氧自由基对细胞的过氧化损害可引发心脑血管病变、多种炎症和恶性肿瘤,同时也是造成人体衰老的重要原因。学者们提出,过剩的活性氧(自由基)因缺乏抗氧化剂的保护,将引起大量的有害反应。抗氧化剂,尤其是天然抗氧化剂具有预防和降低疾病发展的作用,因而被广泛用于膳食补充剂(保健食品),甚至成为治疗某些疾病的潜在药物。

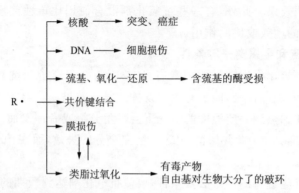

抗氧化剂的作用机理是比较复杂的,存在着多种可能性。现已研究发现:一是抗氧化剂借助还原反应,降低食品体系及周围的氧含量,即抗氧化剂本身极易氧化,因此有食品氧化的因素存在时(如光照、氧气、加热等),抗氧化剂就先与空气中的氧反应,避免了食品氧化(维生素 E、抗坏血酸以及猝灭单重态氧的 β-胡萝卜素等即是这样完成抗氧化的);二是抗氧化剂可以放出氢离子将氧化过程中产生的过氧化物破坏分解,在油脂中具体表现为使油脂不能产生醛或酮酸等产物;三是有些抗氧化剂是自由吸收剂(游离基清除剂),可能与氧化过程中的氧化中间产物结合,从而阻止氧化反应的进行(如 BHA、PG 等的抗氧化);四是有些抗氧化剂可以阻止或减弱氧化酶类的活动,如超氧化物歧化酶对超氧化物自由基的清除;五是金属离子螯合剂,可通过对金属离子的螯合作用,减少金属离子的促进氧化作用(如 ED-TA、柠檬酸和磷酸衍生物的抗氧化作用);六是多功能抗氧化剂,如磷脂和美拉德反应产物等的抗氧化机理。

抗氧化机理类型如表 3-1 所示。

表 3-1　抗氧化机理类型

(1)游离基清除剂(radical scavenger)	(3) 单重态猝灭剂(single oxygen quencher)
氢供体(hydrogen donor)	(4) 酶抑制剂(enzyme inhabitor)
电子供体(electron donor)	(5) 增效剂(synergist)
(2)过氧化物分解剂(peroxide decomposer)	(6) 还原剂或金属螯合剂

以油脂自动氧化为例,简单说明抗氧化剂的作用机理。食用油脂有不饱和键,在氧气、水、金属离子、光照及受热情况下油脂中不饱和键变成酮、醛及羧酸。反应如下:

$$RH + O_2 \longrightarrow R \cdot + \cdot OH \tag{3-1}$$

$$R \cdot + O_2 \longrightarrow ROO \cdot \tag{3-2}$$

若以 AH 或 AH_2 表示抗氧化剂,则其可以通过反应式(3-3)、式(3-4)、式(3-5)等所示的方式切断油脂自动氧化的连锁反应,从而防止油脂继续被氧化。

$$R \cdot + AH_2 \longrightarrow RH + AH \cdot \tag{3-3}$$

$$ROO \cdot + AH_2 \longrightarrow RH + AH \cdot \tag{3-4}$$

$$ROO \cdot + AH \cdot \longrightarrow ROOH + A \cdot \tag{3-5}$$

产生的基团可以通过反应式(3-6)和式(3-7)的方式再结合成二聚体和其他产物。

$$A \cdot + A \cdot \longrightarrow A—A \tag{3-6}$$

$$ROO\cdot + A\cdot \longrightarrow ROOA \qquad (3-7)$$

（AH、AH$_2$：抗氧化剂；RH：油脂中不饱和脂肪酸；RO·：脂质游离基；ROO·：脂质过氧化自由基）。

目前，国际上广为使用的抗氧化剂主要为 BHA、BHT、TBHQ、PG 及生育酚五种。这种抗氧化剂都是苯酚型的结构，苯酚型结构的化合物能通过共振杂化分子形成稳定的低能量游离基而具有抗氧化性能。

以鱼油为例，鱼油在空气中放置一段时间后，质量会增加，这主要是由于鱼油中生成了过氧化物（见图 3-1），在油脂中添加抗氧化剂，则随着时间的延长，油脂生成过氧化物的速度减慢（见图 3-2）。

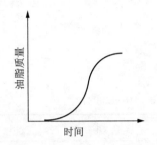

图 3-1　鱼油放置空气时质量增加

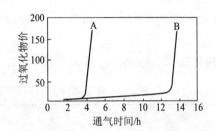

图 3-2　抗氧化剂对脂肪氧化作用速度的影响

A—无抗氧化剂的情况；B—有抗氧化剂的情况

第三节　油溶性抗氧化剂

油溶性抗氧化剂能均匀地分布于油脂中，对油脂食品可以很好地发挥其抗氧化剂氧化作用。目前各国使用的抗氧化剂大多是合成的，如使用较广泛的丁基羟基茴香醚（BHA）、二丁基对甲苯酚（BHT）、没食子酸丙酯（PG）、特丁基对苯二酚（TBHQ）等。

一、常见的几种油溶性合成抗氧化剂

1. 丁基羟基茴香醚（BHA）

丁基羟基茴香醚又称叔丁基-4-羟基茴香醚，或丁基大茴香醚（butyl hydroxyanisole，BHA）。化学式 C$_{11}$H$_{16}$O$_2$，相对分子质量 180.25。BHT 是两种异构体 3-叔丁基-4-羟基茴香醚（3-BHA）和 2-叔丁基-4 羟基茴香醚（2-BHA）的混合物，一般 3-BHA 在混合物中的量占 90%以上。

3-BHA　　　　　　2-BHA

（1）性状　BHA 通常是 2-和 3-异构体的混合物，为无色至微黄色的结晶或白色结晶性粉末,具有特异的酚类的臭气及刺激性味道,不溶于水,可溶于猪脂肪和植物油等油脂及丙二醇、丙酮和乙醇;对热稳定,没有吸湿性,在弱碱性条件下不容易破坏。BHA 具有单酚型特征的挥发性,如在猪脂肪中保持在 61℃ 时稍有挥发,在直接光线长期照射下,色泽会变深。

与其他抗氧化剂相比,它不像 PG 那样会与金属离子作用而着色。BHT 不溶于丙二醇,而 BHA 易溶于丙二醇,易成为乳化状态,有使用方便的特点,缺点是成本较高。

(2) 抗氧化性能　丁基羟基茴香醚的抗氧化作用是由它放出氢原子阻断油脂自动氧化而实现的。丁基羟基茴香醚用量为 0.02% 时,较用量为 0.01% 的抗氧化效果增高 10%;但用量超过 0.02% 时,其抗氧化效果反而下降。在猪油中加入 0.005% 的 BHA,其酸败期延长 4～5 倍,添加 0.01% 时可延长 6 倍。BHA 与其他抗氧化剂混用或与增效剂等并用,其抗氧化作用更显著。

BHA 除抗氧化作用外,还具有相当强的抗菌力,可阻止寄生曲霉孢子的生长和黄曲霉毒素的生成。

(3) 理化指标　理化指标见表 3-2。

表 3-2　叔丁基-4-羟基茴香醚理化指标 (GB 1916—2008)

项　目		指　标
含量($C_{11}H_{16}O_2$)/%	≥	98.5
硫酸灰分/%	≤	0.05
砷(As)/(mg/kg)	≤	2
铅(Pb)/(mg/kg)	≤	2
熔点/℃		48～63

(4) 安全性　人们曾一度认为 BHA 的毒性较低,并被世界各国许可使用。但自从 1982 年日本发现 BHA 对大鼠前胃有致癌作用后,其安全性受到怀疑。此后国际上对此有分歧。1986 年,TECFA 第 30 次会议在重新评价 BHA 的有关资料后,再次将其 ADI 暂定从 0mg/kg～0.5mg/kg(体重)降至 0mg/kg～0.3mg/kg(体重)。1989 年,JECFA 再次收集全部有效资料评价后,认定其对人体安全性极高,并制定其 ADI 为 0mg/kg～0.5mg/kg,目前仍被广泛应用。

(5) 应用　按我国《食品安全国家标准　食品添加剂使用标准》(GB 2760—2011),丁基羟基茴香醚(BHA)用作抗氧化剂的使用范围和最大使用量(g/kg):脂肪、油和乳化脂肪制品、基本不含水的脂肪和油、坚果与籽类罐头、熟制坚果与籽类(仅限油炸坚果与籽类)、即食谷物,包括碾轧燕麦(片)、杂粮粉、油炸面制品、方便米面制品、饼干、腌腊肉制品类(如咸肉、腊肉、板鸭、中式火腿、腊肠等)、风干、烘干、压干等水产品、膨化食品为 0.2;胶基糖果为 0.4。

按 FAO/WHO(1984)规定:用于一般食用油脂,最大使用量为 0.2g/kg,不得用于直接消费,也不得用于调制奶及其奶制品。

按日本规定:BHA 可用于食用油脂、奶油、维生素 A 油和香料等。然而按 1985 年《食品卫生法》规定,只能用于棕榈原料油和棕榈仁原料油,不得用于一般食品。

实际应用:丁基羟基茴香醚可广泛用于各种食品如油脂、含油食品及食品包装材料。BHA 对动物油脂的抗氧化作用较强。单独使用 0.02% 的 BHA,可以使猪油在第九天的过氧化值还略小于对照样第三天的过氧化值;和 0.01% 的柠檬酸共同使用并没有提高 BHA 的抗氧化能力。在鱼油中添加 0.02% 的 BHA 后其抗氧化稳定性得到明显的提高。BHA 对植物油的作用较小。在粗制植物油中加入 0.02% 的 BHA 后将其精炼植物油的保质期变得较长。

0.01% 的 BHA 可稳定生牛肉的色素和抑制脂类化合物氧化。BHA 可防止各类干香肠的退色和变质。

对于奶制品,0.01% 的 BHA 能延长奶粉和奶酪的保质期。此外,BHA 能稳定辣椒粉的颜色,能防止核桃、花生等的氧化。将 BHA 加入焙烤用油和盐中,可以保持焙烤食品和盐味花生的香味。

用于压缩饼干和含油脂高的饼干,每千克加 0.035g 的 BHA 和 0.035g 没食子酸丙酯及 0.07g 柠檬酸作增效剂,可以明显延长保质期。使用时将所有的油脂加热到 60℃ ～ 70℃,并充分搅拌,以保证充分溶解。BHA 还可以加入到用于制作糖果的黄油中,可抑制糖果的氧化。

BHA 可延长咸干鱼的储存期。常采用浸渍法和拌盐法来处理。浸渍法的抗氧化效果比拌盐法要好,而拌盐法常在同样用盐量条件下渗入鱼体的盐会较多,卤品易晒干,在储存过程中不易发霉。由于拌盐法盐多,故由此处理的鱼太咸。浸渍法把冲洗后的鲜鱼在含有 BHA0.01% ～ 0.015% 的盐水中浸渍 2～3 天后出晒。BHA 先配成 1% 的乳化母液(BHA 溶于 10 份食用乙醇中,搅拌使之充分溶解后加 2 份乳化剂混合均匀,最后加 88 份淡水,边加边搅拌至完全混合为止,即得 1%BHA 乳化母液)。然后将 1%BHA 乳化母液按用量加入配好的盐水中,边加边搅拌,以避免 BHA 的析出。浸渍液与鱼的比例为 1:1。

丁基羟基茴香醚除用于食品外,还可用做包装纸、塑料等的抗氧化剂。一般将其涂抹在包装内面,也可在包装内充入抗氧化剂的蒸气,或用喷雾法将抗氧化剂喷洒在包装纸张或纸板上,用量为 0.02% ～ 0.1%。

2. 二丁基羟基甲苯(BHT)

二丁基羟基甲苯又称 2,6-二叔丁基对甲酚,简称 BHT。化学式为 $C_{15}H_{24}O$,相对分子质量为 220.36。

$$(CH_3)_3C \overset{\displaystyle OH}{\underset{\displaystyle CH_3}{\bigcirc}} C(CH_3)_3$$

二丁基羟基甲苯

(1)性状 二丁基羟基甲苯为无色结晶或白色结晶性粉末,无臭、无味、不溶于水,熔点 69.5℃～71.5℃(纯品 69.7℃),沸点 265℃,相对密度为 1.084。可溶于乙醇或油脂中,对热稳定,与金属离子反应不着色,具单酚型油脂的升华性,加热时随水蒸气挥发。

（2）抗氧化性能　二丁基羟基甲苯同其他油溶性抗氧化剂相比,稳定性高,抗氧化效果好,在猪油中加入0.01%的BHT,能使其氧化诱导期延长2倍。它没有PG与金属离子反应着色的缺点,也没有BHA的异臭,而且价格便宜,但其急性毒性相对较高。它是目前水产加工方面广泛应用的廉价抗氧化剂。BHT与柠檬酸、抗坏血酸或BHA复配使用,能显著提高抗氧化效果。BHT的抗氧化作用是由于其自身发生自动氧化而实现的。BHT价格低廉,为BHA的1/8~1/5,可用作主要抗氧化剂。目前它是我国生产量最大的抗氧化剂之一。

（3）理化指标　理化指标见表3-3。

表3-3　理化指标（GB 1900—2010）

项　目		指　标
熔点（初熔）/ ℃	≥	69.0
水分,w/%	≤	0.05
灼烧残渣,w/%	≤	0.005
硫酸盐（以 SO_4 计）,w/%	≤	0.002
砷（As）/（mg/kg）	≤	1
重金属（以 Pb 计）/（mg/kg）	≤	5
游离酚（以对甲酚计）,w/%	≤	0.02

（4）安全性　大鼠经口 LD_{50} 为 1.7g/kg~1.97g/kg（体重）。小鼠经口 LD_{50} 为 1.39g/kg（体重）。BHT的急性毒性虽然比BHA大一些,但其无致癌性,1986年,JECFA第30次会议对BHT重新评价时,将其ADI值暂定从0mg/kg~0.125mg/kg（体重）降为0mg/kg~0.05mg/kg（体重）,1990年仍维持此规定。

（5）应用　按我国《食品安全国家标准　食品添加剂使用标准》（GB 2760—2011）规定,二丁基羟基甲苯的使用范围及最大使用量（g/kg）为:脂肪,油和乳化脂肪制品、基本不含水的脂肪和油、干制蔬菜（仅限脱水马铃薯粉）、熟制坚果与籽类（仅限油炸坚果与籽类）、坚果与籽类罐头、即食谷物,包括碾轧燕麦（片）、油炸面制品、方便米面制品、饼干、腌腊肉制品类（如咸肉、腊肉、板鸭、中式火腿、腊肠等）、风干、烘干、压干等水产品、膨化食品等为0.2;胶基糖果为0.4。

在实际应用上,BHT对于油炸食品所用油脂的保护作用较小,对人造黄油储存期间没有足够的稳定作用,一般很少单独使用。BHT与柠檬酸、抗坏血酸或BHA复配使用时,能显著提高抗氧化效果。对于动物油脂,使用浓度为0.005%~0.02%;BHA、没食子酸酯类、柠檬酸混用时,用量为0.001%~0.01%;对于植物油,可使用BHT、BHA和柠檬酸组成2:2:1的混合物,但两者混合使用的总量不得超过0.2g/kg。精炼油添加BHT时必须在碱炼、脱色和脱臭后,在真空下油品冷却到12℃时添加,添加时应事先用少量油脂使BHT溶解,柠檬酸用水或乙醇溶解后再借助真空吸入油中搅拌均匀;对焙烤食品,用量为添加脂肪量的0.01%~0.04%;对谷物食品,使用量为0.005%~0.02%,对肉制品,BHT可有效延缓猪肉中亚铁血红素的氧化,防止褪色;对奶制品,0.008%的 BHT 可稳定牛奶;对核桃、花生等带壳的食品,BHT 可延长焙烤碎制的坚果和仁果的货架期;对香精油和口香糖,0.01%~0.1%的 BHT 可防变味、发硬和变脆。

BHT 也可以加入包装焙烤食品、速冻食品及其他食品的纸或塑料薄膜等材料中,用量为每千克包装材料加 0.2g~1g 的 BHT。

3. 特丁基对苯二酚

特丁基对苯二酚(tertiary butyl hydroquinonoe,TBHQ)别名叔丁基对苯二酚、叔丁基氢醌,化学式 $C_{10}H_{14}O_2$,相对分子质量 166.22,结构式如下:

特丁基对苯二酚

(1)性质 TBHQ 为白色至黄白色结晶粉末,有特殊气味。熔点 126.5℃~128.5℃,沸点 300℃,微溶于水,在许多油和溶剂中它都有足够的溶解性。TBHQ 在油、水中溶解度随温度升高而增大。对热稳定,不与铁、铜等形成络合物,但在见光或碱性条件下可呈粉红色。

(2)抗氧化性 TBHQ 对稳定油脂的颜色和气味没有作用,对其他抗氧化剂和螯合剂有增效作用。例如,对 BHA、BHT、维生素 E、柠檬酸和 EDTA 等。TBHQ 在其他酚类抗氧化剂都不起作用的油脂中,还是有效的。另外,TBHQ 还具有一定的抗菌作用,对细菌、酵母和霉菌均有抑制作用,且氯化钠对其抗菌有增效作用。但在 pH 为 7.5 时,抗菌作用较弱。

TBHQ 于 1972 年被美国批准用于食品以来,到目前它在国际上已被越来越多的厂家使用。1992 年 TBHQ 在我国获全国食品添加剂标准化委员会批准使用。

(3)理化指标 理化指标见表 3-4。

表 3-4 特丁基对苯二酚理化指标(GB 26403—2011)

项 目		指 标
特丁基对苯二酚(以 $C_{10}H_{14}O_2$ 计),w/%	≥	99.0
特丁基对苯醌,w/%	≤	0.2
2,5-二特丁基氢醌,w/%	≤	0.2
氢醌,w/%	≤	0.1
甲苯/(mg/kg)	≤	1
铅(Pb)/(mg/kg)	≤	25
熔点/℃		126.5~128.5

（4）安全性　大鼠经口 LD_{50} 为 $0.7g/kg\sim1.0g/kg$（体重）。ADI 值暂定为 $0mg/kg\sim$ $0.2mg/kg$（体重）（FAO/WHO,1994）。

TBHQ 的急性毒性属低毒级，未发现其在机体组织内聚积，对大白鼠的发育和遗传没有明显的影响，也未观察到有致癌突变。

（5）应用　按我国《食品安全国家标准　食品添加剂使用标准》（GB 2760—2011）规定，TBHQ 可以使用于脂肪、油和乳化脂肪制品、基本不含水的脂肪和油、熟制坚果与籽类、坚果与籽类罐头、油炸面制品、方便米面制品、饼干、腌腊肉制品类（如咸肉、腊肉、板鸭、中式火腿、腊肠），风干、烘干、压干等水产品，膨化食品，最大使用量为 $0.2g/kg$。

实际应用中，TBHQ 对于油脂，特别是不饱和的粗植物油是很有效的。添加 0.02% 的 TBHQ 可使饱和与不饱和的油脂抗氧化稳定性提高 2～5 倍，比传统的抗氧化剂更能延长油脂食品的货架期；且抗氧化效果随添加量的增大而增大；以少量的增效剂配合 TBHQ 使用，能起到抗氧化协同作用而增强抗氧化效果，如 PG、BHT、维生素 E、抗坏血酸棕榈酯、柠檬酸和 EDTA 等。

TBHQ 对高温有良好的稳定性，挥发性比 BHA 和 BHT 小，对于加工和食用中需要加热的食品非常适用。TBHQ 在食品油炸过程中，能很好地随油脂进入食品中而起抗氧化作用，但在食品的焙烤过程中效果较差。0.02% 的 TBHQ 能提高棕榈油及方便面的抗氧化稳定性，TBHQ 在花生油中的使用量一般为 0.02%，在香肠中的使用量一般为油脂量的 0.015%。TBHQ 还可以延长果仁及谷物早餐食品的货架期。

在具体使用时，可以直接将 TBHQ 加入已经加热的油脂中，充分搅拌，使其分散均匀。也可以先将 TBHQ 溶解在少量的油脂中制成浓缩液，再加入大量油脂中或者用计量器把 TBHQ 浓缩液加入油脂经流管道里，这时，管道内能够产生足够的湍流使 TBHQ 的浓缩液充分地均匀分散。

碱性条件能使 TBHQ 发生色变，因此应尽量避免其在碱性环境下使用。

4. 没食子酸丙酯（PG）

没食子酸丙酯又称棓酸丙酯，简称 PG。相对分子质量为 212。根据没食子酸的 R 取代基不同，又分为没食子酸辛酯和没食子酸十二酯：

$R=C_3H_7$　没食子酸丙酯（PG）

$R=C_8H_{17}$　没食子酸辛酯（PG）

$R=C_{12}H_{25}$　没食子酸十二酯（PG）

（1）性状　没食子酸丙酯为白色至淡褐色的结晶性粉末，或为乳白色针状结晶，无臭，稍带苦味，水溶液无味。PG 易与铜、铁离子反应呈紫色或暗绿色，光线能促进其分解，有吸湿性，难溶于冷水，可溶于热水；易溶于乙醇，对热非常稳定，在油中加热到 227℃ 后，1h 仍不会分解。

（2）抗氧化性能　PG 对猪油的抗氧化效果较 BHA 和 BHT 强，与增效剂并用效果更好，但不如 PG 与 BHA 和 BHT 混用的抗氧化效果好。对于含油的面制品如奶油饼干的抗氧化，不及 BHA 和 BHT。没食子酸丙酯的缺点是易着色，在油脂中溶解度小。

（3）理化指标　理化指标见表 3-5。

表 3-5　没食子酸丙酯理化指标(GB 3263—2008)

项　目		指　标
含量($C_{10}H_{12}O_5$)/%		98.0～102.0
熔点/℃		146～150
砷(As)/(mg/kg)	≤	3
铅(Pb)/(mg/kg)	≤	1
干燥失重/%	≤	0.5
灼烧残渣/%	≤	0.5

(4)安全性　大鼠经口 LD_{50} 为 3.8g/kg(体重)。PG 在机体内被分解,大部分变成 4-O-甲基没食子酸,内聚为葡萄糖醛酸,随尿排出体外。ADI 为 0mg/kg～0.2mg/kg(体重)。用含 1% 的 PG 的饲料喂养大鼠 2 年,无不良影响。

(5)应用　按我国《食品安全国家标准　食品添加剂使用标准》(GB 2760—2011)规定,没食子酸丙酯的使用范围和最大使用量(g/kg)为:脂肪,油和乳化脂肪制品、基本不含水的脂肪、油、坚果与籽类罐头、熟制坚果与籽类(仅限油炸坚果与籽类)、油炸面制品、方便米面制品、饼干,腌腊肉制品类(如咸肉、腊肉、板鸭、中式火腿、腊肠),风干、烘干、压干等水产品,膨化食品等为 0.1;胶基糖果为 0.4。

没食子酸丙酯使用量达 0.1% 时即能自动氧化着色,故一般不单独使用,而与 BHA 复配使用,或与柠檬酸、异抗坏血酸等增效剂复配使用。与其他抗氧化剂复配使用时,具有更好的抗氧化效果。

实际应用时,PG 的添加量随油脂的种类、品质不同而异,一般用量在 0.01% 以下,可以充分发挥其抗氧化作用。没食子酸丙酯对植物油作用良好,对猪油的抗氧化作用优于 BHA 或 BHT。0.02% 的 PG 和 0.01% 的 BHT 对黄油制作的面包有良好效果。香肠中加入 0.1g/kg 的 PG,在 42℃±1℃ 下可保存 30d 不变色。在方便面中加 0.1g/kg,常温可保存 150d。在喷雾干燥和泡沫干燥的全脂奶粉中,加 0.02% 的 PG 可显示良好效果。

油炸花生米罐头中,按炸油量计在炸油中加 PG 0.3g/kg,加热到 160℃～170℃,炸 2min～3min,添加时可先用乙醇溶解后加入。使用时,先取一部分油脂,将本品按量加入,加温充分溶解后,再与全部油脂混合,或取 1 份 PG 与 0.5 份柠檬酸及 3 份 95% 乙醇混合均匀后,徐徐加入油脂中搅拌均匀。应用时应避免使用铁、铜容器。

二、天然油溶性抗氧化剂——维生素 E

维生素 E,简称生育酚,有天然产品和合成产品两种。天然维生素 E 广泛存在于植物组织的绿色部分和禾本科种子的胚芽中,如小麦、玉米、菠菜、芦笋、茶叶以及植物油。其中茶叶中维生素 E 含量高达 2.6mg/g。天然维生素 E 是从天然植物原料提取,一般是在植物油(大豆、菜子、棉子、米糠、玉米、葵花、红花等)精炼过程中脱臭时,从蒸馏冷凝液馏出物中提取,最后蒸出的维生素 E 被冷凝下来。用溶剂萃取、酯化、分子蒸馏以及吸附分离从馏出物中可得到不同纯度的维生素 E。结构式为:

$$\underset{\text{维生素E}}{}$$

维生素E

生育酚（AH_2）被称为自由基捕捉剂，它可使自由基（R·）猝灭：

$$R\cdot + AH_2 \rightarrow RH + AH\cdot \qquad\qquad 2AH\cdot \rightarrow A + AH_2$$

天然维生素 E 比合成维生素 E 有更好的生理活性，为 1.3～1.4 倍。维生素 E 有 α-生育酚、β-生育酚、γ-生育酚、δ-生育酚和 α-三烯生育酚、β-三烯生育酚、γ-三烯生育酚、δ-三烯生育酚的不同，其中以 α-生育酚活性最大，其与抗氧化、抗衰老等有关。维生素 E 对于其他的抗氧化剂如 BHA、TBHQ、抗坏血酸棕榈酸酯、卵磷脂、氨基酸及各种香辛料提取物等具有增效作用。在欧美、日本，早在 20 世纪 40～50 年代就有天然维生素 E 的生产，维生素 E 的世界总产量约 1.8 万 t/年，我国维生素 E 是近 20 年发展起来的，天然提取的维生素 E 生物活性优于合成维生素。

（1）性质　生育酚混合物是黄色至褐色透明黏稠液体，可有少量微晶体蜡状物，几乎无臭，相对密度 d_4^{20} 为 0.932～0.955。易溶于乙醇，可与丙酮、氯仿、乙醚、植物油混溶，属油溶性物质，不溶于水。生育酚混合物在空气中及光照下会缓慢变黑。对热稳定，在较高的温度下，生育酚仍有较好的抗氧化性能，其耐光、耐紫外线、耐放射线的性能也比 BHA 和 BHT 强。生育酚的抗氧化能力来自苯环上 6 位的羟基，其抗氧化作用强弱的顺序为：δ＞γ＞β＞α；而生理作用为：α＞β＞γ＞δ。

（2）理化指标　理化指标见表 3-6。

表 3-6　维生素 E(dl-α-醋酸生育酚)理化指标(GB 14756—2010)

项　目	指　标
维生素 E（$C_{31}H_{52}O_3$），w/%	96.0～102.0
酸度试验　　　　　　　　　≤	通过试验
重金属（以 Pb 计）/(mg/kg)　≤	10

（3）安全性　大白鼠、小白鼠经口 LD_{50} 大于 10g/kg（体重）。ADI 为 0.15mg/kg～2mg/kg（FAO/WHO，1994）。每一天经口给大白鼠服 0.2g/kg（体重），经 3 个月喂养，其体重增加，尿、血液及其他生化指标均未产生异常。当每天口服 1g/kg（体重），经数月无异常现象发生。

（4）应用　我国《食品安全国家标准　食品添加剂使用标准》（GB 2760—2011）规定：维生素 E 的使用范围和最大使用量（g/kg）为：熟制坚果与籽类（仅限油炸坚果与籽类）、油炸面制品，即食谷物，包括碾轧燕麦（片）、果蔬汁（肉）饮料（包括发酵型产品等）、蛋白饮料类、其他型碳酸饮料、非碳酸饮料（包括特殊用途饮料、风味饮料）、茶、咖啡、植物饮料类、蛋白型固体饮料、膨化食品等为 0.2；基本不含水的脂肪和油、复合调味料可按生产需要适量使用。

实际使用中，对于油脂，维生素 E 的最适使用浓度因油脂中的脂肪酸组成不同而异。在猪油中添加 0.3%～0.4%效果较好;而在亚麻酸含量较高的油脂中,添加量要大于 0.2%;对全脂奶粉、黄油或人造奶油,其添加量为 0.005%～0.05%;对焙烤食品和煎炸食品,油脂中维生素 E 的添加量为 0.01%～0.1%;对肉制品、水产品、脱水蔬菜、果汁饮料、冷冻食品、方便面等,其用量一般为食品中油脂含量的 0.01%～0.2%。

此外,生育酚还有阻止咸肉中产生致癌物亚硝胺的作用,维生素 A 在 γ 射线照射下的分解、β-胡萝卜素在紫外光照射下的分解以及甜饼干和速冻面条在日光照射下的氧化作用等,都可以通过生育酚来防止。

三、油溶性抗氧化剂的应用

以上是几种油溶性抗氧化剂的简单介绍,具体应用时将不同的抗氧化剂并用,其不同品种的配合对不同食品的抗氧化效果可有不同。

1. 动物脂肪

动物脂肪通常用于油炸食品和焙烤食品中,一般需要加入耐高温和油溶性好的抗氧化剂。通常使用的抗氧化剂为 BHA、BHT、PG 和 CA(柠檬酸)的混合物,其抗氧化剂效果比较如下:

$0.01\%BHA < 0.01\%BHT < 0.01\%BHA + 0.01\%BHT < 0.01\%PG < 0.01\%PG + 0.05\%CA < 0.01\%BHA + 0.003\%PG + 0.02\%CA < 0.0098\%BHA + 0.0042\%PG + 0.0021\%CA < 0.0075\%BHA + 0.0075\%BHT + 0.0045\%PG + 0.0045\%CA$。

2. 植物油

植物油常常含有一些天然抗氧化剂,如生育酚等,但在加工精制时易被除去,所以仅靠自身所含的天然抗氧化剂并不能阻止氧化酸败的发生。植物油同动物油脂相比含有较多的不饱和脂肪酸,容易受空气中的氧化作用而氧化,因此应选择抗氧化效果较好的抗氧化剂如PG 等。植物油中添加的抗氧化剂大多为 PG 和 CA 的混合物,热加工植物油需要耐高温的抗氧化剂,通常用 BHA、BHT、PG 和 CA 的混合物。抗氧化效果如下。

(1)玉米油

$0.02\%BHA < 0.01\%BHA + 0.01\%BHT < 0.02\%BHT < 0.0075\%BHA + 0.0075\%BHT + 0.0045\%CA < 0.02\%PG + 0.01\%CA$。

(2)棉子油

$0.02\%BHA < 0.01\%BHA + 0.01\%BHT < 0.02\%BHT < 0.0075\%BHA + 0.0075\%BHT + 0.0045\%CA < 0.02\%PG < 0.02\%PG + 0.01\%CA$。

3. 高油脂食品

高油脂食品如油炸核桃仁、花生仁和土豆片等所用的抗氧化剂必须依所用油的种类、油炸温度和油的酸碱性情况而定,通常用 BHT、BHA、PG 和 CA 的混合物。

(1)肉类制品 油脂在肉制品中一般呈均匀的小球分布,所以很容易加入抗氧化剂处理。通常用 BHA 和 CA 的混合物。

(2)鱼类制品 鱼类制品含有非常多的不饱和脂肪酸,容易氧化,加上制品中还含有天然的氧化催化剂如血红素等,因此抗氧化剂的使用效果不太明显。一般主要选用 BHA 和 CA 的混合物,因为 PG 虽然抗氧化效果较好,但由于鱼类制品中含有大量的铁,而铁易与

PG 形成不良的颜色。

(3) 其他食品

① 果实油:在此类产品中加入抗氧化剂是为防止色、香的变劣。通常使用的抗氧化剂为 BHA,用量为 0.02%,在这类产品制成后温度最低时加入。

② 糖果:在糖果中使用抗氧化剂用来防止其内部的香气成分、油脂成分或高油脂的辅料如核桃仁、花生仁及芝麻等的氧化。通常用 BHA 或 BHT。

四、正确使用抗氧化剂的方法

生产含油脂食品一般采用抗氧化剂,以防止生产的含油脂产品保存时间长而产生"哈喇味"。但抗氧化剂在使用时,如果方法不当,往往达不到理想的效果。因此,使用时还必须注意以下几点。

1. 要完全混合均匀

因抗氧化剂在食品中用量很少,为使其充分发挥作用,必须将其十分均匀地分散在食品中。可以先将抗氧化剂与少量的物料调拌均匀,再在不断搅拌下,分多次添加物料,直至完全混合均匀为止。

2. 应掌握使用时机

抗氧化剂只能阻碍或延缓食品的氧化,所以一般应在食品保持新鲜状态和未发生氧化变质之前使用;在食品已经发生氧化变质后再使用是不能改变已经变坏的后果的。这一点对油脂产品尤其重要。因为油脂的氧化酸败是自发的链式反应,在链式反应的诱发期之前加入抗氧化剂才能阻断过氧化物产生,切断反应链,从而达到防止氧化的目的。如果抗氧化剂加入过迟,即使加入较多量的抗氧化剂,也无法阻断氧化链式反应,往往还会发生相反的作用。

3. 控制影响抗氧化剂效果的因素

要使抗氧化剂充分地发挥作用,对影响其还原性的各种因素必须加以控制。这些影响因素一般为光、热、氧、金属离子,以及抗氧化剂在食品中的分散状态等。

(1) 紫外光和热量能促进抗氧化剂分解、挥发而失效。例如,BHT、BHA 和 PG 经加热,特别是在油炸等高温下很容易分解,它们在大豆油中加热至 170℃ 时,完全分解所需的时间分别为 90min、60min 和 30min。而 BHT 和 BHA 迅速挥发的温度分别为 70℃ 和 100℃。

(2) 食品内部和它的周围氧的浓度大,会使抗氧化剂迅速氧化而失去作用。因此,在食品中添加抗氧化剂,应同时采取充氮或真空密封包装,以隔断空气中的氧,使抗氧化剂更好地发挥作用。

(3) 铜、铁等重金属离子是氧化催化剂,它们的存在会使抗氧化剂迅速发生氧化而失去作用。因此,在添加抗氧化剂时,应尽量避免这些金属离子混入食品。生产食品和油脂的用具及容器,不能采用铜、铁制品。

4. 与增效剂复配使用

有一些物质,它们可以辅助食品抗氧化剂发挥作用或使抗氧化剂发挥更强烈的作用,这些物质称为增效剂。它们主要是金属离子螯合剂、过氧化物分解剂,如柠檬酸、磷酸、酒石酸、卵磷脂、氨基酸及抗坏血酸等。增效剂的使用明显降低了抗氧化剂的用量,这样既降低成本,又减少了抗氧化剂带来的不利影响。

如为防止油脂食品发生油脂氧化酸败,在使用酚类抗氧化剂的同时,可并用柠檬酸、磷酸、抗坏血酸等,能显著提高抗氧化剂的作用效果。这是因为这些酸性物质对金属离子有螯合作用,能钝化促进氧化的微量金属离子,从而降低了氧化作用。有人认为,增效剂能与抗氧化剂的基团发生作用,使抗氧化剂再生。

使用抗氧化剂时,可将两种以上的抗氧化剂加以复配,或与增效剂加以复配使用,其抗氧化效果较单独使用某一种抗氧化剂要好得多。

第四节 水溶性抗氧化剂

氧化反应如果发生在切开、削皮、碰伤的水果蔬菜、罐头原料上,产生的现象是使原来食品的色泽变暗或变成褐色。褐变是氧化酶类的酶促反应使酚类和单宁物质氧化变成褐色。酚类物质如儿茶酚在酚类氧化酶的作用下生成醌,再经二次羟化作用生成三羟苯化物,并与领醌生成羟醌,羟醌聚合生成褐色素。

氧化是褐变的原因之一,利用氧化剂可以防止褐变,通过抑制酶的活性和消耗氧达到抑制褐变的利用。水溶性抗氧化剂能够溶于水,主要用于食品氧化变色,常用的是抗坏血酸和异抗坏血酸及其盐、植酸、乙二胺四乙酸二钠、氨基酸类、肽类、香辛料和糖醇类等。

1. 异抗坏血酸

异抗坏血酸,化学式为 $C_6H_8O_6$,相对分子质量为 176.13。抗坏血酸的几种异构体如图 3-3。

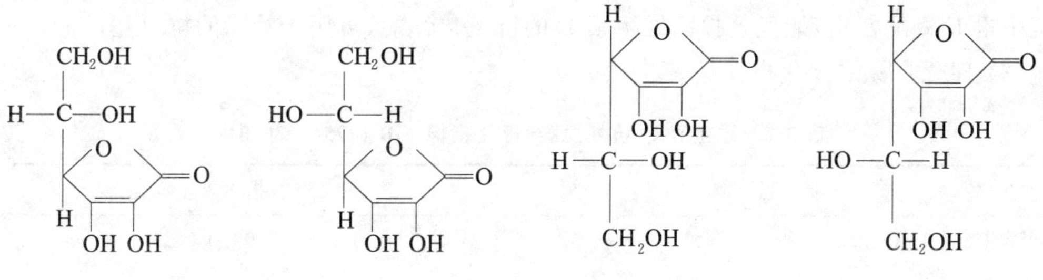

图 3-3

L-抗坏血酸　　　　D-异抗坏血酸　　　　D-抗坏血酸　　　　L-异抗坏血酸

(1)性状　异抗坏血酸是维生素 C 的一种立体异构体,因而在化学性质上与维生素 C 相似。异抗坏血酸为白色至浅黄色结晶或晶体粉末,无臭、有酸味,熔点 166℃～172℃,并分解,遇光逐渐变黑。干燥状态下,它在空气中相当稳定,化学性能优于抗坏血酸,但耐热性差,还原性强,重金属离子能促进其分解。异抗坏血酸极易溶于水,溶解度为 40g/100mL;溶于乙醇,溶解度为 5g/100mL;难溶于甘油;不溶于乙醚和苯。1% 水溶液的 pH 为 2.8。

(2)抗氧化性能　异抗坏血酸的抗氧化能力远远超过维生素 C,且价格便宜,无强化维生素 C 的作用,但不会阻碍人体对抗坏血酸的吸收和运用。在肉制品中异抗坏血酸与亚硝酸钠配合使用,可提高肉制品的成色效果,又可防止肉质氧化变色。此外它还能加强亚硝酸钠抗肉梭菌的效果,并能减少亚硝胺的产生。

（3）毒性　大鼠经口 LD_{50} 为 18g/kg（体重）。FAO/WHO（1985）规定，ADI 为 0g/kg～0.005g/kg（体重）。以含 1% 异抗坏血酸的饲料喂养大鼠 6 个月，未见生长异常。再继续喂养 2 年，在体重、死亡率和病理学的观察方面均无异常发现。人摄取异抗坏血酸，在体内可转变成维生素 C。美国食品与药物管理局（FDA）（1980）将本品列为一般公认安全物质。

（4）应用　按我国《食品安全国家标准　食品添加剂使用标准》（GB 2760—2011），异抗坏血酸及其钠盐使用范围和最大使用量（以抗坏血酸计，g/kg）为：八宝粥罐头 1.0；葡萄酒 0.15；可在其他各类食品中按生产需要适量使用。

异抗坏血酸及其钠盐的功能除作为抗氧化剂外，还有护色剂作用。

2. L-抗坏血酸

L-抗坏血酸亦称抗坏血酸、维生素 C，化学式 $C_6H_8O_6$，相对分子质量为 176.13。

（1）性状　L-抗坏血酸为白色至微黄色结晶或晶体粉末和颗粒，无臭，带酸味，熔点 190℃，遇光颜色逐渐黄褐。干燥状态性质较稳定，但热稳定性较差，在水溶液中易受空气中的氧氧化而分解，在中性和碱性溶液中分解尤甚，在 pH3.4～4.5 时较稳定。它易溶于水（20g/100mL）和乙醇（3.33g/100mL），不溶于乙醚、氯仿和苯。

（2）抗氧化性能　L-抗坏血酸有强还原性能，用作啤酒、无乙醇饮料、果汁的抗氧化剂，能防止因氧化引起的品质变劣现象，如变色、退色、风味变劣等。此外，它还能抑制水果和蔬菜的酶褐变并钝化金属离子。L-抗坏血酸的抗氧化机理是：自身氧化消耗食品和环境中的氧，使食品中的氧化还原电位下降到还原范畴，并且减少不良氧化物的产生。

L-抗坏血酸不溶于油脂，且对热不稳定，故不用作无水食品的抗氧化剂，若增溶的形式与维生素 E 复配使用，能显著提高维生素 E 的抗氧化性能，可用于油脂的抗氧化。

（3）理化指标　理化指标见表 3-7。

表 3-7　维生素 C（抗坏血酸）理化指标（GB 14754—2010）

项　目		指　标
维生素 C（$C_6H_8O_6$），w/%	≥	99.0
比旋光度 α_m（20℃，D）/[(°)·dm²·kg⁻¹]		+20.5～+21.5
灼烧残渣，w/%	≤	0.1
砷（As）/（mg/kg）	≤	3
重金属（以 Pb 计）/（mg/kg）	≤	10
铅（Pb）/（mg/kg）	≤	2
铁（Fe）/（mg/kg）	≤	2
铜（Cu）/（mg/kg）	≤	5

（4）安全性　大鼠经口 $LD_{50} \geqslant 5g/kg$（体重）。FAO/WHO（1984 规定），ADI 值为 0g/kg～0.015g/kg（体重）。美国食品和药物管理局将其列为一般公认安全物质。成人日服 1g 的 L-抗坏血酸，连续服用 3 个月未发现异常现象；若日服 6g，则出现恶心、呕吐、下痢、脸泛红、头痛、失眠等症状，而儿童会发生皮疹。

(5) 应用 按我国《食品安全国家标准 食品添加剂使用标准》(GB 2760—2011),抗坏血酸(维生素 C)用作抗氧化剂,可在各类食品中按生产需要适量使用;用作面粉处理剂,最大使用量为 0.2g/kg。

本品可用于许多食品,包括水果、蔬菜、肉、鱼、干果、饮料及果汁。在水果罐头中,为防止变味和褪色,使用量为 0.025%~0.06%;对冷藏水果,使用量为 0.03%~0.045%;对蔬菜罐头,添加 0.1%的抗坏血酸可防止褐变;对果蔬半成品,0.1%的浸渍液可防去皮的果蔬氧化变色;对甘薯,0.05%的抗坏血酸可有效防止褐变;对肉制品,添加 0.05%抗坏血酸具有保持风味、增加弹性、防止亚硝胺生成的作用;对鲜肉和加工过的肉,其使用量为 0.02%~0.05%,对于咸鱼制品,其添加量为 0.03%,对果汁饮料,其使用量为 0.005%~0.02%;对于软饮料,使用量为 0.005%~0.03%,对葡萄酒,添加 0.005%~0.015%的抗坏血酸有助于保持风味;对于乳制品,使用量为 0.001%~0.01%;对于发酵面制品,其添加量为 0.005%~0.01%;而奶粉,使用量为 0.02%~0.2%。

L-抗坏血酸为非脂溶性,不能直接作为油脂食品的抗氧化剂,一般使用脂溶性的 α-生育酚的增效剂作用于油脂食品。L-抗坏血酸在油脂食品中的使用量为 α-生育酚 1/4~1/2。

L-抗坏血酸是非常有效的氧化褐变抑制剂,即使浓度极大也没有异味,对金属无腐蚀作用,主要用于气密保藏的果蔬制品中。一般每毫升容器顶隙只需要 7mg 抗坏血酸,即可除去食品内部及周围(或容器顶隙)96%的氧,将含氧量降低到临界水平以下,从而有效地防止氧化褐变及其他氧化反应,延长食品的货架期。

抗坏血酸还可作为维生素的强化剂使用。我国《食品营养强化剂使用卫生标准》(GB 14880—1994)规定:果泥,用量 50mg/kg~100mg/kg;饮料,用量 120mg/kg~240mg/kg;水果罐头,200mg/kg~400mg/kg;夹心硬糖,2000mg/kg~6000mg/kg,婴幼儿食品,300mg/kg~600mg/kg;强化芝麻粉,1000mg/kg(每天限食 50g);啤酒,40mg/kg;发酵面制品,200mg/kg。

第五节 天然抗氧化剂

抗氧化剂中用得较多的是 BHA、BHT 等合成抗氧化剂,但随着科学的发展,人们认为合成抗氧化剂存在着安全性方面的忧虑,动物实验表明它们有一定的毒性和致癌作用。如BHT 有抑制人体呼吸酶活性的嫌疑,美国 FDA 曾一度禁用,希腊、土耳其等国也曾禁用,后在确定 ADI 值 0.03mg/kg 后允许使用;BHA 则有致癌的嫌疑。1981 年到 1986 年间,日本、FAO/WHO 的一些研究认为 BHA 有致癌作用。1989 年 FAO/WHO 再评价时,认为只有在特别大的剂量(20g/kg)时才会对大鼠前胃致癌,由于人无前胃,故又将 ADI 值制定为0mg/kg~0.5mg/kg(体重),允许在食品中使用;20 世纪 70 年代,TBHQ 由于在某些动物实验中显示有致突变性,EFC 所属的国家因其致突变性还没有一个一致的实验结果,毒理学资料尚不充分而禁止其使用。另外,TBHQ 对人的皮肤还有过敏反应,遇到游离胺时会相互作用,呈红色反应。加上近年来人们对合成食品添加剂的怀疑和排斥心理,使这些物质的使用受到限制。以天然抗氧化剂逐步取代合成抗氧化剂是今后的发展趋势。天然抗氧化剂由于安全、无毒等优点受到欢迎,天然抗氧化剂的研究也成为油脂化学的一个热点。目前,天然抗氧化剂已从单纯作用于油脂和含油食品,发展到作为体内氧自由基的清除剂,以达到保护人体细胞组织、保护心脑血管循环系统、抗癌及延缓衰老等生理作用,现已取得了许多研究成果。目前我国《食品安全国家标准　食品添加剂使用标准》(GB 2760—2011)已将茶多酚、植酸、迷迭香提取物等列入食品抗氧化剂。国外使用的天然抗氧化剂有植酸、愈创木酚、正二氢愈创酸、米糠素、生育酚混合浓缩物、胚芽油提取物、栎精及芦丁等。

很多香辛料具有抗氧化效果,日本在这方面进行了较深入的研究,目前较为成熟的有迷迭香。从迷迭香中提取的迷迭香酚是一种天然、高效、无毒的抗氧化剂,抗氧化性能比BHA、BHT、PG、TBHQ强4倍以上。从中草药中提取抗氧化剂是继香辛料后研究开发的又一个热点。目前,日本、韩国,我国的台湾、江苏、山东等地都有研究机构在积极开展工作。据报道,金锦香、茵陈蒿、三七、马鞭草、芡实、丹参、台湾钩藤等具有潜在的开发价值。这些研究对寻找新的抗氧化资源有重要意义。利用植物的部分次生代谢产物半合成具有高效抗氧化效果的食品添加剂是目前研究的一个重点。如芝麻油经水解,然后相转移催化碱热解蓖麻油酸,利用形成的10-羟基癸酸合成蜂王酸;从山苍子油中分离提取柠檬醛化学合成 β-紫罗兰酮,进一步合成 β-胡萝卜素;或从松节油、山苍子油中提取异植物醇,合成维生素 E 或维生素 K_1;利用烟草废弃物提取茄尼醇合成辅酶 Q_{10}。

一、天然抗氧化剂的来源及抗氧化性能

1. 香辛料提取物和草本植物

人类使用香辛料的历史源远流长,人类的饮食文化中,香辛料占有独特的一席之地。香辛料不仅可以作为食品调味剂,还可防止食品变质。

芝麻是使用最早的香辛料之一,芝麻油深受人们的喜爱。人类历来认为芝麻油的稳定性高是因为芝麻酚及 γ-生育酚的作用,后来研究发现芝麻油中尚有多种抗氧化物,如芝麻酚二聚物、丁香酸、阿魏酸与 4 种木聚糖系列化合物。生姜也是人们喜爱的香辛料,姜中的姜油酮、6-姜油醇、6-姜油酚均具有较强的抗氧化活性。32 种香辛料中迷迭香和鼠尾草的抗氧化能力是最高的。通过正己烷提取分离得到的迷迭香酚、表迷迭香酚和异迷迭酚,它们对猪油和亚油酸都有很强的抗氧化能力,尤其对猪油的抗氧化能力是 BHA 和 BHT 的 4 倍。通过甲醇提取分离得到的鼠尾草酚、迷迭香二酚、迷迭香醌和乌索酸,前三种化合物其抗氧化能力与 BHA,BHT 相当,后一种酸的抗氧化性不明显。

按我国《食品安全国家标准　食品添加剂使用标准》(GB 2760—2011),迷迭香提取物的使用范围和最大使用量(g/kg)为:植物油脂 0.7;动物油脂(猪油、牛油、鱼油和其他动物脂肪)、熟制坚果与籽类(仅限油炸坚果与籽类)、油炸面制品、预制肉制品、酱卤肉制品类,熏、烧、烤肉类、油炸肉类、西式火腿(熏烤、烟熏、蒸煮火腿)类,肉灌肠类、发酵肉制品类、膨化食品等为 0.3。

有研究认为百里香、花椒、牛草、大蒜、丁香、肉豆蔻等香辛料的提取物都有一定的抗氧化性。

2. 中草药提取物

近几年来,我国的一些研究报告指出,红参、当归、生地、酸枣仁、阿魏酸等中草药的提取物均有抗脂质过氧化作用,能抑制丙二醛的生成。阿魏、川芎、根茎等植物中所含的阿魏酸是一种抗氧化剂,其苯环上的羟基是抗氧化剂的活性基团,可消除自由基,抑制氧化反应和自由基反应。阿魏酸钠还能抑制·OH 诱导的脂质过氧化反应,保护生物膜的结构和功能。

人参茎根、三七根等植物中提取的天然化合物人参皂苷 Rb1 具有显著的抗脂质过氧化作用，它不但可以直接消除自由基，还可通过间接过程消除自由基。

此外，我国台湾、日本、韩国等学者对中草药的提取物的抗氧化作用也进行了很多研究，并取得了大量成果。Kim 等对 180 种中草药的甲醇提取物的抗氧化作用进行筛选，发现乌附子、白屈菜、细辛等 11 味中药有极强抗氧化能力。其中以淫羊藿、丁香、补骨脂的不同极性提取物，黄芩、甘草的甲醇提取物抗氧化能力最为突出。补骨脂的甲醇提取物对猪油的抗氧化能力良好，以 HPLC 分析表明其中含有大量的生育酚。我国台湾学者 Su 等人用乙醇提取 195 种中草药，研究表明其中 22 种强于等质量生育酚的抗氧化能力。其中金锦香、石榴皮、马鞭草的甲醇提取物和金锦香、三七草、芡实、钩藤（产于我国台湾）的乙酸乙酯提取物的抗氧化能力均强于 BHA。

3. 黄酮类化合物

黄酮类化合物是广泛存在于大自然界的一大类化合物，大多具有颜色。在植物体内大部分与糖结合成苷，一部分以游离形式存在。黄酮类化合物是指两个芳环（A 和 B）通过三碳链相互联结而成的一系列化合物。

黄酮类化合物可作为天然抗氧化剂的最著名的化合物是栎精。许多黄酮类化合物及其衍生物在油—水和油—食品体系中有显著的抗氧化能力，在用于乳制品、猪油、黄油的实验中均有效，如果与柠檬酸、抗坏血酸或磷酸配合使用效果更佳。

黄酮类化合物以两种机理起抗氧化作用：黄烷醇可与金属生成螯合物，黄酮醇和香豆酸的作用机理主要是作为自由基的接受体而阻断自由基连锁反应。具有高氧化活性的化合物不仅限于黄酮、黄烷酮和它们的苷，它们的前驱物酚酸和查耳酮以及黄酮类化合物也具有一定的抗氧化活性。

黄酮类化合物的抗氧化性强弱与其结构有关：黄酮醇的抗氧化能力强于黄酮，B 环上具有 $3'，4'$-邻二酚羟基的黄酮抗氧化性最好；A 环上的 5，7，8 位增加羟基可以不同程度地增加抗氧化能力。

（1）酚酸　油料种子（如大豆、棉籽、花生等）中所含具有抗氧化活性的物质主要是黄酮类化合物和酚酸。酚酸类包括肉桂酸衍生物和苯甲酸衍生物。肉桂酸衍生物有阿魏酸、咖啡酸、绿原酸、香豆酸，苯甲酸衍生物有丁香酸、香草酸、对羟基苯甲酸等。咖啡酸和绿原酸在大豆、棉籽和花生中都以有效浓度而存在，它们在油—水体系中具有明显的抗氧化活性。一般的阔叶植物是黄酮和酚酸的丰富来源。

（2）异黄酮和查耳酮　查耳酮在植物体内是黄酮和黄烷酮的前体化合物，在酸性条件下查耳酮很容易经闭环反应而形成黄酮和黄烷酮。二氢查耳酮的活性比相应的查耳酮高。从大豆中提取的黄烷酮类化合物主要是以糖苷配基的形式存在的异黄酮，异黄酮和黄酮、黄烷酮和查耳酮相比，表现出相对较低的抗氧化活性。

（3）茶叶提取物——茶多酚　绿茶和红茶的萃取物都具有抗氧化性质。主要成分为黄烷醇类，另外含有少量酚酸、黄酮醇。茶多酚是容易氧化的化合物，有较强的抗氧化活性，能杀菌消炎、强心降压，还具有与维生素 P 相类似的作用，能增强人体血管的抗压能力，促进人体维生素 C 的积累，对尼古丁、吗啡等生物碱有解毒作用。中国茶多酚的研究始于 1980 年。1990 年，国家粮食储备局无锡科学研究设计院用溶剂萃取法萃取茶多酚在工艺和设备上有所突破，使茶多酚的生产成本大幅度降低，产品质量也有所提高。中国内地是世界最大的茶叶生产国之一,2007 年产量超过 110 万 t。

① 性状:从茶中提取的茶多酚抗氧化剂为白褐色粉末,易溶于水、乙醇、醋酸乙酯等,儿茶素混合物含量为 50%~70%。

② 抗氧化性能:茶多酚中儿茶素的数量最多,占茶多酚总量的 60%~80%。儿茶素包括表儿茶素(EC)、表没食子儿茶素(EGC)、表儿茶没食子酸酯(ECg)和表没食子儿茶素没食子酸酯(EGCg)。抗氧化能力顺序为:EGCg＞EGC＞ECg＞EC,EGCg 的抗氧化能力最强。EGCg 在油脂中具有较强的抗氧化作用,在猪油中添加 0.06% 有大于 BHT 最大允许使用量的抗氧化作用,与 0.02% 的增效剂柠檬酸一起添加在大豆烹调油中,抗氧化效果比 BHA 和 BHT 都强。

③安全性:对人体无毒。

④ 制法:绿茶加入热水中浸提,经过滤、减压浓缩后加入等体积的三氯甲烷萃取,溶剂层用于制取咖啡碱,水层加入 3 倍体积的醋酸乙酯进行萃取,弃去水层,醋酸乙酯层经浓缩喷雾干燥的粗茶多酚混合物,再精制即得。

⑤ 应用:茶多酚使用方法一般是将其溶于乙醇,加入一定的柠檬酸配成溶液,然后以喷涂的方式用于食品。

按我国《食品安全国家标准 食品添加剂使用标准》(GB 2760—2011),茶多酚的使用范围和最大使用量(以油脂中茶素计,g/kg):基本不含水的脂肪和油、糕点、焙烤食品馅料及表面用挂浆(仅限含油脂馅料)、腌制肉制品类(如咸肉、腊肉、板鸭、中式火腿、腊肠等)为 0.4;熟制坚果与籽类(仅限油炸坚果与籽类)、方便米面制品、油炸面制品、即食谷物,包括碾轧燕麦(片)、膨化食品等为 0.2;酱卤制品类、熏、烧、烤肉类,油炸肉类、西式火腿(熏烤、烟熏、蒸煮火腿)类、肉灌肠类、发酵肉制品类、预制水产品(半成品)、熟制水产品(可直接食用)、水产罐头为 0.3;复合调味料、植物蛋白饮料为 0.1;蛋白型固体饮料为 0.8。

在实际应用中,茶多酚的氧化能力比 BHA、BHT、异抗坏血酸钠盐、维生素 C 和维生素 E 都强。用作油脂的抗氧化剂,能有效抑制其 POV(过氧化值)上升,在各种油脂(动物油脂、植物油脂)中抗氧化活性是 BHT 的 1~1.5 倍,并随添加量的增加而作用增强。通常茶多酚添加量为 0.02% 时就能发挥抗氧化作用,可作为动、植物油脂和油炸食品、焙烤食品、肉制品、乳制品、水产品、糕点的抗氧化保鲜剂。一般能延长产品保质期 1~6 倍。

动物性油脂本身不含天然抗氧化剂,故极易自动氧化而变质;暴露在空气中的猪油,即使在常温下 3d,其过氧化值就达到 100meq/kg。植物油脂本身含有一定的天然抗氧化剂,但在常温下保存较长时间也会因自动氧化而酸败,油溶剂型茶多酚(纯度 50.2%)能有效防止食用油脂氧化,添加质量分数为 0.08% 的茶多酚,可以使食用油储存期延长 1 倍以上。

在油炸食品的煎炸过程中,用植物油连续煎炸 3h,过氧化值便超标达 42.8%,使炸制的食品颜色变深发黑。油炸方便面含油在 23%(质量分数)左右,品质日趋下降。在油炸食品中加入茶多酚可使氧化酸败现象延缓,提高食品的货架寿命。如茶多酚能够较好地防止油炸土豆片变味,可耐 150℃ 的煎炸高温。将 0.01%~0.05% 的茶多酚(对油脂质量)添加到油炸马铃薯片、油炸方便面、油炸花生米等食品中,均具有显著的抗氧化效果。在煎炸油中添加 0.02%~0.05% 的茶多酚和 0.02% 的增效剂,可消除油炸过程中产生的异味。

在制作干鱼制品时,先用含茶多酚 300mg/L~500mg/L 的水(或海水)浸渍,可以防止干鱼制品因"油烧"而引起的变黄及脂质的氧化。用喷涂鱼体表面代替浸渍处理,也能获得同样的效果。在冷冻鲜鱼时,加入茶多酚制剂,能使鱼类保鲜效果更好,既能使鱼体外观保持鲜度,又可防止脂肪的氧化和"油烧",抑制鲜鱼因自身消化而引起肉质软化和风味降低的速度,从而保持其鲜度。在制鱼糕和鱼饼等加工制品时,添加量为 $0.01\% \sim 0.02\%$。在鱼、虾等水产品加工和保鲜过程中,可用含 $0.01\% \sim 0.04\%$ 的茶多酚的盐水浸渍,也可以用含 $0.02\% \sim 0.2\%$ 茶多酚的盐来腌制,可起抗氧化、防腐败、防褐变、防褪色和消除臭味的作用。

火腿、腌肉在保存期间常因脂肪的自动氧化而颜色变黄,出现哈喇味。用茶多酚的酒精溶液喷涂火腿、腌肉制品的表面,可延长保存期。分割的火腿,经茶多酚处理后,放置 30d,其过氧化值比对照组低 70% 以上。将各种肉制品浸泡在茶多酚等添加剂配制的溶液中(茶多酚质量分数为 $0.05\% \sim 0.2\%$,浸泡时间为 $5min \sim 10min$,溶液温度为 $60℃ \sim 70℃$),肉制品表面的蛋白质与茶多酚会形成一层不透气的硬膜,抑制细菌侵入和生长。在火腿、香肠、腊肉等腌制食品中添加 $0.005\% \sim 0.02\%$ 的茶多酚,具有消臭、防腥、抗氧化的功能。在牛、羊、猪肉等的碎肉、肉糜和肉汁的加工中,添加 $0.01\% \sim 0.04\%$ 茶多酚,可发挥很好的氧化作用。

含脂肪较多的糕点如广式月饼、花生系列产品、饼干等,常因所含油脂的自动氧化而变质,糕点的香气和风味受影响。月饼中添加茶多酚,在室温下模拟梅雨高温季节的烘箱法进行存放试验,色、香、味均优于对照组;添加量为 $0.005\% \sim 0.2\%$。

茶多酚添加到口香糖、清凉糖、酥心糖、夹心糖和水果糖等糖果中,能起抗氧化和保鲜作用,并有消除口臭和预防龋齿等功能,添加量为 $0.05\% \sim 0.2\%$。

茶多酚不仅可配制果味茶、柠檬茶等饮料,还可抑制豆奶、汽水、果汁等饮料中维生素A、维生素 C 等多种维生素的降解损失,从而保护饮料中各种营养成分,添加到各种饮料、酒类及果汁中的质量分数为 $0.02\% \sim 0.04\%$。

添加 $0.01\% \sim 0.05\%$ 的茶多酚,对干酪、牛奶、奶粉、麦乳精、乐口福和豆奶等各种乳制品有很好的抗氧化作用。

在虾类、汁类和汤类等调味品中,添加 $0.002\% \sim 0.02\%$ 的茶多酚,对保证产品质量有明显效果。

茶多酚可有效保护水果蔬菜中的天然色素及维生素,一般用浸渍法或喷洒法,浸泡液的浓度为 $0.05\% \sim 0.2\%$。

4. 果蔬中的天然抗氧化剂

近年来,随着抗衰老、抗氧化研究的不断深入,对于维持人体健康有关的食品生理功能性的研究报道越来越多,其中果蔬植物中的抗氧化活性及其抗氧化成分的研究备受瞩目。人们日常食用的各种水果和蔬菜中含有各种天然抗氧化物质,如 α-生育酚、抗坏血酸、β-胡萝卜素、类胡萝卜素、番茄红素以及类黄酮、花青素、绿原酸等多种酚类物质。

(1)原花青素　原花青素具有极强的抗氧化活性,是一种很好的氧自由基清除剂和脂质过氧化抑制剂。1994 年,Maffei 等用不同实验模型确证了平均相对分子质量为 18000 的葡萄子原花青素可抑制 Fe 催化的卵磷脂质体(PLC)的过氧化,其作用明显强于儿茶素。葡萄原花青素还可以非竞争性地抑制黄嘌呤氧化酶(Ic_{50} 为 $2.4\mu mol/L$)。

葡萄子原花青素可抑制破坏胶原、弹性蛋白和透明质酸等构成血管内壁的重要组成物质的酶。原花青素可通过捕获活性氧及调控胶原酶、弹性酶、透明质酸酶的活性以防止它们对血管的破坏,也可通过抑制透明质酸酶和 β-葡萄糖醛酸苷酶的活性以保护透明质酸的完整,使之维持高聚体形式的大分子。总之,原花青素至少可通过各种互补的机理保护血管内壁细胞,使之免遭过氧化作用的损害。1994年,美国Gali等的研究,揭示原花青素二聚体和三聚体均具抗致癌剂TPA的作用。

原花青素在自然界中广泛存在,资源丰富,具有极强的抗氧化活性,不但在医药上极具使用价值,在化妆品的应用上也具有广泛的前景。

(2)番茄红素 番茄红素存在于番茄的成熟果实中,在西瓜、番茄和其他一些水果及蔬菜中也有存在,1kg新鲜、成熟的番茄含有0.02g番茄红素。科学研究表明,番茄红素占人体血清中类胡萝卜素的50%左右,最易被人体吸收、代谢和利用。此外,在睾丸、肾上腺、前列腺中也有较高的浓度。番茄红素具有独特的长链分子结构,比其他类胡萝卜素多13个键,正因为它的特殊结构使其具有强有力的消除自由基能力和较高的抗氧化能力。同时,它还具有细胞间信息感应和细胞生长调控等生化作用,并能预防癌症。流行学研究表明,番茄红素能降低患肺癌、胃癌、前列腺癌的危险性,并能降低胰腺癌、结肠癌、食管癌、口腔癌和子宫癌的危险。1977年美国癌症研究大会及美国癌症协会年会研究报告指出,番茄红素具有良好的抗癌作用,并将番茄首推为抗癌食品。番茄红素还有抑制低密度脂蛋白的氧化和抗紫外线作用,它是仅有的与减少疾病危害有关的类胡萝卜素。细胞和动物模型对肿瘤细胞作用的研究也证实了这些结论。

番茄红素的开发应用在国际上正处在发展初期,在国内刚刚起步。我国是个农业大国,每年番茄产量达1000多万吨,如能充分利用资源优势开发番茄红素,今后其国际、国内市场潜力将不可估量。

5. 氨基酸和肽

从大豆、酵母、一些叶子、鱼类和其他来源得到的水解蛋白,经食品中实验发现它们均有明显的抗氧化活性。自溶酵母蛋白和水解大豆中的蛋白,可在有羧甲基纤维与玉米油和蛋白质组成的冷冻干燥样品中发现抗氧化效果,蛋白质的水解产物还是BHA、BHT和维生素E的增效剂。

组氨酸和色氨酸在亚油酸、亚油酸甲酯、亚麻酸甲酯中有很强的抗氧化性,脯氨酸经硝化后的产物抗氧化活性增强。

肽和氨基酸具有抗氧化和强化氧化两种作用,多数的氨基酸具有足够的抗氧化能力。氨基酸的抗氧化活性受浓度的影响,在很低的浓度下,多数氨基酸有显著的抗氧化活性,随着浓度的提高,很多氨基酸变成了氧化强化剂。

另外,在食品加工和贮存过程中常常发生非酶催化的褐变反应,它是糖的羰基和蛋白质或氨基酸的氨基之间发生缩合而成的,这种反应也称为美拉德反应,其反应产物具有抗氧化性,反应进行程度越深,其产物的抗氧化效果越明显。

还有一些生物碱、愈创酸和某些微生物的代谢产物都一定的抗氧化作用。

二、自然界具有抗氧化效果的植物性食品

在日常的饮食中,如果每天每样食物都适量摄入,则在不补充维生素E的情况下,生育酚的摄入量不会缺乏。合理摄食一些具有抗氧化功能的食品,不但可维持抗氧化剂在体内的正常运转达到防止细胞脂质氧化的功能,而且还没有摄食过量,导致在体内聚积的危险。以下介绍数种在日常饮食中常见的植物性食品,内含许多不同的抗氧化物质,包括大豆、花生、棉籽、芥菜、油菜籽、大米、芝麻籽和茶叶等。

大豆制品中含有多种抗氧化化合物。大豆油中主要的抗氧化物质为 α-生育酚。大豆粉中含有生育酚、黄酮、异黄酮及其衍生物、磷脂质、氨基酸和多肽等,所以大豆粉常常用作抗氧化剂加入到油脂、焙烤食品或肉制品中,例如在饼干中添加 1%～20% 的大豆粉即可有效防止饼干中油脂的氧化,达到产品的稳定性。除大豆粉外,许多被提取的大豆衍生物也是抗氧化物质的大宗来源,作为添加物添加在食品中亦具有良好的抗氧化能力,例如:①以水溶液萃取出的异黄酮糖苷、异黄酮糖苷配基及酚酸;②以有机溶剂萃取的类黄酮、生育酚及磷脂质;③大豆分离蛋白中的异黄酮糖苷及异黄酮糖苷配基;④蛋白水解产物中的氨基酸和多肽;⑤组织化大豆蛋白中的磷脂质等。

以甲醇萃取花生油中的黄酮醇化合物,可得到去氢的栎精和毒叶素;同样以甲醇萃取棉籽中的黄酮醇化合物,主要为栎精和芸香苷,这些物质皆具有抗氧化活性,将其添加在牛肉饼中可以延长脂质酸败的时间。因此花生及棉籽被列为具有抗氧化效果的植物性食品。

芥菜和油菜籽中含有酚酸化合物,将其干燥磨成粉经鉴定后,发现其酚酸化合物包括水杨酸、桂皮酸、对羟基苯甲酸、香草酸、原儿茶酸、咖啡酸及阿魏酸等,这些物质用于延长猪肉的脂质氧化上的综合抗氧化效果比在同浓度下的 BHT 要好。

使用甲醇萃取稻米中的抗氧化物质,经证实为异牡荆苷,属于类黄酮化合物的衍生物,其抗氧化效果比 α-生育酚还强。其中一种活性成分为异牡荆葡基黄酮,具有独特的 C-糖苷结构。大麦叶中也有一种 C-糖苷化合物,对花生四烯酸的抗氧化能力强于生育酚。从荞麦壳中提取出的成分也具有抗氧化作用,如芸香苷、槲皮苷等。

橄榄及橄榄叶中含有多酚化合物,经萃取出来后使用 100mg/kg 时可抑制橄榄油和大豆油的氧化。目前该多酚化合物还在研究中,其结构式及名称尚未确定。

以天然食用抗氧化剂取代合成抗氧化剂是今后食品工业的发展趋势,开发实用、高效、成本低廉的天然抗氧化剂仍是天然抗氧化剂研究重点。尤其在我国食品添加剂中,抗氧化剂是最薄弱的一环。因此,对于天然食用抗氧化剂的研究开发亟待加强。

三、抗氧化剂的发展趋势

目前,对天然抗氧化剂虽有一定的研究,但是还不够深入全面,如天然抗氧化物质的分离鉴定、复配、改性等问题,如这些问题能取得突破性进展,必将大大促进天然抗氧化剂的发展。

1. 天然抗氧化物质的分离鉴定

天然抗氧化物质的分离鉴定是国际上的一个研究热点。1986 年,中科院南京林业研究所与英国诺丁汉大学联合开发了落叶松树皮中的原花青素,分离了二聚体和其他平均聚合度为 6～7,平均相对分子质量为 1700～2000 的高聚体。其后,国内的一些研究也从野杨梅、滇橄榄、署莨和蔷薇属植物红根的皮中分离得原花青素。1994 年,南京林业大学又从厚皮香水提取物中分离和鉴定了原花青素高聚体葡糖苷,这是中国发现的第一个原花青素葡糖苷。中国科学院地球化学研究所和贵州工业大学理化测试中心实验表明:超临界 CO_2 萃取的姜油的抗氧化效果优于生育酚,是一种良好的天然抗氧化剂。华南理工大学曾利用聚酰胺柱层析、薄层层析(TLC)及高效液相色谱(HPLC)法,从沙田柚果皮中分离和纯化出 3 种天然抗氧化物质。目前,对天然抗氧化剂的提取与结构鉴定又有了新的发展,表现在提取前利用外加能量(如微波、声场等)对原料预处理;提取工艺采用新技术(如超临界萃取等);纯

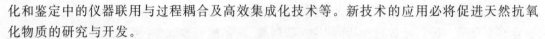

化和鉴定中的仪器联用与过程耦合及高效集成化技术等。新技术的应用必将促进天然抗氧化物质的研究与开发。

2. 天然抗氧化剂的复配

如何合理搭配,使天然抗氧化剂发生增效作用,提高抗氧化能力也是天然抗氧化剂研究的一个重要课题。目前,生育酚是使用较多的抗氧增效剂。生育酚和迷迭香混合使用,有增效作用;磷脂酰乙醇胺对 α-生育酚有加成效果;维生素 C 与维生素 E 有明显的协同效果。利用已有的合成抗氧化剂与天然抗氧化剂复配,天然抗氧化剂之间的互配,天然抗氧化剂与增效剂(增效剂有丙氨酸等氨基酸类、柠檬酸等有机酸及其盐类、磷酸盐类、山梨醇、植酸等)配合使用等使其发生增效作用,减少合成抗氧化剂的用量,充分利用抗氧化剂的协同作用,可以大量节省资源,降低使用量,使天然抗氧化剂更具发展前景。

3. 天然抗氧化剂的改性

目前,天然抗氧化剂在使用上还存在溶解性方面的问题。可利用物理、化学及生物特性方法对现有天然抗氧化剂进行改造,以改善其在使用时的溶解性问题。如茶多酚在水和乙醇中有很好的溶解性能,但在油脂中溶解有一定难度,因此将之运用于油脂抗氧化存在一定困难,特别是对色拉油,会影响油脂的外观。虽然可通过加热、超声波等方法使茶多酚分子分散,可是离心、冷却、长时间静置均会出现分子凝聚、沉淀从而造成抗氧化效果下降。因此可通过改性方法改善茶多酚的溶解性能。

目前采用的方法有溶剂法、乳化法和分子修饰法三种。溶剂法是利用茶多酚在一些食用溶剂中溶解能力强的特点,先将茶多酚溶解到溶剂中,做成浓缩抗氧化剂,再添加到食用油脂中;乳化法是将茶多酚制成 W/O 型乳化剂,添加在色拉酱、方便面及其汤料、肉糜、鱼糜、冰淇淋中;分子修饰法即利用生物或化学合成的方法,将茶多酚中几种儿茶素的分子结构的某些部位酰化或酯化,使新构成的分子由水溶性改性为脂溶性,其分为酶法修饰和化学合成修饰。通过改性后生产出脂溶性茶多酚,其不仅在油脂中有很好的溶解性能,而且抗氧化能力也有所提高。将维生素 C 制成维生素 C 棕榈酸酯,可增加其安全性及应用范围。

第六节　除　氧　剂

氧气是引起食品变质的一个重要因素。大部分微生物都能在有氧环境中良好生长,哪怕氧含量低至 2%,大部分的需氧菌和厌氧菌仍能生长,生化反应仍能进行。

为防止食品氧化变质还可以加入脱氧剂,在食品包装密封过程中,同时封入能除去氧气的物质,可除去封闭体系中的游离氧和溶存氧或使食品与氧气隔绝,防止食品由于氧化而变质、发霉等。这类物质称作除氧剂(FOR, Free-Oxygen Remover),也称吸氧剂(FOA)或(FOX),日本称作脱酸素剂,其可在 0.5d～2d 时间内将氧气的浓度从 21% 降到 0.1% 以下,在食品上形成不透气的可食用的覆盖膜来隔离食品,延缓食品氧化。并且由于脱氧剂与食品分隔包装,不会污染食品,因此有较高的安全性。

除氧剂及除氧封存保鲜技术是国际上 20 世纪 70 年代末期发展起来的一种新型封存保鲜技术,其效率高,综合效果好,无毒无味,安全可靠,使用范围广,价格低廉。除氧剂在日本、美国和欧洲的研究进行得较早,使用也较为广泛。1943 年日本成功研制了用于干燥食品的铁化合物系脱氧剂。脱氧剂在中国的研究和使用较晚,约在 20 世纪 80 年代才开始。对于油炸食品、奶油食品、月饼、干酪之类富含油脂的食品,脱氧剂具有防止油脂氧化的作用,从而有效保持食品的色、香、味,防止维生素等营养物质被氧化破坏。由于其对好气性微生物的生长具有良好的抑制作用,因此对年糕或蛋糕的防霉有良好的效果,加上近期食品行业禁止使用富马酸二甲酯,使脱氧剂在月饼中的应用逐渐广泛。经过多年的实践,现广泛运用于粮食、月饼、糕点、人参等几十种食品和药材的保鲜。

除氧剂具有防止氧化、抑制微生物生长和防止虫蛀的特点,把它应用于食品工业中,可以保持食品的品质,其作用就是除氧、防腐和保鲜。常用脱氧剂有:次亚硫酸铜、氢氧化钙、铁粉、酶解葡萄糖等,它们都能吸收氧气。

1. 除氧剂的种类及脱氧机理

脱氧剂的种类很多,根据其组成不同,可分为两类:无机系脱氧剂和有机系脱氧剂。无机系脱氧剂如铁系脱氧剂、连二亚硫酸盐、亚硫酸盐等脱氧剂;有机系脱氧剂如酶类脱氧剂、抗坏血酸脱氧剂(又称维生素 C 系列脱氧剂)、油酸脱氧剂、维生素 E 类、儿茶酚类等脱氧剂。

有机系脱氧剂如抗坏血酸系列脱氧剂(AA),本身是还原剂。在有氧的情况下,用铜离子作催化剂可被氧化或脱氢成脱氢抗坏血酸(DHAA),从而除去环境中的氧。它是目前所使用的脱氧剂中安全性较高的一种。其反应机理为:

$$AA + \frac{1}{2}O_2 \longrightarrow DHAA + H_2O$$

碱性糖制剂是以有机糖类作主剂,脱氧机理推测如下:

$$(CH_2O)n + nNaOH + nH_2O + nO_2 \longrightarrow 邻苯二酚 + 甲邻基邻苯二酚 + 甲基对苯醌$$

这类制剂常用于肉制品、水果的保藏。

根据主剂种类的不同,可将除氧剂分成:铁制剂、连二亚硫酸钠制剂等类型制剂。

当前使用较为广泛的是铁系脱氧剂。铁制剂是以活性铁粉的氧化来脱氧的,主反应式如下:

(1) $Fe + H_2O \longrightarrow Fe(OH)_2 + H_2$

$O_2 + H_2O$

$\longrightarrow Fe(OH)_3 \longrightarrow Fe_2O_3 + H_2O$

(2) $Fe + O_2 + H_2O \longrightarrow Fe(OH)_2$

(3) 无 CO_2 条件下:$Fe + O_2 + H_2O \longrightarrow Fe(OH)_3$

铁系除氧剂在与氧的反应中一般产生氢气,而氢气是很活泼的气体,它可能会造成不好的影响,所以一般需要加入氢的抑制剂。铁制剂一般用于蛋糕、鱼制品、粮食的保藏。它的脱氧速度随包装内相对湿度的变化而变化,湿度高,速度快。

其他类型的除氧剂,成分多种多样,有金属、惰性气体、纤维素、酶制剂等,都是通过化学反应、酶的作用、吸附作用、驱氧作用来产生低氧环境,常用于水果、蔬菜、生鲜食品的保鲜。

2. 除氧能力

除氧剂形态很多,有粉状、颗粒状、板块状。根据其脱氧速度的快慢可将其分为速效(1d

以内)、缓效(4d～6d)等。无论何种脱氧剂,其脱氧能力都要达到使密封容器或包装中的游离氧降到 0.2% 以下,4 周后达 0.1% 以下。

通常用以下几个指标来考察除氧剂的性能。

(1)除氧效率 除氧效率是指用除氧剂后包装容器内能达到的最低氧浓度。好的除氧剂,氧浓度可降低到 0.1% 以下,甚至达到 0.001% 以下。

(2)除氧速度 除氧速度又称首次脱氧时间,指食品包装容器内的氧浓度由大气中的 21% 降到 0.1% 所需的时间。普通型除氧剂的除氧速度不大于 48h,快速型除氧剂的除氧速度不大于 12h。

(3)总除氧量 总除氧量也称实际除氧量,即除氧剂的最大除氧能力。除氧剂的总除氧量不同型号有不同的数值,一般规定为除氧剂牌号后面的数值(术语称作公称除氧量)的 3 倍。具体选用除氧剂型号时应根据包装袋内氧气量数值相近的型号来选用。

例如,高湿型除氧剂(片、粒)有 25,50,100,200,300,500,1000,2000,3000 型。型号选用方法是以上各规格产品所列的型号数,即为该型号除氧剂在包装物内吸收氧气的体积数(又称为公称除氧量)。具体测算方式如下:

(包装物口袋尺寸×包装物厚度)/5＝所选用的除氧剂型号及数量

例如,(50cm×30cm×10cm)/5＝3000(即选用一袋规格为 3000 型的除氧剂即可)

选定除氧剂后,保质期的确定为:

$$保质期＝\frac{除氧剂的总除氧量－包装袋内的含氧量}{包装袋对的透氧率×包装袋面积}$$

除氧剂开启后要立即使用,铁系除氧剂必须在开启后 5d 内使用完毕,且包装要完全密封。包装要求使用气体阻隔性材料,包装材料与脱氧剂无反应。表 3-8 比较了几种除氧方式的效果。

表 3-8 几种除氧方式的效果比较

内容	"998"除氧保鲜	充气保鲜	抽真空保鲜
保鲜原理	吸除包装内的氧气	充入 CO 或 N_2 等中性气体使包装袋内的氧浓度降低	将包装内的空气抽出,使包装内的氧气浓度降低
除氧效果	除氧效率近 100%	除氧不完全,通常在 1%～2%	除氧不完全,通常在 1%～2%。
保质期内包装	只要除氧剂能力够,可长期保持无氧状态	随时间延长,包装内的氧气增加	随时间延长,包装内的氧气增加
保鲜效果	完全,不长霉	不能完全控制霉菌生长	
防哈败	可完全防止哈败	氧气不断透入,不完全防止哈败	不能完全控制霉菌生长
防变色	可完全防止退色	不完全防止退色	氧气不断透入,不完全防止哈败

内容	"998"除氧保鲜	充气保鲜	抽真空保鲜
防虫蛀	可完全防止虫蛀、可完全杀死虫和卵	不完全	不完全防止退色
防止陈化、老化、保持风味	完全	氧气透入,风味变	不完全
保持营养	效果最佳	氧气进入,营养损失	氧气透入,风味变坏 氧气进入,营养损失

【复习思考题】

1. 什么是抗氧化剂？其作用机理如何？

2. 比较一下抗氧化剂 BHA、BHT 及 PG 在安全性、抗氧化性及使用特性方面的异同。

3. 试举例说明如何利用抗氧化剂的互配效应以达到较小的剂量解决食品的抗氧化问题。

4. 举例说明水溶性抗氧化剂的性能、作用和应用。

5. 天然抗氧化剂的优缺点是什么？结合所学知识,谈谈天然抗氧化剂的发展趋势。

6. 针对抗氧化剂对自由基的清除,结合所学知识,谈谈你对天然抗氧化剂开发的认识。

7. 举例说明除氧剂的组成、作用及脱氧机理。

第四章　调味类食品添加剂

【学习目标】

1. 了解食品类常见的甜味剂、酸味剂、咸味剂、苦味剂和鲜味剂的化学结构、生产方法。
2. 理解食品类常见的甜味剂、酸味剂、咸味剂、苦味剂和鲜味剂的性能。
3. 掌握食品类常见的甜味剂、酸味剂、咸味剂、苦味剂和鲜味剂的应用方法。
4. 能够具备正确而合理的使用调味类食品添加剂的能力。

食品调味剂是食品质量的重要组成部分,我们经常讲食品的风味如何,主要就是指食品的味感和嗅感。为了满足不同人群的口味,一般会在各类食品中添加一些物质来调和,这些加入的添加剂就称为调味剂。我国一般将味感分为:酸、甜、苦、辣、咸、鲜、涩七味,而七味中尤以酸、甜、苦、咸和鲜为最独立的味道。

一、味觉和嗅觉的特点

1. 嗅觉的特点

嗅觉感受器位于上鼻道及鼻中隔后上部的嗅上皮,两侧总面积约 $5cm^2$。由于它们的位置较高,平静呼吸时气流不易到达。因此在嗅一些不太显著的气味时,要用力吸气,使气流上冲,才能到达嗅上皮。嗅上皮含有三种细胞,即主细胞、支持细胞和基底细胞。主细胞也称呼嗅细胞,呈圆瓶状,细胞顶端有 $5\sim6$ 条短的纤毛,细胞的底端有长突,它们组成嗅丝,穿过筛骨直接进入嗅球。嗅细胞的纤毛受到空气中的物质分子刺激时,有神经冲动传向嗅球,进而传向更高级的嗅觉中枢,引起嗅觉。

不同动物的嗅觉敏感程度差异很大,同一动物对不同气味物质的敏感程度也不同。嗅上皮和有关中枢究竟怎样感受并能区分出多种气味,目前已有初步了解。有人分析了600 种有气味物质和它们的化学结构,提出至少存在 7 种基本气味;其他众多的气味则可能由这些基本气味的组合所引起。这 7 种基本气味是:樟脑味、麝香味、花卉味、薄荷味、乙醚味、辛辣味和腐腥味;他们发现,大多数具有同样气味的物质,具有共同的分子结构和特殊结合能力的受体蛋白(理论上至少有 7 种)。这种结合可通过 G-蛋白而引起第二信使类物质的产生,最后导致膜上某种离子通道开放,引起 Na^+、K^+ 等离子的跨膜移动,在嗅细胞的胞体膜上产生去极化型的感受器电位,后者在轴突膜上引起不同频率的动作电位发放,传入中枢。用细胞内记录法检查单一嗅细胞电反应的实验发现,每一个嗅细胞只对一种或两种特殊的气味起反应;还证明嗅球中不同部位的细胞只对某种特殊的气味起反应。嗅觉系统也与其他感觉系统类似,不同性质的气味刺激有其相对专用的感受位点和传输线路;非基本气味则由于它们在不同线路上引起的不同数量冲动的组合特点,在中枢引起特有的主观嗅觉感受。

2. 味觉的特点

味觉的感受器是味蕾,主要分布在舌背部表面和舌缘,口腔和咽部黏膜的表面也有散在的味蕾存在。儿童味蕾较成人为多,老年时因萎缩而逐渐减少。每一味蕾由味觉细胞和支持细胞组成。味觉细胞顶端有纤毛,称为味毛,由味蕾表面的孔伸出,是味觉感受的关键部位。味道的感受有快慢和是否敏感之分。在味的强度衡量标准中,有一个以数量衡量敏感性的标准叫阈值。它是表示感到某种物质味道的最低浓度,阈值越低,表明其感受性越高。表 4-1 表示了几种常见物质的阈值。

表 4-1　几种物质的呈味阈值

名称	阈值/(mol/L)	名称	阈值/(mol/L)
食盐	0.01	蔗糖	0.03
盐酸	0.009	柠檬酸	0.003
硫酸奎宁	0.00008	味精	0.0016

人和动物的味觉系统可以感受和区分出多种味道;但很早以前就知道,众多的味道是由四种基本的味觉组合而成的,这就是甜、咸、酸和苦。不同物质的味道与它们的分子结构的形式有关,但也有例外。通常 NaCl 能引起典型的咸味;甜味的引起与葡萄糖的主体结构有关;而奎宁和一些有毒植物的生物碱的结构能引起典型的苦味。有趣的是,这 4 种基本味觉的换能或跨膜信号的转换机制并不一样,如咸和酸的刺激要通过特殊化学门控通道,甜味的引起要通过受体、G-蛋白和第二信使系统,而苦味则由于物质结构不同而通过上述两种形式换能。和前面讲过的嗅觉刺激的编码过程类似,中枢可能通过来自传导四种基本味觉的专用神经通路上的神经信号和不同组合,来"认知"这些基本味觉以外的多种味觉。

二、食品调味剂的分类

从大类来讲,食品类调味剂主要是指甜味剂、鲜味剂、酸味剂、苦味剂、咸味剂、涩味剂和辣味剂等。其中苦味剂、涩味剂应用较少;咸味剂一般就是指食盐;辣味剂则是辣椒及类似物。所以真正比较常见的食品调味剂就是指甜味剂、鲜味剂和酸味剂三大类,具体分类如图4-1 所示:

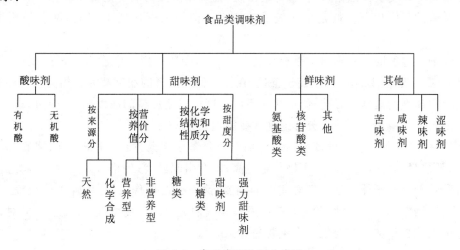

图 4-1　食品类调味剂分类图

第一节　食品甜味剂

甜味是人们喜爱的一种味道，婴儿一出生就表现对甜味的偏好。我们现在吃的许多食品饮料都含有甜味，这些食品中的"甜味"的高低、强弱称为甜度，甜度不能绝对地用理化的方法进行测定。一般都是靠人们的味觉来判断，目前测定甜度的方法主要有两种，一种是将甜味剂配成可以被感觉出甜味的最低浓度（即阈值），也叫做极限浓度法；另一种是将甜味剂配成与蔗糖浓度相同的溶液，然后以蔗糖溶液为标准比较该甜味剂的甜度，此法称为相对甜度法。因为蔗糖为非还原糖，水溶液比较稳定，所以选择蔗糖为标准，其他甜味剂的甜度是以蔗糖比较得出的相对甜度，常见的几种甜味剂的甜度见表 4-2。

表 4-2　几种甜味剂的相对甜度

名称	甜度	名称	甜度
蔗糖	100	山梨糖醇	50～70
麦芽糖醇	75～95	木糖醇	65
甜味菊	20000～30000	甜蜜素	3000～5000
甜味素	100000～200000	糖精	20000～70000
乳糖	16～27	麦芽糖	32～60
葡萄糖	74	糖精钠	200～700

甜味剂的甜度受很多方面的影响，其中主要的因素有浓度、温度和介质。

一般来说，甜味剂的浓度和甜度成正比，但是程度并不相同。比如，葡萄糖溶液的甜度随浓度增高的程度要比蔗糖大，在较低的浓度，葡萄糖溶液的甜度是低于蔗糖。我们通常所讲的葡萄糖的甜度比蔗糖低是指在较低浓度下。但当浓度达到 40% 时，两者的甜度趋于相同。

甜味剂与温度的关系则通常是成反比关系。而介质的影响则没有一定的规律，比如在水溶液 40℃ 情况下，果糖的甜度高于蔗糖，在柠檬汁中两者的甜度却大致相同。另外某些调味剂也对甜味剂的甜度有影响，如食盐在不同浓度可以使蔗糖的甜度增高，也可以降低。在甜味剂的工业化应用中应该充分考虑到这些影响因素。

不管是哪种甜味剂，一种理想的甜味剂应该具备以下条件：生理安全性；清爽、纯正、糖的甜味；低热量、高甜度；化学和生物稳定性高；不会引起龋齿；价格合理。综合各方面考虑，功能性甜味剂以其既能满足人们对甜食的偏爱，又不引起副作用，能增强人体免疫力，具有一定的辅助治疗作用。因此，随着经济的发展和人们健康意识的增强，开发类似的对人体健康有益的功能性甜味剂将会是一个主要趋势。

一、天然糖类

天然糖类主要包括糖与糖醇类、非糖天然甜味剂类。

（一）糖与糖醇

天然糖主要是指蔗糖、果糖、麦芽糖等天然产品。一般只有低聚糖才有甜味,甜度随着聚合度的增大而降低,甚至消失。这类糖一般视为食品的原料,不列入食品添加剂范畴。天然糖类甜味很纯正,没有安全问题,但对于高血糖或糖尿病病人却有一定危害。

糖醇类是世界上应用非常广泛的甜味剂之一,是醛糖或者酮基的羰基被还原成羟基(—OH)的衍生物。有的植物以及微生物体内含有少量的糖醇,但工业化生产的一般还是利用相应的糖加氢催化还原制得。用这类甜味剂口感好,化学性质稳定,不容易龋齿,而且可以调节肠胃。糖醇类产品一般有糖浆、溶液和结晶状。目前已经工业化生产的糖醇主要有山梨糖醇、木糖醇、麦芽糖醇、异麦芽糖醇、乳糖醇等。

1. 山梨糖醇

山梨糖醇又名山梨醇,为六碳多元糖醇,化学式为 $C_6H_{14}O_6$,相对分子质量为 182.17。结构式为:

$$HOH_2C - \overset{\overset{\displaystyle H}{|}}{\underset{\underset{\displaystyle H}{|}}{C}} - \overset{\overset{\displaystyle OH}{|}}{\underset{\underset{\displaystyle OH}{|}}{C}} - \overset{\overset{\displaystyle OH}{|}}{\underset{\underset{\displaystyle H}{|}}{C}} - \overset{\overset{\displaystyle OH}{|}}{\underset{\underset{\displaystyle H}{|}}{C}} - CH_2OH$$

山梨糖醇

游离的山梨糖醇主要存在于苹果、梨、葡萄等植物中,它的主要理化性质如下。

(1) 特性 山梨糖醇为无色无臭的针状晶体,相对密度 1.48,熔点为 96℃～97℃。易溶于水,难溶于有机溶剂,耐酸和热,与氨基酸和蛋白质等不易起美拉德反应。具有较大的吸湿性,在水溶液中不易结晶析出。因此,可以作为蛋糕、巧克力糖等的保湿剂,借以保持其新鲜程度。同时由于它是一种多元醇,所以还有保持食品香气的功能。

(2) 毒性 小鼠经口 LD_{50} 为 23.3kg/kg～25.7kg/kg(体重)。ADI 不做特殊规定。

(3) 应用 根据我国《食品安全国家标准 食品添加剂使用标准》(GB 2760—2011)的规定,山梨糖醇可以作为甜味剂、膨松剂、水分保持剂、乳化剂和增稠剂使用。其使用范围和最大使用量(g/kg):炼乳及其调制产品、02.02 类以外的脂肪乳化制品,包括混合的和/或调味的脂肪乳化制品(仅限植脂奶油)、冷冻饮品(03.04 食用冰除外)、腌渍的蔬菜、熟制坚果与籽类(仅限油炸坚果与籽类)、巧克力和巧克力制品,除 05.01.01 以外的可可制品、糖果、面包、糕点、饼干、调味品、饮料类(14.01 包装饮用除外)、膨化食品、其他(豆制品工艺用)、其他(制糖工艺用)、其他(酿造工艺用)等,按生产需要适量使用;生湿面制品(如面条、饺子皮、馄饨皮、烧麦皮)为 30;冷冻鱼糜制品(包括鱼丸等)为 0.5。

(4) 制作方法 目前工业化生产山梨糖醇的方法是采用将葡萄糖加氢催化制取山梨糖醇,可以采用电解还原法和压力下加氢还原的方法来完成,即加氢还原制取山梨糖醇。常见的是压力下催化加氢的方法,用镍做催化剂,使葡萄糖在 150℃和 10MPa 压力下,加氢催化还原制取山梨糖醇,具体生产工艺流程见图 4-2。

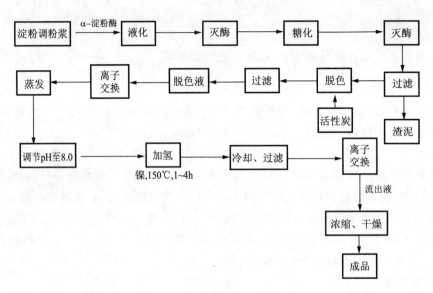

图 4-2 山梨糖醇制备工艺流程

2．木糖醇

木糖醇化学式为 $C_5H_{18}O_5$，为五碳糖，相对分子质量为 152.15。结构式：

$$CH_3CH_2 \overset{\overset{\displaystyle H}{|}}{\underset{\underset{\displaystyle OH}{|}}{C}} \overset{\overset{\displaystyle OH}{|}}{\underset{\underset{\displaystyle H}{|}}{C}} \overset{\overset{\displaystyle H}{|}}{\underset{\underset{\displaystyle OH}{|}}{C}} CH_2OH$$

木糖醇

游离的木糖醇存在于香蕉、胡萝卜、菠萝等许多植物中。它的主要理化性质如下。

（1）特性　木糖醇为白色有甜味的斜方结晶体或单斜结晶体。熔点 91℃～94℃，沸点 215℃～217℃。无臭，极易溶于水，微溶于乙醇等有机溶剂，10％的水溶液 pH 为 5.0～7.0，其中 pH 在 3.0～8.0 时最稳定。该糖醇化学性质稳定，吸湿性小，在食品生产中作为功能性甜味剂已经得到广泛的应用。木糖醇具有清凉的甜味，甜度约为蔗糖的 0.65 倍。木糖醇是一种龋齿的低热量甜味剂，可以作为糖尿病人的热能源，不会增加糖尿病人的血糖值。

（2）毒性　小鼠经口 LD_{50} 为 22kg/kg（体重）。安全，ADI 不作特殊的规定。

（3）应用　根据我国《食品安全国家标准　食品添加剂使用标准》(GB 2760—2011)的规定，木糖醇可在各类食品中按生产需要适量使用。木糖醇不能被酵母菌和细菌发酵，能抑制酵母的生长和发酵活性，所以不宜用于发酵食品。

（4）制作方法　木糖醇的生产包括由初级原料（如玉米芯、甘蔗渣等）水解生产木糖和木糖加氢两步。我国可用于生产木糖的农林业废料丰富，但是产品生产成本比较高，而且企业污染也大。木糖醇是将木糖加氢催化再精制而得，木糖则一般由多聚戊糖水解而成。很多废料都含有多聚戊糖，如玉米芯含 38％～47％，玉米杆含 24％～27％，棉籽壳含 25％～28％，花生壳含 15％～21％，稻壳含 16％～22％，废糖渣含 25％～30％。这些原料生产木糖醇的工艺大致如图 4-3 所示。

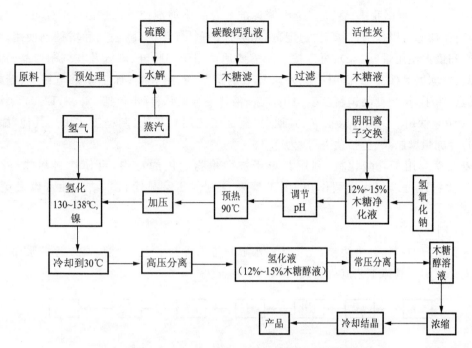

图 4-3　用富含多聚戊糖废料生产木糖醇的工艺流程图

　　从以上的工艺流程可以看出,首先是将原料进行破碎等预处理,加热条件下用硫酸进行酸水解,使原料中多聚戊糖水解为木糖液,再用碳酸钙乳液中和生成的硫酸钙滤除硫酸钙,得到中性木糖液。加入活性炭进行脱色,经过阴阳离子树脂柱进行净化,将脱色液蒸发浓缩,冷却后过滤。净化后的木糖液用氢氧化钠溶液调节 pH 至 7.5～8.0,然后在镍催化剂存在下,在压力釜中进行加氢催化反应得到木糖醇液。木糖醇液在经过离子交换树脂、浓缩、结晶、分离得到木糖醇晶体。

3. 麦芽糖醇

　　麦芽糖醇是由一分子葡萄糖和一分子山梨糖醇结合而成的二糖醇,化学式为 $C_{12}H_{24}O_{11}$,结构式为:

麦芽糖醇

　　(1) **特性**　麦芽糖醇易溶于水,具有很强的吸湿性,一般商品为含麦芽糖醇 70% 的水溶液。水溶液为无色透明的中性黏稠液体,热量低。稳定性高,难于发酵,具有非结晶性,能保香、保湿。麦芽糖醇的甜度为 0.85～0.95,可以防龋齿,用于儿童食品。在 pH3～9 时耐热性能好,与蛋白质或氨基酸共存时加热不容易发生美拉德反应。

　　(2) **毒性**　麦芽糖醇在人体内不被分解利用,除了肠内细菌利用一部分外,其余均被排出体外,无毒性。FAO/WHO(1994)规定,ADI 无需规定。

（3）应用　根据我国《食品安全国家标准　食品添加剂使用标准》（GB 2760—2011）的规定，麦芽糖醇可以作为甜味剂、稳定剂、水分保持剂、乳化剂、膨松剂和增稠剂使用。其使用范围和最大使用量（g/kg）：可以按生产需要适量用于调味乳、炼乳及其调制产品、稀奶油类似品、冷冻饮品（03.04 食用冰除外）、腌渍的蔬菜、熟制豆类、加工坚果与籽类、糖果、面包、糕点、饼干、焙烤食品馅料及表面用挂浆、液体复合调味料（不包括12.03，12.04）、饮料类（14.01 包装饮用水类除外）、果冻、其他（豆制品工艺用）、其他（制糖工艺用）、其他（酿造工艺用）；冷冻鱼糜制品（包括鱼丸等）为 0.5。

麦芽糖醇用于乳酸饮料，利用其难于被微生物利用的特点，可使饮料甜味持久；用于果汁饮料还可以起到增稠作用；用于糖果、糕点，其保湿性和非结晶性可以避免干燥和结霜。

（4）制作方法

麦芽糖醇的制作分为两步：先将淀粉水解制备成高麦芽糖浆，然后高麦芽糖浆加氢还原制成麦芽糖醇。具体工艺流程见图 4-4。

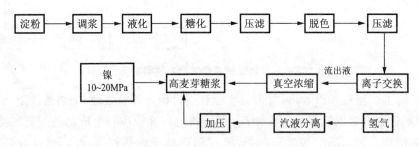

图 4-4　淀粉制备麦芽糖醇工艺流程

工艺说明：淀粉调浆浓度 15%～20%（质量分数），并添加纯碱调节 pH 至 5.8～6.5，α-淀粉酶的添加量为 5U/g，液化温度控制 85℃～90℃下液化至 DE 值为 10～15，然后升温至 100℃进行灭酶及促进淀粉的进一步分散，也更有利于糖化操作。液化结束的液化液经过冷却至 45℃～50℃，并调节 pH 至 5.8～6.0，加入异淀粉酶（20U/g 淀粉）和 β-淀粉酶（10U/g 淀粉），糖化 30～50 小时。制得的糖化液添加助滤剂、活性炭再经过压滤机进行脱色除杂，分离后的脱色液通过离子交换除去滤液中的金属离子、离子型色素一级残留的可溶性含氮物质等杂质。选用强酸性的阳离子树脂和强碱性银离子树脂，使用前离子树脂经过浸泡膨胀后，分别装入阴、阳离子柱中。离子交换树脂的使用周期长短要视糖浆中所含杂质含量而定，杂质含量高则使用周期短。糖化液经过离子交换后进行真空浓缩，压力维持在 0.086MPa～0.092MPa，糖液温度约为 50℃～55℃，浓缩至固形物含量 40%～60%（质量分数）；制得的高麦芽糖浆在碱性条件下，按照淀粉投入量的 0.5%～0.8%加入镍催化剂，加温条件下通入 10MPa～20MPa 氢气，温度 160℃，此条件下制得麦芽糖醇溶液；再经过去除催化剂、活性炭、离子交换等处理后送真空浓缩、干燥等工序，即可制得麦芽糖醇浆或固体颗粒状产品。

（二）非糖天然甜味剂

非糖天然甜味剂是指从天然物（甘草、植物果实等）中提取其天然甜味成分而制成的一类天然甜味剂。一般是从一些植物的果实、叶、根等部位提取获得。主要为糖苷类物质。下面是几种常见的非糖天然甜味剂。

1. 甘草类

甘草，是豆科多年生草本植物。生甘草能清热解毒，润肺止咳，调和诸药性；炙甘草能补脾益气。食品上也大量用甘草做添加剂，它的甜度是蔗糖的百倍。甘草的主要成分见表4-3。

表 4-3　甘草主要成分

名称	比例/%	名称	比例/%
甘草甜素	6～14	蔗糖	5
淀粉	20～30	葡萄糖	2.5
天冬酰胺	2～4	甘露糖醇	6
树脂	2～4	树胶	1.5
色素、脂肪、鞣酸、精油		少量	

甘草的主要甜味成分是甘草酸，又称甘草甜素，系甘草的甜味成分，化学式为 $C_{42}H_{62}O_{16}$。

甘草作为甜味剂的主要产品形式有：甘草粉末、甘草浸膏、甘草酸铵、甘草酸一钾或三钾。甘草甜素的甜度约为蔗糖的 200 倍，甘草酸一钾的甜度约为蔗糖的 500 倍，甘草酸三钾为蔗糖的 150 倍，甘草酸铵的甜度约为蔗糖的 200 倍。

（1）甘草粉末

特性：甘草粉末为淡黄色或白色结晶粉末，有微弱的异臭，味甜而稍有后苦味。甜味刺激来得慢，去得也稍慢，甜味持续时间较长。

毒性：甘草末是我国传统的调味料与中药，自古以来作为解毒剂和调味品，未发现对人体有危害。

用途：根据我国《食品安全国家标准　食品添加剂使用标准》(GB 2760—2011)的规定，甘草可按生产需要适量用于蜜饯凉果、糖果、饼干、肉罐头类、调味品、饮料类(14.01包装饮用水类除外)。一般来讲罐头食品使用甘草水浸液来配制调味液，如香菜心罐头调味液中甘草水占 2.4%～4%；豆豉鲮鱼罐头香料中甘草占 18.4%。

制作方法：将经过挑选的甘草洗净、干燥后，粉碎过筛得到甘草粉末。将甘草粉末用热水浸提，浸提液再经过真空浓缩得到甘草浸膏。将甘草浸膏真空干燥得到浸提甘草粉末。

（2）甘草酸铵

化学式为 $C_{42}H_{65}NO_{16} \cdot 5H_2O$，相对分子质量为 839.98。

特性：白色粉末，有强甜味，甜度约为蔗糖的 200 倍，溶于氨水，不溶于冰乙酸。

毒性：小鼠口服 LD_{50} 大于 $10g/kg$(体重)。

用途：根据我国《食品安全国家标准　食品添加剂使用标准》(GB 2760—2011)的规定，甘草酸铵可按生产需要适量用于蜜饯凉果、糖果、饼干、肉罐头类、调味品、饮料类(14.01包装饮用水类除外)。

制作方法:由天然物甘草经氨水浸提后,加铵盐精制而得。

(3)甘草酸一钾或三钾

甘草酸一钾的化学式为 $C_{42}H_{61}O_{16}K$,相对分子质量为861.02。

特性:类似白色或淡黄色粉末,无臭。有特殊的甜味,甜味残留时间长,易溶于水,溶于稀乙醇、甘油、丙二醇,微溶于无水乙醇和乙醚。

毒性:小鼠口服 LD_{50} 大于 $10g/kg$(体重)。

用途:同上。

制作方法:甘草酸钾是由甘草以水浸提后,所得的浸提液用碳酸钾或氢氧化钾中和或部分中和而成。反应后经过浓缩、冷却后加入无水酒精,析出甘草酸钾盐,分离,用无水酒精洗涤,真空干燥,经过粉碎、筛分得到产品。

2. 甜菊糖苷

甜菊糖苷,别名甜菊糖,化学式为 $C_{38}H_{60}O_{18}$,相对分子质量为804.88。甜菊糖是目前世界上已发现并经我国卫生部、轻工业部批准使用的最接近蔗糖口味的天然低热值甜味剂,是继甘蔗、甜菜糖之外第三种有开发价值和健康推崇的天然蔗糖替代品,被国际上誉为"世界第三糖源"。

(1)特性 纯度80%以上的甜菊糖为白色结晶或粉末,吸湿性不大;易溶于水、乙醇,与蔗糖、果糖、葡萄糖、麦芽糖等混合使用时,不仅甜菊糖味更纯正,且甜度可得到相乘效果。该糖耐热性差,不易着光,在 pH3～10 范围内十分稳定,在此 pH 下加热 1h,几乎无任何变化;易存放;溶液稳定性好,在一般饮料食品的 pH 范围内,进行加热处理仍很稳定。甜菊糖在含有蔗糖的有机酸溶液中存放半年变化不大;在酸碱类介质中不分解,可防止发酵、变色和沉淀等;并可降低黏稠度,抑制细菌生长和延长产品保质期;甜菊糖甜味纯正,清凉绵长,味感近似白糖,甜度却为蔗糖的 150～300 倍。提取的纯甜菊糖的甜度为蔗糖的 450 倍,味感更佳。一般低温溶解甜度高;高温溶解后味感好但甜度低。它与柠檬酸、苹果酸、酒石酸、乳酸、氨基酸等使用时,对甜菊糖的后味有消杀作用,故与上述物质混合使用可起到矫味作用,提高甜菊糖甜味质量。甜菊糖具有安全性高、低热值、经济效益好等特点。

(2)毒性 小鼠经口 $LD_{50}>15g/kg$(体重)(甜菊糖结晶),质量指标参照 GB 8270—1999,等级一般分为一级品、精制品 A、精制品 B、精制品 C、精制品 D。

(3)应用 根据我国《食品安全国家标准 食品添加剂使用标准》(GB 2760—2011)的规定,甜菊糖苷作为甜味剂的使用范围和最大使用量为:可以按生产需要适量用于蜜饯凉果、熟制坚果与籽类、糖果、糕点、调味品、饮料类(14.01 包装饮用水除外)、膨化食品。

(4)制作方法 国内外从甜叶菊中提取甜菊糖苷的方法有很多,如溶剂萃取法、离子交换法、透析法、分子筛法、醋酸铜法和硫化氢法等。这些方法的主要区别在于分离和纯化操作方面。目前国内普遍采用的方法是:采用热水提取,用 CaO 和 $FeSO_4$ 去除蛋白质、有色物、异味物质等杂质,然后用离子交换树脂法去除以上杂质后的提取液。工艺流程见图 4-5。

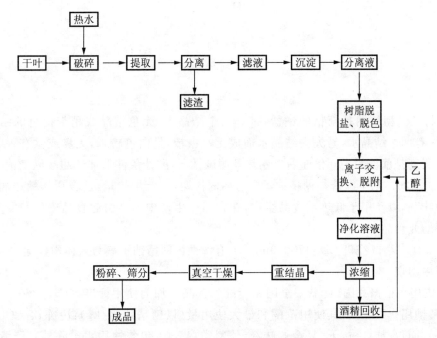

图 4-5 水提取—离子交换法制备甜菊糖的工艺流程

图 4-5 工艺中,提取剂是热水,实际上可以作为提取剂的试剂有很多,包括乙醇、甲醇、丙二醇等。综合考虑,一般选择热水。提取的温度控制 100℃ 左右,在沸水中进行杀菌、灭酶,可以提高甜菊糖苷的提取收率。滤渣可以进行二次提取,提取液混合,经沉淀剂和离子交换树脂进行除杂、脱色、去味、离子交换处理。处理液用乙醇脱附,将乙醇溶液浓缩得到淡褐色浸膏。浸膏用甲醇重结晶,便可以得到纯净的甜菊糖苷白色结晶体。

二、化学合成甜味剂

化学合成甜味剂是指通过人工合方法合成的具有甜味的复杂有机化合物。化学合成甜味剂在食品、化工等行业有着广泛的运用。主要优点如下。

(1)化学性质稳定,耐热、酸和碱,不易分解失效,使用范围广;

(2)不参与机体代谢,大多数合成甜味剂经口摄入后全部排出体外,不提供能量,适合糖尿病人等特殊营养消费群;

(3)甜度高,用量少;

(4)经济效益高,等甜度下的价格均低于蔗糖;

(5)不是口腔微生物的作用底物,不会引起龋齿。

但合成甜味剂也有一些弱点,主要体现在:甜味不够纯正,带有苦后味或金属异味,甜味特性与蔗糖还有一些差距;在使用时无法完全取代蔗糖;不是天然产品,存在不安全的可能。

1. 糖精及糖精钠

糖精钠,又称为可溶性糖精或水溶性糖精,学名为邻磺酰苯酰亚胺钠,化学式为 $C_7H_4O_3SNa \cdot 2H_2O$,相对分子质量 241.21,结构式如下:

糖精钠

（1）特性　糖精钠是糖精的钠盐，带有两个结晶水，无色结晶或稍带白色的结晶性粉末，一般含有两个结晶水，易失去结晶水而成无水糖精，呈白色粉末，无臭或微有香气，味浓甜带苦。甜度是蔗糖的 500 倍左右。耐热及耐碱性弱，酸性条件下加热甜味渐渐消失，溶液浓度大于 0.026% 则呈味苦。糖精钠不参与体内代谢，不产生热量，适合用作糖尿病等特殊人群的甜味剂，以及用于低热量食品生产，在食品中生产中不会引起食品染色和发酵；但不得用于婴幼儿食品。

（2）毒性　小鼠经口 LD_{50} 17500mg/kg 有毒性。糖精钠不参与人体内代谢，摄入 0.5h 即可在尿中出现。

（3）应用　根据我国《食品安全国家标准　食品添加剂使用标准》（GB 2760—2011）的规定，糖精钠用作甜味剂，其使用范围和最大使用量（以糖精计，g/kg）：冷冻饮品（03.04 食用冰除外）、面包、糕点、饼干、复合调味料、饮料类（14.01 包装饮用水类除外）、腌渍的蔬菜为 0.15；果酱为 0.2；蜜饯凉果、新型豆制品（大豆蛋白膨化食品、大豆素肉等）、熟制豆类（五香豆、炒豆）、脱壳熟制坚果与籽类为 1.0；带壳熟制坚果与籽类为 1.2；水果干类（仅限芒果干、无花果干）、凉果类、话化类（甘草制品）、果丹（饼）类为 5.0；固体饮料按冲调倍数增加使用量。

（4）制作方法　糖精钠是用甲苯与氯磺酸反应，经过氨化、氧化和加热环化得到糖精，再与 NaOH 反应得到糖精钠。

2. 甜蜜素

甜蜜素，化学名称是环己基氨基磺酸钠，化学式为 $C_6H_{12}NNaO_3S$，相对分子质量 201.22，结构式如下：

环己基氨基磺酸钠

（1）特性　白色针状、片状结晶或结晶状粉末。无臭，味甜，其稀溶液的甜度约为蔗糖的 30～50 倍；10% 水溶液呈中性（pH6.5），对热、光、空气稳定；加热后略有苦味；分解温度约 280℃，不发生焦糖化反应；酸性环境下稳定，碱性时略有分解。溶于水（1g/5mL）和丙二醇（1g/5mL），几乎不溶于乙醇、乙醚、苯和氯仿。

（2）毒性　小鼠经口 LD_{50} 为 18000mg/kg。用含 1.0% 甜蜜素的饲料喂养大鼠 2 年，无异常现象。

（3）应用　按照《食品安全国家标准　食品添加剂使用标准》（GB 2760—2011）规定，甜蜜素用作甜味剂，其使用范围和最大使用量（以环己基氨基磺酸计，g/kg）：冷冻饮品（03.04 食用冰除外）、水果罐头、腌渍的蔬菜、腐乳类、面包、糕点、饼干、复合调味料、饮料类（14.01 包装饮用水类除外）、配制酒、果冻等为 0.65；果酱、蜜饯凉果中最大使用量为 1.0；脱壳熟制坚果与籽类为 1.2;带壳熟制坚果与籽类为 6.0;凉果类、话化类(甘草制品)、果丹(饼)类为 8.0。

它属于非营养型合成甜味剂,它不像糖精那样用量稍多时有苦味。亦可用于家庭调味、烹饪、酱菜品、化妆品的甜味、糖浆、糖衣、牙膏、漱口水、唇膏等;糖尿病患者、肥胖者可用其代替糖。

(4)制作方法 甜蜜素是由氨基磺酸与环己胺($C_6H_{11}NH_2$)及氢氧化钠反应而成。

3. 安塞蜜

安塞蜜又名 AK 糖,又称为乙酰磺胺酸钾,学名 6-甲基-1,2,3-恶噻嗪-4(3H)-酮-2,2-二氧化物钾盐。化学式为 $C_4H_4KNO_4S$,相对分子质量 201.24,结构式如下:

$$\underset{\text{乙酰磺胺酸钾}}{}$$

乙酰磺胺酸钾

(1)特性 白色结晶粉末,无臭,易溶于水,难溶于乙醇等有机溶剂;安塞蜜具有以下特点:甜味纯正,甜味优于蔗糖;高甜味,是蔗糖的 200～250 倍;易溶于水,20℃时溶解度为 27g;在体内不被代谢,不产生热量,是中老年人、肥胖病人、糖尿病患者理想的甜味剂;和其他甜味剂混合使用能产生很强的协同效应,一般浓度下可增加甜度 30%～50%;其纯度在通常情况下保存 10 年无任何分解迹象,在空气中不吸湿,对热稳定。能耐 225℃高温,在 pH2～10 范围内稳定,使用时不与其他食品成分或添加剂发生反应。

(2)毒性 大鼠经口 LD_{50} 为 2200mg/kg。骨髓微核试验、Ames 试验,均无致突变性。美国食品与药物管理局将其列为一般公认安全物质。FAO/WHO(1994)规定其 ADI 为 0mg/kg～15mg/kg。

(3)应用 在食品方面,安赛蜜的稳定性极好、口味适宜,是生产软饮料的最佳甜味剂;在医药方面,用于糖浆制剂、糖衣片、苦药掩蔽剂等;在化妆品方面,可用于口红、唇膏、牙膏和漱口液等。目前全世界已经约有 2000 种食品获准使用该产品。

按照《食品安全国家标准 食品添加剂使用标准》(GB 2760—2011)规定,安赛蜜用作甜味剂,其使用范围和最大使用量(g/kg):以乳为主要配料的即食风味甜点或其预制产品(仅限乳基甜品罐头)、冷冻饮品(03.04 食用冰除外)、水果罐头、果酱、蜜饯类、腌渍的蔬菜、加工食用菌和藻类、八宝粥罐头、其他杂粮制品(仅限黑芝麻糊和杂粮甜品罐头)、谷类和淀粉类甜品(仅限谷类甜品罐头)、焙烤食品、饮料类(14.01 包装饮用水类除外)、果冻等为 0.3;风味发酵乳为 0.35;调味品为 0.5;酱油为 1.0;糖果为 2.0;熟制坚果与籽类为 3.0;胶基糖果为 4.0;餐桌甜味料为 0.04g/份;固体饮料按冲调倍数增加使用量;如用于果冻粉,按冲调倍数增加使用量。

(4)制作方法 安塞蜜的生产工艺大致有三种方法:乙酰乙酰胺-N-磺酰氟法;乙酰乙酰胺-三氧化硫法;氨基磺酸-三氧化硫法。其中前两种方法比较困难,成本较高。常用的是最后一种方法,由叔丁基乙酰乙酸酯与异氰氟磺酸酰进行加成,再与 KOH 反应而制得。这种方法反应条件温和,产品收率高,纯度也高。

4. 三氯蔗糖

三氯蔗糖是一种理想的半天然甜味剂,又名三氯半乳蔗糖、蔗糖素、化学名:4,1′,6′,-三氯-4,1′,6′,-三脱氧半乳型蔗糖,化学式为 $C_{12}H_{19}Cl_3O_8$,相对分子质量397.64,结构式如下:

三氯蔗糖

(1) 特性　白色粉末状,极易溶于水、乙醇和甲醇,是目前唯一以蔗糖为原料生产的功能性甜味剂,其甜度是蔗糖的 $600\sim650$ 倍,且甜味纯正,甜味特性十分类似蔗糖,没有任何苦后味;无热量,不龋齿,稳定性好,尤其在水溶液中特别稳定。经过长时间的毒理试验证明其安全性极高,是目前最优秀的功能性甜味剂,现已有美国、加拿大、澳大利亚、俄罗斯、中国等 30 多个国家批准使用。其突出的特点是:热稳定性好,温度和 pH 对它几乎无影响,在焙烤工艺中很稳定,适用于食品加工中的高温灭菌、喷雾干燥、焙烤、挤压等工艺;pH 适应性广,适用于酸性至中性食品,对涩、苦等不愉快味道有掩盖效果;易溶于水,溶解时不容易产生起泡现象,适用于碳酸饮料的高速灌装生产线;甜味纯正,甜感呈现的速度、最大甜味的感受强度、甜味持续时间、后味等都非常接近蔗糖,是一种综合性能非常理想的强力甜味剂。

(2) 毒性　小鼠经口 LD_{50} 为 16000mg/kg,大鼠经口 LD_{50} 为 10000mg/kg。FAO/WHO (1994)规定,ADI 为 0mg/kg~15mg/kg。

(3) 应用　根据我国《食品安全国家标准　食品添加剂使用标准》(GB 2760—2011)规定,三氯蔗糖用作甜味剂,其使用范围和最大使用量(g/kg):水果干类、煮熟的或油炸的水果为 0.15;冷冻饮品(03.04 食用冰除外)、水果罐头、醋、酱油、酱及酱制品、复合调味料、饮料类(14.01 包装饮用水类除外)、腌渍的蔬菜、八宝粥罐头类、配制酒、焙烤食品为 0.25;调味乳、风味发酵乳为 0.3;香辛料酱(如芥末酱、青芥酱)为 0.4;果冻、果酱为 0.45;发酵酒为 0.65;其他杂粮制品(仅限微波爆米花)为 0.9;调制乳粉和调制奶油粉(包括调味乳粉和调味奶油粉)腐乳类、即食谷物,包括碾轧燕麦(片)为 1.0;蛋黄酱、沙拉酱、浓缩果蔬汁(浆)为 1.25;蜜饯凉果、糖果为 1.5;餐桌甜味料为 0.05g/份;固体饮料按冲调倍数增加使用量;如于果冻粉,按冲调倍数增加。

(4) 制作方法　三氯蔗糖是以蔗糖为原料,用卤素(氯)选择性地取代其一定位置上的羟基而制成。

第二节　食品酸味剂

酸度调味味剂是指在食品中能产生过量氢离子以控制 pH 并产生酸味的一类添加剂。以赋予食品酸味为主要目的,给人爽快的感觉,可增进食欲。一般具有防腐效用,又有助于溶解纤维素及钙、磷等物质,帮助消化,增加营养。凡是在溶液中能够电离出氢离子的酸类,就可以刺激到舌黏膜产生酸味。

酸度调节剂在食品工业主要用于提高酸度、改善食品风味,此外兼有抑菌、护色、缓冲、整合、凝聚、凝胶、发酵等作用。

酸味的刺激阈值一般是用 pH 来表示的,其中无机酸的酸味阈值在 3.4～3.5,有机酸的酸味刺激阈值在 3.7～4.9。大多数食品的 pH 在 5.0～6.5。食品中影响酸味的因素主要有:温度一般对酸味影响较小;酸与甜味有相乘效应,与咸味有消杀效应。

常见的酸味剂主要有无机酸和有机酸,其中无机酸主要是指磷酸;有机酸则主要有柠檬酸、酒石酸、苹果酸、延胡索酸、抗坏血酸、乳酸、葡萄糖酸等。其中食品中用酸味剂半数以上是选用柠檬酸,其次是苹果酸、乳酸、酒石酸、醋酸及磷酸。以下重点介绍几种。

一、柠檬酸

柠檬酸又名枸橼酸,化学名 3-羟基-羧基戊二酸,化学式为 $C_6H_8O_7 \cdot H_2O$,相对分子质量 210.14,结构式如下:

$$\begin{array}{c} CH_2-COOH \\ | \\ HO-C-COOH \cdot H_2O \\ | \\ CH_2-COOH \end{array}$$

柠檬酸

(1)特性　柠檬酸为无色透明结晶,或白色颗粒、白色结晶性粉末,无臭、味极酸,溶于水、乙醇、乙醚,不溶于苯,微溶于氯仿,水溶液显酸性。在潮湿的空气中微有潮解性。它可以无水合物或者一水合物的形式存在:柠檬酸从热水中结晶时,生成无水合物;在冷水中结晶则生成一水合物。加热到78℃时一水合物会分解得到无水合物。在15℃时,柠檬酸也可在无水乙醇中溶解。柠檬酸结晶形态因结晶条件不同而不同,有无水柠檬酸 $C_6H_8O_7$ 也有含结晶水的柠檬酸 $2C_6H_8O_7 \cdot H_2O$、$C_6H_8O_7 \cdot H_2O$ 或 $C_6H_8O_7 \cdot 2H_2O$。

从结构上讲柠檬酸是一种三羧酸类化合物,并因此而与其他羧酸有相似的物理和化学性质。加热至175℃时它会分解产生二氧化碳和水,剩余一些白色晶体。柠檬酸是一种较强的有机酸,有 3 个 H^+ 可以电离;加热可以分解成多种产物,与酸、碱、甘油等发生反应。

(2)毒性　大鼠经口 LD_{50} 为 11.7g/kg 体重,腹腔注射 LD_{50} 为 0.883g/kg 体重,小鼠经口 LD_{50} 为 5.04g/kg～5.79g/kg(体重)。FAO/WHO(1985)规定,ADI 不作限制性规定。

常饮大量含高浓度柠檬酸饮料,可以造成牙齿受腐蚀。

(3)应用　柠檬酸是有机酸中第一大酸,由于其物理性能、化学性能、衍生物的性能等,是广泛应用于食品、医药、日化等行业最重要的有机酸。主要用途如下:①食品工业:主要用于各种饮料、汽水、葡萄酒、糖果、点心、饼干、罐头果汁、乳制品等食品的制造。②用于化工、制药和纺织业:柠檬酸在化学技术上可作化学分析用试剂,用作实验试剂、色谱分析试剂及生化试剂;用作络合剂,掩蔽剂;用以配制缓冲溶液。③用于环保:柠檬酸-柠檬酸钠缓冲液用于烟气脱硫。④用于禽畜生产:在仔猪饲料中添加柠檬酸,可以提早断奶,提高饲料利用率 5%～10%,增加母猪产仔量。在生长育肥猪日粮中添加 1%～2%柠檬酸,可提高日增重,降低料肉比,提高蛋白质消化率,降低背脂厚度,改善肉质和胴体特性。柠檬酸稀土是一种新型高效饲料添加剂。⑤用于化妆品:柠檬酸属于果酸的一种,主要作用是加快角质更新。⑥用于杀菌:柠檬酸与80℃温度联合作用具有良好杀灭细菌芽孢的作用,并可有效杀灭血液透析机管路中污染的细菌芽孢。⑦用于医药:在凝血酶原激活物的形成及以后的凝血过程中,必须有钙离子参加。枸橼酸根离子与钙离子能形成一种难于解离的可溶性络合物,因而降低了血中钙离子浓度,使血液凝固受阻。

根据我国《食品安全国家标准 食品添加剂使用标准》(GB 2760—2011)规定,柠檬酸作为酸度调节剂,可在各类食品中按生产需要适量使用。柠檬酸的钠盐、钾盐也可作为酸度调节剂。

(4) 制作方法 工业化的生产方法是发酵法,又分为表面发酵,固态发酵和液态深层发酵法;提取工艺主要有钙盐法、萃取法、离子交换法、电渗析法、直接结晶法等。目前国内主要采用的发酵和提取工艺是液态深层发酵法和钙盐法提取工艺,钙盐法工艺流程见图4-6。

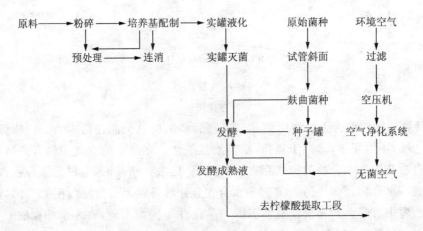

图 4-6　钙盐法提取柠檬酸工艺流程

二、乳酸

乳酸,化学名称为2-羟丙酸、α-羟基丙酸或者丙醇酸,一般有3种异构体,分别是 DL-型、D-型、L-型。常存在于乳酸饮料、腌制品、果酒和酱油中,具有特异的收敛性酸味。乳酸具有较强的杀菌作用,能防止杂菌的生长,抑制异常发酵的作用。其化学式 $C_3H_6O_3$,相对分子质量90.08,分子结构如下:

$$
\begin{array}{c}
H \\
| \\
H_3C-C-COOH \\
| \\
OH
\end{array}
$$

乳酸

(1) 特性 纯品乳酸为无色液体,工业品为无色到浅黄色液体;无气味,具有吸湿性,相对密度 1.2060(25/4℃);熔点 18℃,沸点 122℃(2kPa),折射率 $n_D(20℃)1.4392$;能与水、乙醇、甘油混溶,不溶于氯仿、二硫化碳和石油醚;在常压下加热分解,浓缩至50%时,部分变成乳酸酐,因此产品中常含有 10%～15% 的乳酸酐。

(2) 毒性　大鼠经口 LD_{50} 为 3.73g/kg(体重)。ADI 无限制性规定。

(3) 应用　根据我国《食品安全国家标准　食品添加剂使用标准》(GB 2760—2011)规定,乳酸可以作为酸度调节剂,可以在各类食品中按照生产需要适量添加使用。它在食品工业的主要用途如下。

① 乳酸作为酸度调节剂可以在果酒、饮料、肉类、食品、糕点制作、蔬菜(橄榄、小黄瓜、珍珠洋葱等)腌制以及罐头加工、粮食加工、水果的贮藏中,具有调节 pH、抑菌、延长保质期、调味、保持食品色泽、提高产品质量等作用。② 调味料方面,乳酸独特的酸味可增加食物的美味,在色拉、酱油、醋等调味品中加入一定量的乳酸,可保持产品中的微生物的稳定性、安全性,同时使口味更加温和;③ 乳酸的酸味温和适中,可作为精心调配的软饮料和果汁的首选酸味剂。④ 在酿造啤酒时,加入适量乳酸既能调整 pH 促进糖化,有利于酵母发酵,提高啤酒质量,又能增加啤酒风味,延长保质期。在白酒、清酒和果酒中用于调节 pH,防止杂菌生长,增强酸味和清爽口感;⑤ 天然乳酸是乳制品中的天然固有成分,它有着乳制品的口味和良好的抗微生物作用,已广泛用于调配型酸奶奶酪、冰淇淋等食品中,成为倍受青睐的乳制品酸味剂;⑥ 乳酸粉末是用于生产荞头的直接酸味调节剂。乳酸是一种天然发酵酸,因此可令面包具有独特口味;乳酸作为天然的酸味调节剂,在面包、蛋糕、饼干等焙烤食品中用于调味和抑菌作用,并能改进食品的品质,保持色泽,延长保质期。⑦ 缓冲型乳酸可应用于硬糖,水果糖及其他糖果产品中,酸味适中且糖转化率低。乳酸粉可用于各类糖果的上粉,作为粉状的酸味剂。

(4) 制作方法　常见的制备方法有发酵法(淀粉水解糖产生乳酸工艺,淀粉糖化、发酵工艺,淀粉糖化与发酵并行工艺),化学合成法(乙醛—氢氰酸法、丙酸合成法、乙醛-CO 法)。目前应用比较多的工艺是淀粉糖化与发酵并行法,这是由于乳酸发酵温度(50℃)接近于糖化酶的最适作用温度(55℃～60℃),所以可以将糖化与发酵同时进行,其优点是可以简化工艺流程、减少设备投资。因为工艺流程一体化,发酵工艺染菌污染机会极少。其工艺流程如图 4-7 所示。

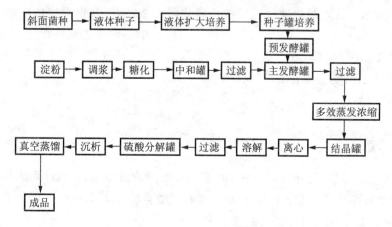

图 4-7　淀粉糖化、发酵并行法制乳酸工艺流程

三、乙酸

乙酸又称醋酸,广泛存在于自然界,它是一种有机化合物,是典型的脂肪酸。被公认为食醋内酸味及刺激性气味的来源。在家庭中,乙酸稀溶液常被用作除垢剂。食品工业方面,乙酸是规定的一种酸度调节剂。分子中含有两个碳原子的饱和羧酸。化学式 CH_3COOH。相对分子质量为 60.05,分子结构如下:

乙酸

(1) 特性 乙酸在常温下是一种有强烈刺激性酸味的无色液体。乙酸的熔点为 16.5℃ (289.6K),沸点 118.1℃(391.2K),相对密度 1.05,闪点 39℃,爆炸极限 4%～17%(体积分数)。纯的乙酸在低于熔点时会冻结成冰状晶体,所以无水乙酸又称为冰醋酸。乙酸易溶于水和乙醇,其水溶液呈弱酸性。乙酸盐也易溶于水。乙酸是一种简单的羧酸,是一个重要的化学试剂。乙酸也被用来制造电影胶片所需要的醋酸纤维素和木材用胶黏剂中的聚乙酸乙烯酯,以及很多合成纤维和织物。

(2) 毒性 小鼠经口 LD_{50} 为 4.96g/kg(体重)。FAO/WHO(1985)规定,ADI 无限制性规定。大量服用醋酸能使人中毒。据报道,每日服用 1g 醋酸无不良作用,长期大量食用可以导致肝硬变。浓醋酸对皮肤有刺激和灼烧作用。

(3) 应用 按照我国《食品安全国家标准 食品添加剂使用标准》(GB 2760—2011),醋酸作为酸度调节剂,可以在各类食品中按生产需要适量使用。

常用于番茄调味酱、蛋黄酱、醉米糖酱、泡菜、干酪、糖食制品等。使用时适当稀释,还可用于制作番茄、芦笋、婴儿食品、沙丁鱼、鱿鱼等罐头,还有酸黄瓜、肉汤羹、冷饮、酸法干酪用于食品香料时,需稀释,可制作软饮料、冷饮、糖果、焙烤食品、布丁类、胶媒糖、调味品等。作为酸味剂,可用于调饮料、罐头等。

(4) 制作方法 乙酸可以通过发酵法或者化学合成法获得,但发酵法所制得的乙酸占乙酸生产总量的比例极小。合成方法按照所用的原料的不同有乙醛氧化法、甲醇羰基合成法、烷烃液相氧化法、轻汽油或石脑油液相氧化法、合成气托普索法制乙酸等。其中乙醛氧化法是我国生产乙酸的主要方法,其反应式如下:

$$乙醛 + 氧气 \xrightarrow[(钴、镍、乙酸锰等)]{催化剂} 乙酸$$

四、苹果酸

苹果酸又名 2-羟基丁二酸,由于分子中有一个不对称碳原子,有两种立体异构体。大自然中,以三种形式存在,即 D-苹果酸、L-苹果酸和其混合物,DL-苹果酸。化学式为 $C_4H_6O_5$,相对分子质量为 134.09。分子结构式如下:

$$HOOC—\overset{\displaystyle HO}{\underset{\displaystyle H}{C}}—CH_2—COOH \qquad HOOC—\overset{\displaystyle H}{\underset{\displaystyle HO}{C}}—CH_2—COOH$$

L-苹果酸   D-苹果酸

（1）特性　D-苹果酸：密度1.595，熔点101℃，分解点140℃，比旋光度＋2.92°，溶于水、甲醇、乙醇、丙酮；L-苹果酸：密度1.595，熔点100℃，分解点140℃，比旋光度－2.3°（8.5g/100mL水），易溶于水、甲醇、丙酮、二噁烷，不溶于苯。等量的左旋体和右旋体混合得外消旋体，密度1.601，熔点131℃～132℃，分解点150℃，溶于水、甲醇、乙醇、二噁烷、丙酮，不溶于苯。最常见的是左旋体L-苹果酸，存在于不成熟的的山楂、苹果和葡萄果实的浆汁中。

（2）毒性　大鼠经口（1％水溶液）LD_{50}为1600mg/kg～3200mg/kg。FAO/WHO（1994）中规定，ADI无需规定。

（3）应用　L-苹果酸是生物体三羧酸的循环中间体，口感接近天然果汁并具有天然香味，与柠檬酸相比，产生的热量更低，口味更好，因此广泛应用于酒类、饮料、果酱、口香糖等多种食品中，并有逐渐替代柠檬酸的势头，是目前世界食品工业中用量最大和发展前景较好的有机酸之一。按照我国《食品安全国家标准　食品添加剂使用标准》（GB 2760—2011），苹果酸作为酸度调节剂，可以在各类食品中按生产需要适量使用。

（4）制作方法　苹果酸的生产方法有化学合成法、提取法及直接发酵法和酶转化法，目前工业生产中比较普遍采用的仍然是化学合成法。生物合成法生产L-苹果酸的工艺主要有三种：一步是采用葡萄糖类物质为原料通过霉菌直接发酵产生苹果酸；二步发酵法是用糖类物质为原料，由根霉发酵成富马酸或者是富马酸与苹果酸的混合物，再由酵母等菌类转化成苹果酸；酶转化法是用富马酸或马来酸为原料转化成苹果酸。化学合成法是目前苹果酸最合理的生产方法，根据原料的不同可以分为两种。一种是苯催化氧化法，另一种方法是糠醛氧化法，工艺流程分别见图4-8和图4-9。

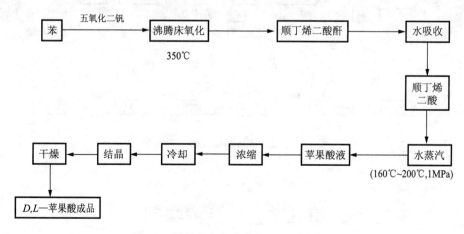

图4-8　苯催化氧化合成苹果酸工艺流程

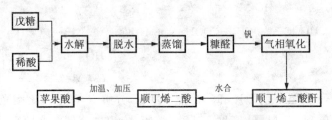

图 4-9 糠醛氧化法合成苹果酸工艺流程

五、磷酸

磷酸,又名正磷酸,化学式为 H_3PO_4,相对分子质量为 98.00。

(1) 特性　纯净的磷酸是无色晶体,熔点 42.3℃,高沸点酸,易溶于水。

(2) 毒性　大鼠经口 LD_{50} 为 1530mg/kg。FAO/WHO(1994)规定,ADI 为 70mg/kg(以总磷计)。磷酸能够参与机体正常代谢,磷最终可以由肾及肠道排出。

(3) 应用　根据我国《食品安全国家标准　食品添加剂使用标准》(GB 2760—2011)规定,磷酸作为酸度调节剂,其使用范围十分广泛,主要为乳及乳制品、冷冻饮品、蔬菜罐头、可可制品、巧克力和巧克力制品(包括代可可脂巧克力及制品)以及糖果、米粉(包括汤圆粉)、小麦粉及其制品、方便米面制品、焙烤食品、预制肉制品、熟肉制品、冷冻鱼糜制品(包括鱼丸等)、预制水产品(半成品)、水产品罐头、调味糖浆、复合调味料、婴幼儿配方食品、饮料类(14.01 包装饮用水类除外)、果冻、膨化食品等。

磷酸除用作酸度调节剂外,还可用作稳定剂、螯合剂和水分保持剂等。

(4) 制作方法　磷酸的制法一般有提取法和热处理法两种。食用级磷酸是用工业磷酸精制而成。提取法和热处理法工艺分别如图 4-10 和图 4-11 所示。

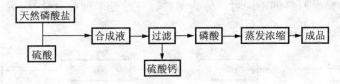

图 4-10　提取法制作磷酸工艺流程

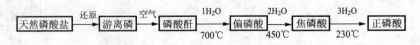

图 4-11　热处理法制作磷酸工艺流程

第三节　食品鲜味剂

鲜味剂亦称为增味剂或者风味增强剂,它能使食品呈现鲜味,从而增强食品的风味,提高了人的强烈食欲。味是一种综合的感觉,它一般与色、香、形一起构成了食物的风味。而味是其中最重要的项目。具有鲜味的物质主要有:氨基酸、核苷酸、有机酸、肽、酰胺等。目前使用较多的有:L-谷氨酸一钠、$5'$-肌苷酸二钠和 $5'$-鸟苷酸二钠等。

鲜味剂和其他食品添加剂一样,在食品加工中多以复配的方式使用。复合调味品的最大特点是在科学的调味理论指导下将各种基础调味剂,按照一定的配比进行调配制作,从而得到满足不同调味需要的调味品。

食品鲜味剂是本身具有鲜味并能补充和增强食品原有风味的物质,因此,作为食品鲜味剂要具备以下三种特性。

(1) 本身具有鲜味,而且呈味阈值比较低,即在较低的浓度时也可以刺激感官而显示出鲜美的味道;不同的鲜味剂有不同的呈味阈值,例如谷氨酸钠的呈味阈值为 0.012g/100mL,天门冬氨酸钠为 0.10g/100mL。

(2) 对食品原有的味道没有影响,即食品增味剂的添加不会影响酸、甜、苦、咸等基本味对感官的刺激效果。

(3) 能够补充和增强食品原有的风味,能给予一种令人满意的鲜美味道。

能增强食品风味的食品添加剂,按化学性质主要分为两类。

① 氨基酸类:除具有鲜味外还有酸味,如 L-谷氨酸,适当中和成钠盐后酸味消灭,鲜味增加,实际使用时多为 L-谷氨酸一钠,简称谷氨酸钠,俗称味精。它在 pH 为 3.2(等电点)时鲜味最低,pH 为 6 时鲜味最高,pH＞7 时因形成谷氨酸二钠而鲜味消失。此外,谷氨酸或谷氨酸钠水溶液经高温(＞120℃)长时间加热,分子内脱水,生成焦谷氨酸,失去鲜味。食盐与味精共存可增强鲜味。目前谷氨酸钠(味精)在中国用作调味品,但其他各国则多列为食品添加剂。

② 核苷酸类:20 世纪 60 年代后所发展起来的鲜味剂。主要有 $5'$-次黄嘌呤核苷酸(肌苷酸,$5'$-IMP)和 $5'$-鸟嘌呤核苷酸(鸟苷酸,$5'$-GMP),实际使用时多为它们的二钠盐。鲜味比味精强。$5'$-GMP 的鲜味比 $5'$-IMP 更强。若在普通味精中加 5% 左右的 $5'$-IMP 或 $5'$-GMP,其鲜味比普通味精强几倍到十几倍,这种味精称为强力味精或特鲜味精。

此外,还有一类有机酸,如琥珀酸及其钠盐,是贝类鲜味的主要成分。酿造食品如酱、酱油、黄酒等的鲜味与其存在有关。

一、氨基酸类增味剂

化学组成为氨基酸及其盐类的食品增味剂统称为氨基酸类增味剂。这类鲜味剂主要有 L-谷氨酸钠(MSG)、L-丙氨酸(L-Ala)、甘氨酸(Gly)、天门冬氨酸(Asp)及蛋氨酸(Met)等。它们均属脂肪族化合物,呈味基团是分子两端带负电荷的基团,如 $-COOH$、$-SO_3H$、$-SH$、$-C=O$ 等,而且分子中带有亲水性的辅助基团,如 α-NH、$-OH$、$C=C$ 等,例如谷氨酸、组氨酸、天冬氨酸和肽类。呈现鲜味的代表物质是 L-谷氨酸钠(MSG),它是目前世界上生产最多、用量最大的一类食品增味剂。化学式为 $C_5H_8NNaO_4 \cdot H_2O$,相对分子质量 187.13。结构式如下:

$$HOOC-CH-CH_2-CH_2-COONa \cdot H_2O$$
$$|$$
$$NH_2$$

谷氨酸钠

（1）特性　谷氨酸钠具有强烈的肉类鲜味，特别是在微酸性溶液中味道更鲜；其鲜味阈值为 0.014％。谷氨酸钠的呈味能力与离解度有关，当 pH 为 3.22（谷氨酸的等电点）时，呈味能力最低；pH 介于 6～7 时由于它几乎全部电离，鲜味最高；当 pH 大于 7 时，由于形成二钠盐，因而鲜味消失。谷氨酸钠在酸性和碱性条件下呈味能力降低，是由于 $\alpha\text{-}NH_3^+$ 和 $-COO^-$ 两基团之间因静电吸引形成的五元环状结构被破坏，具体来说，在酸性条件下氨基酸的羧基变为 $-COOH$；在碱性条件下氨基酸的氨基变为 $-NH_2$，它们都使氨基与羧基之间的静电引力减弱，五元环状结构被破坏，因而鲜味呈现力下降直至消失。

谷氨酸钠与 $5'$-肌苷酸二钠或 $5'$-鸟苷酸二钠合用，可以显著增强其呈味作用，并以此生产"强力味精"等。谷氨酸钠与 $5'$-肌苷酸二钠按照 1∶1 混合时的鲜味强度可以高达谷氨酸钠的 16 倍。

（2）毒性　大鼠经口 LD_{50} 为 17000mg/kg。美国食品与药物管理局将谷氨酸钠列为一般公认安全物质。FAO/WHO（1994）规定，ADI 无需规定。

1987 年 2 月 16 日至 25 日，在荷兰海牙的联合国粮农组织和世界卫生组织食品添加剂专家联合委员会第 19 次会议上，根据对味精各种毒理性实验的综合评价结果作出了结论，即味精作为风味增强剂，食用是安全的，宣布取消对味精的食用限量，确认了味精是一种安全可靠的食品添加剂。就营养价值而言，味精是谷氨酸的单钠盐，谷氨酸是构成蛋白质的氨基酸之一，是人体和动物的重要营养物质，具有特殊的生理作用。

（3）应用　根据我国《食品安全国家标准　食品添加剂使用标准》（GB 2760—2011）规定：谷氨酸钠可以在各类食品中按照生产需要适量添加。在食品行业主要用途是作为鲜味剂添加。

（4）制作方法　谷氨酸的制法有蛋白质水解法、化学合成法和发酵法。其中以发酵法为主。谷氨酸钠是由发酵所得 L-谷氨酸，然后经碳酸钠中和精制而成。目前国内普遍采用的工艺见图 4-12。

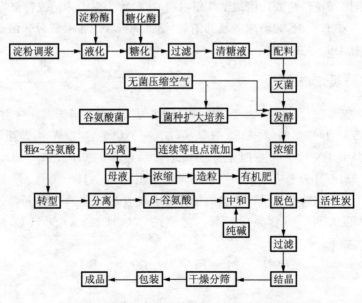

图 4-12　目前国内常见的谷氨酸钠制备工艺流程

二、核苷酸类鲜味剂

核苷酸类鲜味剂以肌苷酸为代表,它们均属于芳香杂环化合物,结构类似,都是酸性离子型有机物,呈味基团是亲水的核糖-5-磷酸酯,辅助基团是芳香杂环上的疏水取代基。有鲜味的核苷酸的机构特点是:嘌呤核第 6 位碳上有羟基;核糖第 5′ 位碳上要有磷酸酯。

1. 5′-鸟苷酸二钠

5′-鸟苷酸二钠又名 5′-鸟苷酸钠、鸟苷-5′-磷酸钠、鸟苷酸二钠,简称 GMP,化学式为 $C_{10}H_{12}N_2Na_2O_8P \cdot 7H_2O$,相对分子质量为 533.26。

(1) 特性　无色至白色结晶,或白色结晶性粉末,不吸湿,溶于水,水溶液稳定。在酸性溶液中,高温时易分解,可被磷酸酶分解破坏,所以不宜用于生鲜食品。稍溶于乙醇,几乎不溶于乙醚。

(2) 毒性　大鼠经口 LD_{50} 大于 10000mg/kg。美国食品与药物管理局将其列为一般公认安全物质。FAO/WHO(1994)规定,ADI 无需规定。

1993 年 JECFA 再次评价时,除提出 5′-鸟苷酸二钠和 5′-肌苷酸二钠无致癌、致畸性,对繁殖无危害外,还认为人们从增味剂接触嘌呤(每人每天约 4g)比在膳食中摄取天然存在的核苷酸(估计每人每天可达 2g)中的要低,既无需规定 ADI,也撤消以前提出添加这些物质应标明的规定。

(3) 应用　根据我国《食品安全国家标准　食品添加剂使用标准》(GB 2760—2011)中规定:5′-鸟苷酸二钠可以在各类食品中按照生产需要适量添加。

本品通常很少单独使用,而多与谷氨酸钠(味精)等并用。混合使用时,其用量约为味精总量的 1‰~5‰,酱油、食醋、肉、鱼制品、速溶汤粉、速煮面条及罐头食品等均可添加,其用量约为 0.01g/kg~0.11g/kg。也可与赖氨酸盐等混合后,添加于蒸煮米饭、速煮面条、快餐中,用量约 0.5g/kg。关于本品与谷氨酸钠等的配合使用,详见谷氨酸钠。

(4) 制作方法　目前 5′-鸟苷酸二钠的制备方法主要有两种:一种是由酵母所得核酸分解所得;另一种方法是发酵法制得。其中核酸分解法和核酸酶解法最为普遍。工艺流程分别见图 4-13 和图 4-14。

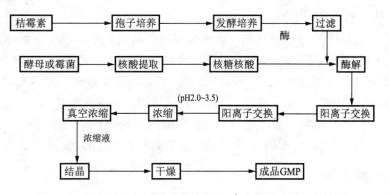

图 4-13　核糖核酸(RNA)酶解法制取 5′-鸟苷酸二钠工艺流程

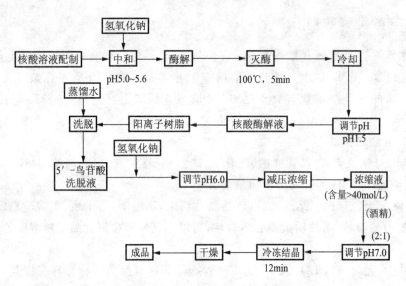

图 4-14 核酸酶解法制取 5′-鸟苷酸二钠工艺流程

2. 5′-肌苷酸二钠

5′-肌苷酸二钠又名肌苷酸钠,简称 IMP,化学式为 $C_{10}H_{11}N_4Na_2O_8P \cdot 5H_2O$,相对分子质量 527.20。

(1) 特性　无色至白色结晶,或白色结晶性粉末,含约 7.5 分子结晶水,不吸湿,40℃开始失去结晶水,120℃以上成无水物。味鲜,鲜味阈值为 0.025g/100mL,鲜味强度低于鸟苷酸钠,但两者并用有显著的协同作用。当二者以 1∶1 混合时,鲜味阈值可降至 0.0063%。与 0.8% 谷氨酸钠并用,其鲜味阈值更进一步降至 0.000031%。溶于水,水溶液稳定,呈中性。在酸性溶液中加热易分解,失去呈味力。亦可被磷酸酶分解破坏。微溶于乙醇,几乎不溶于乙醚。

(2) 毒性　大鼠经口 LD_{50} 大于 15900mg/kg。美国食品与药物管理局将其列为一般公认安全物质。FAO/WHO(1994)规定,ADI 无需规定。

(3) 应用　根据我国《食品安全国家标准　食品添加剂使用标准》(GB 2760—2011)中规定:5′-肌苷酸二钠可以在各类食品中按生产需要适量使用。5′-肌苷酸二钠很少单独使用,一般多与味精和 GMP 混合使用。

(4) 制作方法　IMP 的制备方法有核酸酶解和提取法。提取法是用新鲜鱼做原料,经过萃取、真空浓缩、精制、干燥而成,因为收率低和成本高失去了工业化的意义。目前采用较多的是核酸酶解法。酶解过程与 5′-鸟苷酸二钠相同,经过酶解的核酸液中含有四种核苷酸,5′-鸟苷酸、5′-肌苷酸、5′-尿苷酸、5′-胞苷酸。经过阳离子交换树脂分离、洗脱收集到 5′-腺嘌呤(AMP),经过脱氨酶作用能定量地去除腺苷酸结构组织中的嘌呤碱基上的氨基,成为粗 5′-肌苷酸。欲得到高纯度的 5′-肌苷酸二钠还必须进行分离、成盐、结晶等精制步骤。

三、其他鲜味剂

1. 琥珀酸二钠

琥珀酸二钠又称丁二酸二钠,化学式为 $C_4H_4N_2Na_2O_4 \cdot nH_2O(n=6$ 或 $0)$,分为无水和

六水,相对分子质量270.14(六水物)或162.05(无水物)。分子结构式如下:

$$CH_2—COONa$$
$$|$$
$$CH_2—COONa$$

丁二酸二钠

(1)特性 六水物为结晶颗粒,无水物为结晶性粉末,无色至白色,无臭、无酸味、有特殊鲜味,味觉阈值0.03%,在空气中稳定,易溶于水(20℃35g/100mL),不溶于乙醇。六水物于120℃时失去结晶水而成无水物。

(2)毒性 小鼠经口LD_{50}大于10000mg/kg。

(3)应用 根据我国《食品安全国家标准 食品添加剂使用标准》(GB 2760—2011)规定,琥珀酸二钠可以用于调味品,最大用量为20g/kg。

实际生产中,常用于调味料、复合调味料、酱油、水产制品、调味粉、香肠制品、鱼干制品等,用量为0.01%～0.05%,用于方便面、方便食品的调味料中,具有增鲜及特殊风味,用量为0.5%左右。

(4)制作方法 先制得琥珀酸,在以定量的氢氧化钠或碳酸钠溶液中和琥珀酸,可以制得琥珀酸一钠或者二钠盐,将琥珀酸盐溶液浓缩,在120℃下干燥,粉碎、筛分即可制得产品。琥珀酸的制备方法有合成和发酵法,常见的是合成法:石蜡氧化法、加氢法和羰基合成法三种。

2. L-丙氨酸

L-丙氨酸化学式为$C_3H_7NO_2$,相对分子质量89.09。

(1)特性 白色无臭结晶性粉末。有特殊甜味,甜度约为蔗糖的70%。200℃以上开始升华,熔点297℃(分解)。化学性能稳定。易溶于水(17%,25℃),微溶解于乙醇(0.2%/80%冷酒精),不溶于乙醚。5%水溶液的pH5.5～7.0。天然品存在于羊毛、绢丝等中。

(2)毒性 小鼠经口LD_{50}大于10000mg/kg。美国食品与药物管理局将L-丙氨酸列为一般公认安全物质。

(3)应用 根据我国《食品安全国家标准 食品添加剂使用标准》(GB 2760—2011)规定,L-丙氨酸可以在调味品中按生产实际需要添加使用。

在食品中它的主要用途有:可提高食品的营养价值,在各类食品及饮料中,如面包、冰糕点、果茶、奶制品、碳酸饮料、冰糕等,加入0.1%～1%的丙氨酸可明显提高食品及饮料中的蛋白质利用率,并且由于丙氨酸具有能被细胞直接吸收的特点,因此,饮用后能迅速恢复疲劳,振奋精神;改善人工合成甜味剂的味感,可使甜度增效,减少用量。在复配甜味剂中加入1%～10%的丙氨酸,能提高甜度、甜味柔和,如同天然甜味剂,并可改善后味。

(4)制作方法 L-丙氨酸是以富马酸为原料,经过L-天冬氨酸酶转化为L-天冬门氨酸,再经L-天冬氨酸-β-脱羧酶作用,转化成L-丙氨酸,分离、纯化制得。

3. 水解植物蛋白

水解植物蛋白液是植物性蛋白质在酸、碱或酶的催化作用下,水解后的产物。产物构成成分主要是氨基酸,故又称氨基酸液。这些产物既具有可食用的营养保健成分,还可以用做食品调味料和风味增强剂。在国内过去曾称"味液"。国际上特别是欧美,又将植物蛋白水解液及其产品称为"HVP"。

（1）特性　水解植物蛋白为淡黄色至黄褐色液体或糊状、粉状、颗粒状物质。不同水解植物蛋白的鲜味与鲜度不用，组分也不一样。表 4-4 为常见的植物水解蛋白液氨基酸组成。

表 4-4　常见的植物水解蛋白液氨基酸组成

氨基酸名称	大豆蛋白水解产品	小麦蛋白水解产品	玉米蛋白水解产品
赖氨酸	8.62	1.98	1.81
组氨酸	2.89	1.73	2.59
精氨酸	7.05	2.97	4.40
苏氨酸	4.06	2.48	3.57
丝氨酸	5.39	3.96	5.70
谷氨酸	11.83	15.84	11.93
脯氨酸	5.02	2.23	2.85
甘氨酸	5.02	2.33	7.78
缬氨酸	4.75	3.96	2.07
蛋氨酸	0.48	1.98	2.59
异亮氨酸	3.08	7.76	9.08
亮氨酸	3.87	3.47	4.15
酪氨酸	0.32	1.00	3.89
苯丙氨酸	3.45	4.46	5.70
天冬氨酸	13.17	3.96	7.77

植物水解蛋白液作为天然氨基酸调味料，在食品业应用广泛，尤其在调味料行业，如烹调、方便面、酱油等，和其他调味料一起形成各种独特的风味。

（2）制作方法　常见的方法主要有蛋白的酸水解和酶水解。工艺流程分别见图 4-15 和图 4-16。

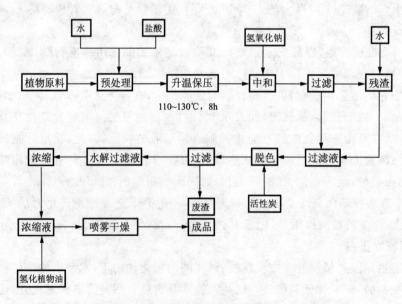

图 4-15　酸法水解生产植物水解蛋白工艺流程

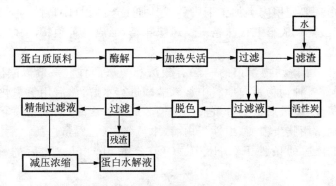

图 4-16　酶法水解生产植物水解蛋白工艺流程

酸法水解是一种高效水解蛋白质的方法,但是工艺难以控制,活性肽含量也偏低,而且此法制成的 HVP 含有微量的一氯丙醇(MCP)、二氯丙醇(DCP)等有害物质,而且盐分含量较高,所以逐渐有被酶法替代的趋势。

4.水解动物蛋白

水解动物蛋白粉是动物性蛋白质在酸水解后的产物。其构成成分主要是盐分(加工助剂盐酸和液碱中和的产物)、氨基酸。国际上又将动物蛋白及其产品称为"HAP",一般来说,水解动物蛋白 HAP 较水解植物蛋白 HVP 的氨基酸含量要高。

(1)特性　水解动物蛋白为淡黄色液体或糊状、粉状、颗粒状物质,含有多种氨基酸,具有动物性食品的基料。HAP 除了保留原料的营养成分外,还由于蛋白质被水解为肽及游离的 L-型氨基酸,易溶于水,利于人体消化吸收,原有风味更加突出。制品中的氨基酸组成,因所用原料的不同而异,常见的水解动物蛋白氨基酸组成见表 4-5。

表 4-5　常见的动物水解蛋白液氨基酸组成　　　　　　　　　　　　　%

氨基酸名称	明胶水解产品	干酪素水解产品	鱼粉水解产品
赖氨酸	3.85	6.80	6.69
组氨酸	0.61	2.77	2.12
精氨酸	7.63	3.15	4.74
羟基赖氨酸	0.96	0	0
羟基脯氨酸	10.24	0	0
苏氨酸	1.90	4.03	5.42
丝氨酸	2.92	5.54	5.70
谷氨酸	10.51	21.55	14.42
脯氨酸	14.92	12.35	4.56
甘氨酸	21.15	1.89	10.17
缬氨酸	2.05	5.92	2.98
蛋氨酸	0.84	2.77	4.43
异亮氨酸	1.38	4.53	2.21
亮氨酸	3.36	9.08	6.60
酪氨酸	0.31	5.41	3.30
苯丙氨酸	2.01	4.78	2.67
天冬氨酸	5.80	6.42	18.63

水解动物蛋白一般使用肉类加工下脚料或其加工产品。HAP 作为天然氨基酸调味料，与味精、呈味核苷酸复配成第三代味精——风味味精，形成各种独特的风味。不同水解动物蛋白的鲜味与鲜度不同。

（2）制作方法　水解动物蛋白的制法有酸法和酶法两种。一般以酸法为主，通常在明胶、干酪素和鱼粉等各种动物蛋白原料中加入盐酸进行水解，然后用氢氧化钠中和，经过滤、脱色、脱臭、过滤等步骤，最后得到分解液经浓缩制成浆状成品，或采用喷雾干燥制成粉状成品。酶法水解则通常用胰蛋白酶、中性蛋白酶、木瓜蛋白酶、胃蛋白酶。酶法水解时，按照一定的固液比例，在合适的条件下（pH8.0、40℃）分解 5h～6h。之后的精制技术和 HVP 相同。

第四节　食品咸味剂

咸味剂是使食品能呈现咸味的物质。咸味在食品调味中颇为重要，它能改善食品的风味，刺激人们的食欲，与某些其他滋味有协同效应。表 4-6 是不同离子对咸味和苦味的影响。

表 4-6　不同阴阳离子对咸、苦味的影响

离子	Cl^-	SO_4^{2-}	NO_3^-	Na^+	K^+	NH_4^+	Ca^{2+}	Mg^{2+}
味觉影响	强咸	咸苦	咸苦	微苦	弱苦	弱苦	苦涩	强苦

由上表可以看出：食盐 NaCl 的咸味是由离解后的 Cl^- 显示的，Na^+ 只赋予微苦的副味。

可以作为咸味剂的物质主要是氯化钠。氯化钾、苹果酸和葡萄糖酸钠也用作某些特殊食品的咸味剂。

1. 氯化钠

氯化钠俗称食盐，化学式 NaCl，相对分子质量 58.5。

食盐基本成分都是氯化钠。人类使用食盐的历史，已很难查考，但以 NaCl 作为唯一的咸味剂，则古今中外均是如此，它也是人类使用的第一种化学调味剂。也是人类生存不可或缺的重要营养素。食盐（NaCl）的稀水溶液（0.02mol/L～0.03mol/L）有甜味，较浓（0.05mol/L 以上）时则显纯咸味或咸苦味。最适口的咸味浓度 0.8%～1.0%。过高或过低都使人感到不适。需要指出：在如此众多的咸味物质中，唯有食盐是最完美纯正的咸味剂，不仅仅因为是它的口味，而是由于它在人体生理平衡（特别是体液平衡）中的重要作用所决定的。

（1）特性　无色立方结晶或白色结晶。易溶于水、溶解度为 35.7g/100mL（25℃）甘油，微溶于乙醇、液氨。不溶于盐酸。在空气中微有潮解性。熔点 800.7℃。沸点 1465℃，冰点低于−20℃。水溶液呈现中性，5%的水溶液的 pH 为 5.5～8.5。饱和氯化钠水溶液的相对密度为 1.202g/cm³（20℃）。

（2）毒性　大鼠经口 LD_{50} 为 5.25mg/kg（体重），无毒。

（3）应用　我国《食品安全国家标准　食品添加剂使用标准》（GB 2760—2011）中还未将咸味剂氯化钠等列入。氯化钠主要作为咸味剂广泛用于各类食品中。在酱油中添加量为

18％～20％,普通汤汁中添加量 0.8％～1.2％。

(4) 制作方法　多采用以海水为原料,经蒸汽加温,砂滤器过滤,用离子交换膜电渗析法进行浓缩,得到盐水(含氯化钠 160g/L～180g/L)经蒸发析出盐卤石膏,离心分离,制得的氯化钠 95％以上(水分 2％),再经干燥可制得食盐。还可用岩盐、盐湖盐水为原料,经日晒干燥,制得原盐。用地下盐水和井盐为原料时,通过三效或四效蒸发浓缩,析出结晶,离心分离制得。

2. 氯化钾

氯化钾化学式 KCl,相对分子质量 74.55。

(1) 特性　无色细长菱形或立方晶体,或白色结晶小颗粒粉末,外观如同食盐;无臭、味咸;易溶于水,溶解度为 34.7g/100mL(20℃),溶于甘油,微溶于乙醇;相对密度 1.987,熔点773℃,于 1500℃升华。15℃时的饱和水溶液相对密度 1.172,pH 中性。氯化钾在空气中稳定。咸味纯正,可以作为代盐剂。

(2) 毒性　小鼠腹腔注射 LD_{50} 为 0.552mg/kg(体重),ADI 未做规定。

(3) 应用　可以代替氯化钠作为食盐使用,又称为低钠盐或是无钠盐。按照我国《食品安全国家标准　食品添加剂使用标准》(GB 2760—2011)规定,氯化钾用作其他类食品添加剂,其使用范围和最大用量:作为盐及代盐制品为 350g/kg;其他饮用水(自然来源饮用水除外)按生产需要适量使用。

第五节　苦　味　剂

日本学者认为:苦味是危险性食物的信息。这种说法不无道理,因为凡是过于苦的食物,人们都有一种拒食的心理。但由于长期的生活习惯和心理作用的影响,人们对某些带有苦味的食物,例如茶叶、咖啡、啤酒,甚至有苦味的蔬菜如苦瓜等,却又有特别的偏爱,从而吃这些食物,成了一种嗜好,倘若不苦便失去了风味。

苦味并不令人可口,但是在调味中却有着重要作用。苦味的调配得当可以丰富和改善食品的风味。食用苦味有恢复味觉的功能。在“酸、甜、苦、咸”四味中,苦味是最容易被感知的。所以苦味物质的味觉阈值较酸、碱、盐的要低得多。

苦味物质广泛的存在于植物性食物中,食物原料中所含的天然苦味物质,从植物来源的有生物碱和糖苷两大类,动物来源的主要是胆汁。从化学结构看,一般苦味物质都含有 $-NO_2$,$N\equiv$,$-SH$,$-S-$,$-S-S-$,$>C=S$,$-SO_3H$ 等基团。另外无机盐类中的 Ca^{2+},Mg^{2+},NH_4^+ 等阳离子也有一定程度的苦味。在苦味物质中,必定有分子内氢键存在,即分子中存在氢原子授予基和氢原子接受基,且两基之间相距 1.5nm 以内。形成分子内氢键,使整个分子的疏水性增强,从而产生苦味。

国外批准使用的常用苦味剂有:咖啡因、可可碱、啤酒花的提取物及改性物、柚皮苷等。我国批准工业化生产的苦味剂仅咖啡因一种。

1. 咖啡因

咖啡因(Caffeine)又称咖啡碱,学名 1,3,7-三甲基黄嘌呤或 3,7-二氢-1,3,7 三甲基-1H-

嘌呤-2,6-二酮。化学式 $C_8H_{10}N_4O_2$，相对分子质量 194.19，分子结构式如下：

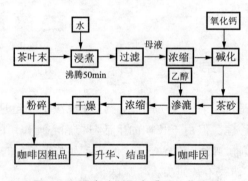

咖啡因

（1）特性　咖啡因是白色粉末或六角棱柱状结晶，熔点 238℃，178℃升华。1g 可溶于 46mL 水、5.5mL 80℃的水、1.5mL 沸水、66mL 乙醇、22mL60℃的乙醇、50mL 丙酮及 5.5mL氯仿等。

（2）毒性　雄小鼠经口 LD_{50} 为 0.127g/kg 体重，雄大鼠经口 LD_{50} 为 0.3559g/kg（体重）。美国食品与药物管理局将咖啡因列为一般公认安全物质。

（3）应用　咖啡因既可做苦味剂，也可以做兴奋剂，对大脑皮层具有选择性兴奋作用。按照我国《食品安全国家标准　食品添加剂使用标准》(GB 2760—2011)规定，咖啡因用作其他类食品添加剂，可用于可乐型碳酸饮料的添加剂，最大使用量为 0.15g/kg。

（4）制作方法　咖啡因可从茶叶等其含量较高的植物中提取，但目前主要是通过化学合成法制取。图 4-17 是从茶叶中提取咖啡因的工艺流程。

图 4-17　浸煮法制取咖啡因工艺流程

2. 可可碱

可可碱，别名柯柯豆碱，化学名称：3,7-二氢-3,7-二甲基-1H-嘌呤-2,6-二酮。化学式 $C_7H_8N_4O_2$，相对分子质量 180.16。分子结构式如下：

可可碱

（1）特性　白色单斜形针状结晶性粉末。微溶于水，不溶于苯、醚、四氯化碳和氯仿。1g 本品可溶于约 2000mL 水，150mL 沸水，2220mL 95％乙醇。溶于碱溶液、浓酸和 20％碱式磷酸钠水溶液。甲基化后即为咖啡因。熔点:290℃～295℃,升华点:290℃～295℃,纯度≥99.0%(中和滴定),纯度≥99.0%(HPLC)。其化学性质和咖啡碱类似。

可可碱为巧克力的特异苦味成分,其所特异的苦味来自其分子中所具有的多个带有≡N的原子团,除了作为苦味剂外,可可碱还具有兴奋和利尿作用,为公认安全物质。

(2)毒性　美国香料制造者协会将其定为一般公认安全物质。

(3)应用　广泛用作苦味剂,建议在烘培食品中添加0.1%,糖果中添加0.4%,布丁类中添加0.08%,乳制品中添加0.1%。

(4)制作方法　可可碱一般从植物中提取或通过化学合成得到。提取方法有有机溶剂法、升华法、水或酸水提取法、弱碱提取法等。

【复习思考题】

1. 说明食品添加剂中"酸、甜、苦、辣、咸、鲜"在食品中的作用是什么?

2. 食品调味剂的分类有哪些?

3. 甜味剂的分类有哪些? 影响甜度的因素有哪些?

4. 绘制以玉米芯为原料制备"木糖醇"的工艺流程图?

5. 甜味剂、酸度剂、苦味剂和鲜味剂的作用有哪些?

6. 举例说明甜味调节剂的性状、作用和应用?

7. 解释"相对甜度"的定义?

8. 绘制以淀粉为原料,发酵法制备"味精"的生产工艺流程?

9. 比较两种鲜味剂的性状、作用和应用?

10. 举例描述苦味剂的性状、作用和应用?

11. 阴阳离子对咸味剂的影响特性是什么?

12. 举例说明天然和人工化学合成甜味剂的性状、作用和应用?

第五章 调色类食品添加剂

【学习目标】

1. 掌握着色剂的概念、原理和分类、应用。
2. 掌握护色剂的概念、作用、护色机理、应用。
3. 掌握漂白剂作用、性能、使用注意事项。

第一节 着 色 剂

一、概述

使食品赋予色泽和改善食品色泽的食品添加剂称着色剂,也称色素,可增加对食品的嗜好及刺激食欲。

在食品的色、香、味、形等感官特性中,颜色最先刺激人的感觉(尤其是视觉),色泽是食品内在审美价值重要的属性之一,也是鉴别食品质量的基础。食品的色感好,对增进食欲也有很大作用。

同时,食品天然的颜色,还反映其一定的营养成分。例如,白色食物多含碳水化合物、植物蛋白、植物油成分;红色食物多含动物蛋白、脂肪、不饱和脂肪酸、维生素、微量元素等成分;绿色食物中多含纤维素、维生素、微量元素;黑色、棕色食物中多含有氨基酸、矿物质、B族维生素等。随着食品加工业的发展,对食品色泽的要求越来越高。由于受光、热、氧和其他因素的影响,食物固有的色素会受到破坏,引起色泽失真,使人产生一种不协调的食品变质的错觉。为了保护食品正常的色泽,减少食品批次之间色差,保持外观的一致性、提高商品价值,人们通过添加一定量食用色素来达到着色的目的。

1. 颜色与色素分子结构的关系

任何物体形成一定的颜色主要与其吸收了部分光波同时又反射出没有吸收的光波有关。对于人肉眼所看到的颜色,是由物体反射的不同可见光所组成的综合色。即物体所显的颜色并非为被吸收的可见光的颜色,而是可见光颜色的互补色。

食用色素一般为有机化合物。有机化合物大都是以共价键结合的一类化合物,全部由 σ 键组成的饱和有机物分子,其结构较牢固,激发电子所需能量较高,所以吸收的光波是在频率较高的远紫外区,这就决定了由 σ 键形成的饱和有机物是无色的。含有 π 键的不饱和有机物,激发 π 键的 π 电子所需的能量较低,这种能量的光波处于紫外及可见光区域,如官能团:$>C=C<$、$>C=O$、$-N=N-$、$-N=O$、$C=S$ 等。含有 π 键的不饱和基团称为生色团。若化合物分子中仅含有一个生色团的物质,它们吸收光波还在紫外区,所以无色。当有多个生色团并且共轭时,由于共轭体系中电子的离域作用,而使 π 电子易激发,这类有机物可吸收可见光区域的光,那么它们就显色。如醌类:萘醌、蒽醌及偶氮化合物（R—N＝N—R）都是有色的物质。当共轭体系扩大,激发价电子所需能量更低,吸收可见光波向频率低的区域移动,颜色会加深。

有些基团,它们本身并不产生颜色,但当与共轭体系或生色基团相连时,可使吸收波长向长波方向迁移,这些基团称为助色基团。如氨基、醚基、硝基、巯基、卤素原子等。

2. 着色剂分类

着色剂按来源分,可分为天然着色剂和人工合成着色剂。

着色剂按结构分,人工合成着色剂又可分成偶氮类、氧蒽类和二苯甲烷类等。天然着色剂又可分为吡咯类、多烯类、酮类、醌类和多酚类。

着色剂按溶解性质的不同还可分为水溶性和油溶性。

3. 食品着色的色调与着色剂的调配

（1）色调的选择

色调是一个表面呈现近似红、黄、绿、蓝颜色的一种或两种色的目视感知属性,其仅对于彩色而言。食品色调的选择依据是心理或习惯上对食品颜色的要求,以及色与风味、营养的关系。要注意选择与该食品应有的色泽基本相似的着色剂,或根据拼色原理调制出相应的特征颜色。如樱桃罐头应选用樱桃红,红葡萄酒应用紫红色,奶油用奶黄色等。糖果的颜色可以依据其香型特征来选择,如薄荷糖多用绿色、巧克力糖多用棕色等。

有些产品,尤其是带壳、带皮的食品,在不对消费者造成错觉的前提下可使用艳丽的色彩,如彩豆、彩蛋等。

（2）着色剂的调配

根据颜色技术原理,红、黄、蓝为基本三原色。理论上可采用三原色依据其比例和浓度调配出除白色之外的任何色调,而白色可调整彩色的深浅。其简易调色原理如下所示:

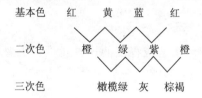

基本色　　红　黄　蓝　　红

二次色　　　　橙　　绿　紫　橙

三次色　　　　　橄榄绿　灰　棕褐

各种着色剂溶解于不同溶剂中可产生不同的色调和强度。另外各种着色剂的稳定性不同,因此可能导致混合色色调的变化。合成色素拼色运用上述原理效果较好,天然色素由于其坚牢度低、易变色和对环境的敏感性强等因素,不易用于拼色(或混合色色调不遵循以上拼色原理)。

采用着色剂对食品进行色调调配还要考虑着色剂和成品的色价、色价损失等因素,可参照有关颜料学和美学等知识进行。另外,各种着色剂的表现力均有其特定条件、对象和使用要求,如果滥用会适得其反。

4. 着色剂的使用

食品着色剂的使用主要应掌握好以下几点。

（1）吸光值与色价

着色剂染色力是其质量指标中最重要的一项,对着色剂染色力的检测,可采用测其溶液吸光值的方法。根据朗伯-比尔定律,吸光值 E 与溶液浓度 C、光程 L 成正比,即:$E=KCL$,K 为比例常数。当入射光强度、波长、体系温度、溶液浓度、光程一定时,测定同种着色剂溶液的吸光值,其数值越高,表明该被测着色剂中所含有色成分越多,染色力越强,使用时浓度的要求也越低。

食用天然着色剂的染色力还可以采用色价这一指标来表示,色价也称为比吸光值,即 100mL 溶液中含有 1g 色素,光程为 1cm 时的吸光值,用 $E_{1cm}1\%$ 表示。其色价越高,其染色力也越强。但一般食用天然色素的色价远低于合成色素,因此,使用时浓度会比较高。

(2) 溶解性

着色剂的溶解性是使用过程中要注意的重要因素。主要包括两方面的含义:一方面,着色剂是油溶性还是水溶性。由于油溶性着色剂毒性大,各国一般不允许使用。我国允许使用的食用合成着色剂一般均溶于水,不易溶于油,当要溶于油类时,要使用乳化剂、分散剂来达到目的。天然着色剂有的是油溶性的,有的是水溶性的。另一方面,着色剂的溶解度,溶解度>1%者视为可溶,在 1%~0.25% 范围内者为稍溶,而<0.25% 的着色剂视为微溶。

除了考虑其水溶性或油溶性、溶解度大小外,还必须考虑影响其溶解的许多因素。温度对水溶性着色剂的溶解度影响较大,一般是溶解度随着温度的上升而增加,但增加的程度随着着色剂的品种而异。水的 pH、盐的存在与种类、水的硬度等也有影响。在低 pH 时往往浓度会降低,有形成色素酸的可能;而盐类可以发生盐析作用,降低其溶解度(如洗牛仔裤时防褪色可放盐);水的硬度高则易形成色淀。

(3) 染着性

着色剂的染着性包含色素与食品成分结合力大小(或分散均匀与稳定程度大小)、是否变色等含义。对于液态食品,色素能很好地溶解与分散,而且稳定(如不易沉淀),形成色价高、色调良好的状态,则其染着力是良好的;对于半固态和固态食品,色素能与蛋白质、淀粉等分子结合,而且稳定、不变色,则其染着力就比较好。一些天然色素的染着力不稳定与其不易分散、易变色有关。

(4) 坚牢度

坚牢度是衡量着色剂在其所染着的物质上,对周围环境适应程度的一种量度。主要取决于自身和染着对象的化学结构与性质及环境生化条件的影响。它是一个综合性指标,可从以下因素对其影响的大小来评判。

① 耐热性 在食品加工中多数要进行加热处理,着色剂的生色体系可能被分解破坏,导致退色或失色。

② 耐酸性 一般食品多为酸性,尤其是果汁、果酱、饮料等一般酸度较大,更要考虑这些因素。一些着色剂在强酸性条件下可能会形成色素酸性沉淀或引起变色。

③ 耐碱性 在加工过程中,也会遇到碱性环境,如使用碱性膨松剂、果蔬的碱液预处理等。此时,要考虑着色剂的耐碱性问题。

④ 耐氧化—还原性 有机着色剂被氧化或还原都可能导致生色体系的破坏而导致变色、褪色。

⑤ 耐光性 日光、紫外线均能导致着色剂的光分解,可导致其褪色。在有重金属离子存在时可加速光分解速度。

（5）使用方法

称取所需的粉状着色剂于容器中,加入少量温水调浆,然后加入剩余水（常温）调成所需要的色泽浓度。溶液宜现用现配,若储存应避免阳光直射。容器质地为搪瓷、玻璃,不锈钢。溶解水最好为蒸馏水,其他水质应做小试测试。使用剩余的干品应密封储存。

食品的着色方法如下:

基料着色法:将色素溶解后,加入到所需着色的软态或液态食品中,搅拌均匀;

表面着色法:将色素溶解后,用涂刷方法使食品着色;

浸渍着色法:色素溶解后,将食品浸渍到该溶液中进行着色,有时需加热并应特别注意染色温度和 pH。

食品的着色应遵循"真实、自然"的原则,特别是天然原料的食品和模拟天然原料的食品,在着色和调色中应避免追求鲜艳的颜色而违背"真实、自然"的原则。过于鲜艳的色彩往往给消费者以"色素超标,不真实"的印象。

着色剂在食品中的适用范围和用量应符合国家 GB 2760—2011《食品安全国家标准 食品添加剂使用标准》。

5.　发展趋势

（1）食用色素的早期应用

色素用于食物染色的最早记载,出现于公元前 1500 年埃及墓碑上的着色糖果;公元前 4 世纪,英国也曾有人利用茜草色素为葡萄酒着色。公元前 221 年我国东周人利用茜草和栀子制备染色剂等,说明自古以来人们早就学会了利用色素为食品着色。

在合成色素方面,自 1856 年英国的 W. H. Perkins 首先合成了苯胺紫这种有机色素后,相继出现了许多合成色素新物种及在食品中的应用实例。由于许多合成色素具有色泽鲜艳、性质稳定、着色力强、易于溶解、品质均一、适于调色、无臭无味、成本低廉等优点,所以很快地取代了以往在食品中应用的那些着色力低、稳定性差、色调单一、成本高的天然色素,以致曾在 19～20 世纪间得到了广泛的发展和应用。但由于合成色素多是以焦油衍生物为原料,通过化学方法得到的一些有机化合物,使其在食品中的应用不断受到限制和挑战。随着科技的进步与发展,有些合成色素对食品安全的影响和可能的危害也逐渐被认识和关注。因此,自 1906 年一些国家就相继制定和颁布了有关限制某些合成色素使用的法规和条例,以控制和限制合成色素在食品中的使用。

自此,人类又重新认识到天然色素作为食品添加剂的重要价值。由于天然色素取自于动植物和微生物等自然资源和材料,且在温和、适度的条件下完成生产。如此得到的色素产品无论为食品还是药品着色,其安全可靠性更高。近年来,对天然色素的开发应用所以得到迅速发展也说明了这点。

（2）天然色素的发展

目前,在人们崇尚自然、健康的大趋势下,食用色素的发展也是向着安全、天然、营养和多功能方向发展。天然色素原料多选自人们长期食用的动、植物（许多属于传统的草药）和微生物,应对人体无任何毒害副作用。大多天然色素产品为溶剂提取物或为粗制品。基本保留了部分天然物中的营养成分（如维生素、活性肽等）及药用物质。例如,玫瑰茄色素除含有花色苷色素外,还含有 17 种氨基酸,都是对人体具有营养价值的物质。有些色素成分本身就属于人体需要的营养物质,如 β-胡萝卜素。此外还有一些天然色素,对人体具有医疗保健作用。如姜黄色素具有降血脂、降胆固醇、抗动脉粥样硬化等药用功能;叶绿素铜钠盐具有止血消炎作用,用作牙膏添加剂,可防止牙龈出血,具有较好效果;花色苷和黄酮类色素具有很好的抗氧化、抗癌等作用;花青素可被制成抗辐射药剂,也具有治疗视力疲劳等功效。如今,天然色素已占据了食用色素市场的主导地位,并以每年 10% 的增长速度发展扩大。

(3)天然色素与合成色素的优势比较

天然色素虽来源于天然产物,一般来讲其安全性相对较高。但由于天然色素存在着许多难以克服的弊端,因此仍然不能完全取代合成色素。这也是合成色素在现今的许多加工食品中保留着重要位置的原因。

1)天然色素的使用

① 稳定性比较:通常天然色素受食品加工的条件影响较大。如耐加热能力、耐酸碱度程度远不如合成色素。有时会不得不加大使用剂量,由此也会导致加工成本的增加。

② 着色力低:天然色素多为混合物,一般着色力不如合成色素强。天然色素多为疏水性组分,相比合成色素在应用范围上受到一定的制约;而且天然色素通常相对分子质量较大,因此影响与其他物质的吸附性或着色力。

③ 不适宜拼色:大多天然色素为混合物。由于其组分复杂很难像合成色素那样,随意实现与其他色素进行混合拼色和运用。

④ 用量大:由于天然色素的色价值远比合成色素低,为达到着色效果,其添加剂量要大于合成色素。

⑤ 价格较高:几乎所有天然色素的价格高于合成色素,使得在同样的情况下,使用天然色素的加工成本比较高。

2)天然色素的生产和制备

① 自然含量较低:天然色素在动植物中的含量一般比较低,生产过程需要大量消耗原料资源,产生更多需要回收处理的副产品与下脚料,因此,也增加了生产成本以及副产物与溶剂的残留量。

② 生产规模大:一般天然色素的生产需要繁多的预处理和大量的水、有机溶剂的提取及回收,相应的设备比较复杂和庞大。小规模生产难以实现,各项投资消耗和占用比例较大。

③ 成品质量:多数天然色素成品为混合物制剂。由于其成分复杂,实现产品成分测试及质量管理比较困难,而且难以辨析成分特性与毒理学参数。

二、合成着色剂

根据最新颁布执行的国家标准(GB 2760—2011),允许在食品中使用的合成着色剂有胭脂红、苋菜红、柠檬黄、日落黄、靛蓝、亮蓝、赤藓红、新红、诱惑红、酸性红、胡萝卜素(经化学处理与转化制得)、喹啉黄、叶绿素铜钠盐及钾盐(经化学处理和转化制得)、二氧化钛、氧化铁黑和氧化铁红等 10 余种及其相应的色淀。

色淀是由某种合成色素物质在水溶液状态下与氧化铝混合、被完全吸附后,再经过滤、干燥、粉碎而制成的改性色素。由于不同颜色的色淀是用相应的色素制成的,在本节中不作单独的介绍。

1. 胭脂红

又叫丽春红 4R。相对分子质量 604.48。属偶氮类色素。化学结构式如下：

胭脂红

（1）性状　红色至深红色颗粒或粉末，无臭，易溶于水，水溶液呈红色。耐光、耐热（105℃）性强。对柠檬酸、酒石酸稳定。耐还原性差。在碱液中则变为暗红色。溶于甘油，微溶于乙醇，不溶于油脂。

（2）毒理学参数　小鼠经口 LD_{50} 19.3g/kg（体重）。ADI 为 0mg/kg～4mg/kg（体重）（FAO/WHO，1994）。

（3）应用　根据《食品安全国家标准　食品添加剂使用标准》（GB 2760—2011）：胭脂红及其铝色淀可作为着色剂用于调制乳、风味发酵乳、调制炼乳（包括甜炼乳、调味甜炼乳及其他使用了非乳原料的调制炼乳、冷冻饮品（食用冰除外）、蜜饯凉果、盐渍的蔬菜、可可制品、巧克力和巧克力制品（包括类巧克力和代巧克力）以及糖果（装饰糖果、顶饰和甜汁除外）、虾味片、糕点上彩装、焙烤食品馅料（仅限饼干夹心和蛋糕夹心）、风味饮料（包括果味饮料、乳味、茶味及其他味饮料）、果蔬汁（肉）饮料、含乳饮料、碳酸饮料、配制酒、果冻、膨化食品中，其最大使用量均为 0.05g/kg，如用于果冻粉，以冲调倍数增加；用于可食用动物肠衣类、植物蛋白饮料、胶原蛋白肠衣为 0.025g/kg；用于水果罐头、装饰性果蔬、糖果和巧克力制品包衣为 0.1g/kg；用于调制乳粉和调制奶油粉（包括调味乳粉和调味奶油粉）。

0.15g/kg；用于调味糖浆、蛋黄酱、沙拉酱为 0.2g/kg；用于水果调味糖浆、半固体复合调味料（蛋黄酱、沙拉酱除外）、果酱为 0.5g/kg。

2. 苋菜红

又叫鸡冠花红，相对分子质量 604.48。属偶氮类色素。化学结构式如下：

苋菜红

（1）性状　红褐色或暗红褐色粉末或颗粒，无臭，易溶于水，呈带蓝光的红色溶液。耐光、耐热性强。对柠檬酸、酒石酸稳定。在碱液中则变为暗红色。可溶于甘油，微溶于乙醇，不溶于油脂。本品遇铜、铁离子易褪色,易被细菌分解,不适于发酵。

(2)毒理学参数　小鼠经口 LD_{50} 大于 $10g/kg$(体重)。ADI 值 $0mg/kg\sim0.5mg/kg$(FAO/WHO,1994)。

(3)应用　根据《食品安全国家标准　食品添加剂使用标准(GB 2760—2011):苋菜红及其铝色淀可作为着色剂用于冷冻饮品(食用冰除外)用量为 $0.025g/kg$;果酱、水果调味糖浆为 $0.3g/kg$;蜜饯凉果、盐渍的蔬菜、可可制品、巧克力和巧克力制品(包括类巧克力和代巧克力)以及糖果、糕点上彩装、焙烤食品馅料(仅限饼干夹心)、碳酸饮料、果蔬汁(肉)饮料、风味饮料(包括果味饮料、乳味、茶味及其他味饮料)、配制酒 $0.05g/kg$;果冻 $0.05g/kg$,如用于果冻粉,以冲调倍数增加用量;装饰性果蔬 $0.1g/kg$;固体汤料 $0.2g/kg$。

3. 赤藓红

又叫樱桃红,相对分子质量为897.88。属氧蒽类色素。化学结构式如下:

赤藓红

(1)性状　红至红褐色颗粒或粉末,无臭,易溶于水,可溶于乙醇、甘油和丙二醇,不溶于油脂。耐热、耐还原性好,但耐光、耐酸性差,在酸性溶液中可发生沉淀,碱性条件下较稳定。对蛋白质染着性好。

(2)毒理学参数　小鼠经口 LD_{50} $6.8g/kg$(体重)。ADI$0mg/kg\sim0.1mg/kg$(FAO/WHO,1994)。

(3)应用　根据《食品安全国家标准　食品添加剂使用标准》(GB 2760—2011):赤藓红及其铝色淀可作为着色剂用于凉果类、可可制品、巧克力和巧克力制品(包括类巧克力和代巧克力)以及糖果、糕点上彩装、酱及酱制品、复合调味料、果蔬汁(肉)饮料、碳酸饮料、风味饮料(包括果味饮料、乳味、茶味及其他味饮料)、配制酒等为 $0.05g/kg$;肉罐头类、肉罐肠类为 $0.015g/kg$;装饰性果蔬为 $0.1g/kg$;熟制坚果与籽类(仅限油炸坚果与籽类)、膨化食品 $0.025g/kg$。

4. 新红

属于偶氮类色素,相对分子质量611.36。化学结构式如下:

新红

(1)性状　红色粉末,易溶于水,微溶于乙醇,不溶于油脂。

（2）毒理学参数　小鼠经口 LD_{50} 6.8g/kg（体重）。ADI0mg/kg～0.1mg/kg（上海市卫生防疫站，1982）。

（3）应用　根据《食品安全国家标准　食品添加剂使用标准》（GB 2760—2011）：新红及其铝色淀可作为着色剂用于凉果类、可可制品、巧克力和巧克力制品（包括类巧克力和代巧克力）以及糖果、糕点上彩装、果蔬汁（肉）饮料、碳酸饮料、风味饮料（包括果味饮料、乳味、茶味及其他味饮料）、配制酒等为 0.05g/kg；装饰性果蔬为 0.1g/kg。

5. 柠檬黄

属于偶氮色素，相对分子质量为 534.38，化学结构式如下：

柠檬黄

（1）性状　黄至橙黄色粉末，无臭，易溶于水、甘油、丙二醇，微溶于乙醇、油脂。耐热及耐光性强。在柠檬酸、酒石酸中稳定，遇碱稍变红，还原时褪色。

（2）毒理学参数　小鼠经口 LD_{50} 12.75g/kg。ADI0mg/kg～7.5mg/kg（FAO/WHO，1994）。

（3）应用　根据《食品安全国家标准　食品添加剂使用标准》（GB 2760—2011）：柠檬黄及其铝色淀可作为着色剂用于风味发酵乳、调制炼乳、冷冻饮品、焙烤食品馅料及表面用挂浆（仅限风味派馅料、饼干夹心和蛋糕夹心）、果冻，其最大用量为 0.05g/kg；用于即食谷物，包括碾轧燕麦片为 0.08g/kg；用于饮料类、配制酒、膨化食品、香辛料酱、蜜饯凉果、装饰性果蔬、盐渍的蔬菜、熟制豆类、加工坚果与籽类、可可制品、巧克力和巧克力制品以及糖果、虾味片及糕点上彩装、香辛料酱为 0.1g/kg；用于蛋卷为 0.04g/kg；用于谷类和淀粉类甜品（如米布丁、木薯布丁）为 0.06g/kg；用于粉圆、固体复合调味料为 0.2g/kg；用于其他调味糖浆为 0.3g/kg；用于果酱、水果调味糖浆与半固体复合调味料为 0.5g/kg。以上食品中的含量均以柠檬黄计。

6. 日落黄

又叫橘黄，晚霞黄，属偶氮色素。相对分子质量为 452.38。化学结构式如下：

日落黄

（1）性状　橙红色均匀颗粒或粉末，无臭，易溶于水、甘油、丙二醇，微溶于乙醇，不溶于油脂。耐光及耐热性强。在柠檬酸、酒石酸中稳定，遇碱变为带褐色的红色，还原时褪色。

（2）毒理学参数　小鼠经口 LD_{50} 2g/kg。ADI0mg/kg～2.5mg/kg（FAO/WHO，1994）。

（3）应用　根据《食品安全国家标准　食品添加剂使用标准》（GB 2760—2011）：日落黄及其铝色淀可作为着色剂用于果冻，其最大使用量为 0.025g/kg；用于调制乳、风味发酵乳、调制炼乳、含乳饮料为 0.05g/kg；用于冷冻饮品为 0.09g/kg；用于水果罐头（仅限西瓜酱罐头）、蜜饯凉果、可可制品、巧克力和巧克力制品以及糖果、虾味片、糕点上彩装、焙烤食品馅料及表面用挂浆（仅限饼干夹心和布丁、糕点）、果蔬汁（肉）饮料、碳酸饮料、植物蛋白饮料、风味饮料（包括果味饮料、乳味、茶味及其他味饮料等）（仅限果味饮料）、配制酒、乳酸菌饮料、熟制豆类、加工坚果与籽类、膨化食品等为 0.1g/kg；用于装饰性果蔬、粉圆、糖果和巧克力制品包衣、复合调味料为 0.2g/kg；用于谷类和淀粉类甜品（如米布丁、木薯布丁）为 0.02g/kg；用于面糊、裹粉、煎炸粉、其他调味糖浆为 0.3g/kg；用于果酱、水果调味糖浆、半固体复合调味料为 0.5g/kg；用于固体饮料类为 0.6g/kg。

7. 靛蓝

又叫酸性靛蓝，磺化靛蓝，食品蓝。相对分子质量为 466.35。化学结构式如下：

靛蓝

（1）性状　深紫蓝色至深紫褐色均匀粉末，无臭。溶于水（1.1g/100mL，21℃）呈蓝色溶液。溶于甘油、乙二醇，难溶于乙醇、油脂。耐热、耐光、耐酸，不耐碱，易还原，耐盐性及耐细菌性较弱，遇次硫酸钠、葡萄糖、氢氧化钠还原褪色。

（2）毒理学参数　小鼠经口 LD_{50} 大于 2.5g/kg（体重），大鼠经口 LD_{50} 为 2.0g/kg（体重）。ADI0mg/kg～5mg/kg（体重）（FAO/WHO，1994）。

（3）应用　根据《食品安全国家标准　食品添加剂使用标准》（GB 2760—2011）：靛蓝及其铝色淀可作为着色剂用于熟制坚果与籽类（仅限油炸坚果与籽类）、膨化食品，其最大使用量为 0.05g/kg；用于蜜饯类、凉果类、可可制品、巧克力和巧克力制品（包括代可可脂巧克力及制品）以及糖果、糕点上彩装、焙烤食品馅料（仅限饼干夹心）、果蔬汁（肉）饮料、碳酸饮料、风味饮料（包括果味饮料、乳味、茶味及其他味饮料等）（仅限果味饮料）、配制酒等均为 0.1g/kg；用于盐渍的蔬菜为 0.01g/kg；用于装饰性果蔬为 0.2g/kg。

三、天然着色剂

食用天然着色剂（天然色素）是由天然资源获得的食用色素。主要是从动物和植物组织及微生物（培养）中提取的色素，其中植物性着色剂占多数。天然色素不仅具有给食品着色的作用，而且，相当部分天然色素具有生理活性。由于"天然"一般给人以安全感，人们对它们的使用产生了很大的兴趣,因而这方面的研究工作开展迅速,随着科研的深入发展,今后食用天然色素的研究和应用一定会有更大的发展。现就我国应用较多的主要天然色素品种进行简介。

1. 甜菜红

甜菜红是由食用红甜菜的根制取的天然红色素,主要由红色的甜菜花青素和黄色的甜菜黄素组成。甜菜花青中的主要成分为甜菜红苷,占红色素的 $75\%\sim95\%$。甜菜红苷的相对分子质量为 550.48。

甜菜红

(1)性状 紫红色粉末。易溶于水,微溶于乙醇,不溶于无水乙醇,水溶液呈红至红紫色,色泽鲜艳。pH 为 3.0~7.0 时较稳定,pH4.0~5.0 时稳定性最好。在碱性条件下则呈黄色。染着性好,耐热性差。其降解速度随温度上升而迅速增快。光和氧也可促进其降解。铁、铜离子含量多时可发生褐变。抗坏血酸对本品具有一定的保护作用。

(2)毒理学参数 大鼠经口 $LD_{50}>10g/kg$(体重)。ADI 无需规定(FAO/WHO,1994)。

(3)应用 根据《食品安全国家标准 食品添加剂使用标准》(GB 2760—2011),甜菜红可在各类食品中按生产需要适量使用。

2. 辣椒红

主要成分为辣椒红素(约 50%)、辣椒玉红素(约 8.3%)、玉米黄质(约 14%)、β-胡萝卜素(约 13.9%)、隐辣椒质(约 5.5%),另外还含有辣椒黄素、辣椒红素二软脂肪酸酯等成分。

辣椒红素相对分子质量为 584.85,辣椒玉红素相对分子质量为 600.85。

辣椒红素

辣椒玉红素

(1) 性状　纯的辣椒红为有光泽的深红色针状结晶。作为一般的辣色素,为具有特殊气味的深红色黏性油状液体。易溶于乙醇,易混溶于丙酮、氯仿、正己烷和食用油中,稍难溶于丙三醇,不溶于水和甘油。有较好的耐酸性、乳化分散性和耐热性(160℃下加热2h几乎不褪色),但耐光性较差。Fe^{3+},Cu^{2+},CO^{2+}等重金属可使其褪色,遇Al^{3+},Sn^{2+},Pb^{2+}等离子会发生沉淀,但不受其他离子影响。着色力强。

(2) 毒理学参数　小鼠经口 $LD_{50} > 75g/kg$(体重)。ADI 未作规定(FAO/WHO,1994)。

(3) 应用　根据《食品安全国家标准　食品添加剂使用标准》(GB 2760—2011):辣椒红用于冷冻米面制品为 2.0g/kg;用于糕点为 0.9g/kg;用于调理肉制品(生肉添加调理料)为0.1g/kg;用于焙烤食品馅料及表面用挂浆为 1.0g/kg;用于人造黄油及其类似制品、腌渍的蔬菜、熟制坚果与籽类(仅限油炸坚果与籽类)、可可制品、巧克力和巧克力制品(包括代可可脂巧克力及制品)、糖果、糕点上彩装、面糊、裹粉、煎炸粉、方便米面制品、粮食制品馅料、饼干、腌腊肉制品类、熟肉制品、冷冻鱼糜制品(包括鱼丸等)、调味品、果蔬汁(肉)饮料、蛋白饮料肉、果冻、膨化食品等按生产需要适量使用。

3. 葡萄皮色素

葡萄皮色素又称为葡萄皮红,别名葡萄皮提取物,为花色苷类色素。其主要着色的成分是锦葵素、芍药素、翠雀素和 3'-甲花翠素或花青素的葡萄糖苷。

葡萄皮色素

(1) 性状　红至暗紫色液状、块状、糊状或粉末状物质。稍带特异臭气,溶于水、乙醇、丙二醇,不溶于油脂。色调随 pH 的变化而变化,酸性时呈红至紫红色,碱性时呈暗蓝色,在铁离子的存在下呈暗紫色。染着性、耐热性不太强,易氧化变色。

(2) 毒理学参数　小鼠经口 $LD_{50} > 15g/kg$(体重,雄性),小鼠经口 $LD_{50} > 15g/kg$(体重,雌性)。ADI $0g/kg \sim 2.5g/kg$(FAO/WHO,1994)。

（3）应用　根据《食品安全国家标准　食品添加剂使用标准》(GB 2760—2011)：葡萄皮红作为着色剂可用于冷冻饮品(食用冰除外)、配制酒为 1.0g/kg；果酱为 1.5g/kg；糖果、糕点为 2.0g/kg；饮料类(包装饮用水除外)为 2.5g/kg。

4. β-胡萝卜素

β-胡萝卜素是胡萝卜素中一种最普通的异构体。胡萝卜素广泛存在于动植物中，以胡萝卜、辣椒、南瓜等蔬菜含量较多，水果、谷类、蛋黄、奶油中也存在。我国现已成功地从盐藻中提制出天然 β-胡萝卜素，产品性能可与化学合成产品媲美，并已正式批准许可使用。胡萝卜素有三种异构体：α-胡萝卜素、β-胡萝卜素、γ-胡萝卜素，其中以 β-胡萝卜素最重要，其相对分子质量为 536.88。

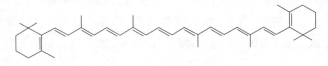

β-胡萝卜素

（1）性状　紫红色或暗红色结晶或结晶性粉末，具有藻类提取 β-胡萝卜素的特有气味。不溶于水、甘油、丙二醇、丙酮、酸和碱溶液，微溶于乙醇、乙醚和食用油，溶于二硫化碳、苯、乙烷、石油醚和氯仿。在弱碱性时比较稳定，在酸性时则不稳定。对光、热、氧不稳定。遇重金属离子，特别是铁离子则退色。

（2）毒理学参数　ADI：0mg/kg～5mg/kg(FAO/WHO,1994)。

（3）应用　根据《食品安全国家标准　食品添加剂使用标准》(GB 2760—2011)：β-胡萝卜素作为着色剂可在各类食品中按生产需要适量使用。

5. 焦糖色素

别名焦糖、酱色。是糖类物质在高温下脱水、分解及聚合而成。故其化学结构为许多不同化合物的复杂混合物，其中某些为胶质聚集体。

（1）性状　深褐色的黑色液体或固体。有特殊的甜香气和愉快的焦苦味。易溶于水，不溶于通常的有机溶剂及油脂。水溶液呈红棕色。透明无混浊或沉淀。对光和热稳定。其pH 依制造方法和产品不同而异，通常 pH 在 3～4.5。

制备焦糖色以食品级糖类如葡萄糖、果糖、蔗糖、转化糖、麦芽糖浆、玉米糖浆、糖蜜、淀粉水解物等为原料. 在 121℃ 以上高温加热(或加压)使之焦化而制得。在生产过程中，按其是否加用酸、碱、盐等的不同可分成：

Ⅰ普通焦糖：不用铵或亚硫酸盐催化，直接经加热制得，用或不用酸或碱制得；

Ⅱ苛性亚硫酸盐焦糖：在亚硫酸盐存在下，用或不用酸或碱，但不使用铵化合物加热制得；

Ⅲ氨法焦糖：在铵盐化合物存在下，用或不用酸或碱，但不使用亚硫酸盐加热制得；

Ⅳ亚硫酸铵焦糖：在亚硫酸盐和铵盐存在下，用或不用酸或碱，加热制得。

（2）毒理学参数　大鼠经口 LD_{50}＞1.9g/kg(体重)。ADI：Ⅰ类，不作限制性规定；Ⅱ类，未作规定；Ⅲ和Ⅳ类为 0mg/kg～200mg/kg(FAO/WHO,1994)。

（3）应用　根据《食品安全国家标准　食品添加剂使用标准》(GB 2760—2011)：普通焦

糖色、氨法焦糖色及亚硫酸铵法焦糖色,均可按生产需要适量用于调制炼乳(包括甜炼乳、调味甜炼乳及其他使用了非乳原料的调制炼乳)、可可制品、巧克力和巧克力制品(包括类巧克力和代巧克力)以及糖果、面糊、裹粉、煎炸粉、即食谷物,包括碾轧燕麦(片)、饼干、酱油、酱及酱制品、复合调味料、果蔬汁(肉)饮料、含乳饮料、风味饮料(包括果味饮料、乳味、茶味及其他味饮料)、配制酒、葡萄酒、黄酒、白兰地、啤酒和麦芽饮料。

除此之外,普通焦糖色还可按需要适量用于冷冻饮品(食用冰除外)、调理肉制品(生肉添加调理料)、焙烤食品馅料及表面用挂浆(仅限风味派馅料)、调味糖浆、醋及果冻食品;用于果酱的使用限量为 1.5g/kg;用于威士忌、朗姆酒的使用限量为 6g/L;用于膨化食品的使用限量为 2.5g/kg;氨法焦糖色可按需要用于冷冻饮品(食用冰除外)、果冻、醋、调味糖浆、粉圆,用于果酱的使用限量为 1.5g/kg,用于威士忌、朗姆酒的使用限量为 6g/L;亚硫酸铵法焦糖色可按需要用于茶饮料类、碳酸饮料、固体饮料类;用于冷冻饮品(食用冰除外)使用限量为 2.0g/kg;用于威士忌、朗姆酒的使用限量为 6g/L;用于粮食制品馅料为 7.5g/kg。

第二节　护　色　剂

添加适量的化学物质与食品中某些成分作用,使制品呈现良好的色泽,这种添加剂叫护色剂。护色剂主要应用于肉制品加工方面,能与肉原料及肉制品中的呈色物质作用。使加工成品在上市、保藏及食用过程中呈现良好色泽。

一、护色剂的使用意义

一般来讲,护色剂本身无色,但在食品加工过程中,尤其对肉类加工制品,需加适量的护色剂,会促使肉制品产生鲜红色而呈现良好的感官效果。不仅如此,有些护色剂对肉制品还有独特的防腐作用,如亚硝酸盐可抑制肉毒梭状芽孢杆菌的繁殖。适量地添加在肉制品中,能有效地降低和抑制肉毒杆菌毒素的产生,可有效地预防和减少由此引发的中毒事故。

中国在肉制品加工过程中使用护色剂已有较长的历史背景。古代人在腌肉类制品中使用的硝石就是一种硝酸盐(硝酸钾)。硝酸盐的使用,同样是依靠转化形成的亚硝酸盐对肉制品起到的发色和防腐作用。

二、护色机理

1. 护色机理

无论使用硝酸盐或亚硝酸盐,最终都会转化为亚硝酸盐而发挥发色作用。其发色机理主要是亚硝酸盐添加后产生亚硝基(NO),与肌红蛋白(Mb)产生鲜红色亚硝基肌红蛋白。反应历程如下:

$$NO_3^- \xrightarrow{\text{细菌}} NO_2^- \xrightarrow{\text{酸性条件}} HNO_2 \xrightarrow{\text{不稳定,分解}} NO \xrightarrow{+Mb} MbNO$$

2. 毒理分析

亚硝酸盐的使用虽然很大程度改善了肉制品的感官与风味效果,但其毒理特性及对食品安全的影响也不得不被引起注意。亚硝酸盐对消费者可能构成的危害主要表现在以下几个方面。

　　无论硝酸盐或亚硝酸盐通过微生物或酸性条件,均有可能转化为亚硝酸和亚硝基。当过量摄入后,人体血液中会出现过量的亚硝酸和亚硝基成分。这些外来成分可能使正常的血红蛋白(中心铁离子为二价)变成高铁血红蛋白(中心铁离子为三价),并因此失去携带氧气的功能,最终导致机体组织缺氧。表现症状为头晕、恶心、呕吐,严重者会出现血压急剧下降、呼吸困难,直至休克而死亡。因此亚硝酸盐的使用一定要有严格的控制和监管。

　　另一方面有报道介绍,亚硝酸在一定条件下转化为具有强致癌性的亚硝胺(R_2N_2O)。但这种反应往往需要在一定高浓度的胺类物质存在下发生,因此,亚硝酸盐不允许在鱼类等水产品中使用,尤其是不新鲜的海产品(易产生胺类物质)。同时,在添加和使用亚硝酸盐时,适当补充一定的还原性物质,如抗坏血酸等,会对亚硝胺的生成反应起到一定的抑制和缓解作用。

三、常用的护色剂

　　传统的食品护色剂主要是系列亚硝酸盐和硝酸盐。由于近年来发现,此类物质在使用不当时,会诱发生成毒性较大的亚硝胺,因此开展了许多替代亚硝酸盐的研究。目前已发现某些物质具有发色或助色作用,但其发色和防腐作用仍远比不上硝酸盐和亚硝酸盐。但由于此类物质多为营养强化剂(如烟酰胺、抗坏血酸等),且具有一定还原作用和辅助发色作用,在一定程度上起到部分代替或减少使用亚硝酸盐的作用。

　　1. 烟酰胺

　　化学式为 $C_6H_6ON_2$,相对分子质量 122.13。结构式:

$$\text{O}=\overset{\displaystyle O}{\underset{}{C}}-NH_2$$

　　(1) 性状　白色结晶性粉末,无臭或几乎无臭,味苦,易溶于水和乙醇,溶解于甘油,对热、光及空气极稳定,在碱性溶液中加热则成烟酸。对肉制品具有辅助发色的作用,安全性高于硝酸盐。但在单独使用时,其发色效果较差。可与亚硝酸盐结合使用,以降低亚硝酸盐用量。

　　(2) 毒理学参数　大鼠经口 LD_{50} 为 2.5g/kg～3.5g/kg(体重)。被 FDA 列为一般公认安全物质。

　　(3) 应用　根据《食品营养强化剂使用卫生标难》(GB 14880—1994),烟酰胺作为营养强化剂用于营养强化食品中。有许多研究报道,烟酰胺在肉制品中能起到保护肉制品原色和辅助发色的作用。添加用量为 0.01g/kg～0.022g/kg,肉色良好。本品尚可作核黄素的溶解助剂及护色助剂。

　　2. L-抗坏血酸

　　L-抗坏血酸的性质在抗氧化剂一章中已介绍。其用途除作抗氧化剂外,还可用作肉制品的护色助剂,可以把氧化型的褐色高铁肌红蛋白还原为红色的还原型肌红蛋白。与柠檬酸、磷酸盐类同时使用,不仅能提高肉制品的品质,而且发色效果也好。虽然抗坏血酸不能完全替代亚硝酸盐,但与亚硝酸盐结合使用时,可极大地抑制亚硝胺的产生。

3. 亚硝酸钠

亚硝酸盐是食品加工中使用最多、最典型和传统的肉制品护色剂,如亚硝酸钠(也包括亚硝酸钾)。亚硝酸盐在食品中的主要作用是对肉制品的护色与发色,以增强其风味特征;同时对肉制品中的肉毒梭状芽孢杆菌繁殖有抑制作用。

(1)性状 晶状固体,外形与粗制食盐相似(常因此误用而中毒)。易溶于水,微溶于乙醇。

(2)毒理学参教 大鼠经口 LD_{50} 为 $85mg/kg$(体重),ADI 值 $0mg/kg\sim0.06mg/kg$。属于食品添加剂中毒性最大的物种。

(3)应用 按我国《食品添加剂使用标准》(GB 2760—2011)规定:腌腊肉制品类(如咸肉,腊肉,板鸭,中式火腿,腊肠等),酱卤肉制品类,熏、烧、烤肉类,油炸肉类,西式火腿(熏烤、烟熏、蒸煮火腿)类,肉灌肠类,发酵肉制品类,肉罐头类等食品中的最大使用量为 $0.15g/kg$。残留量均以亚硝酸钠计,西式火腿(熏烤、烟熏、蒸煮火腿)类制品要求限量$\leqslant70mg/kg$,肉罐头类制品要求$\leqslant50mg/kg$,其他肉制品要求$\leqslant30mg/kg$。

4. 硝酸盐

同样是传统的肉制品护色剂,主要有硝酸钠和硝酸钾两种。属于亚硝酸盐的不同添加形式。硝酸盐是通过食品中的微生物等因素被转化为亚硝酸盐而发挥护色作用。

(1)性状 晶状固体,易溶于水,水溶液几乎无氧化作用。

(2)毒理学参数 硝酸钠:大鼠经口 LD_{50} 为 $3236mg/kg$(体重)。ADI 值 $0mg/kg\sim3.7mg/kg$。

(3)应用 按我国《食品添加剂使用标准》(GB 2760—2011)规定:腌腊肉制品类(如咸肉、腊肉、板鸭、中式火腿、腊肠等),酱卤肉制品类,熏、烧、烤肉类,油炸肉类,西式火腿(熏烤、烟熏、蒸煮火腿)类,肉灌肠类,发酵肉制品类等食品中的最大使用量为 $0.5g/kg$。残留量要求$\leqslant30mg/kg$,均以亚硝酸钠计。

第三节 漂 白 剂

一、食品漂白剂的作用

在有些食品或原料的加工过程初期,为使最后产品获得更好的感官效果,需要对一些浅色材料进行保护或将杂色进行漂白。对此,采用食品漂白法。漂白剂能破坏食物中色素或使褐变的食物得到漂白和脱色,如果脯的生产、固体糖粉、淀粉糖浆等制品的漂白处理。有些漂白剂具有钝化生物酶和抑制微生物繁殖的作用,有助于抑制和减缓食品在加工中出现的酶促褐变、色泽变深色等现象,同时兼顾防腐的作用。

食品漂白剂分为氧化型及还原型两类。氧化型和还原型漂白剂分别具有相当的还原力或氧化力。我国实际使用的主要是亚硫酸及其盐类,都是还原型漂白剂。

二、亚硫酸的功能

植物性食品的褐变多与氧化酶的活性有关,亚硫酸在被氧化时将着色物质还原,对氧化酶的活性有很强的阻碍作用因而呈现强烈的漂白作用,所以制作果干、果脯时使用这类漂白剂可以防止酶性褐变。

另外,亚硫酸与葡萄糖等能进行加成反应,其加成物也不酮化,因此阻断了含羰基的化合物与氨基酸的缩合反应,进而防止了由糖氨反应所造成的非酶性褐变。

亚硫酸还有显著的抗氧化作用。由于亚硫酸是强还原剂,它能消耗果蔬组织中的氧,抑制氧化酶的活性,对于防止果蔬中维生素 C 的氧化破坏很有效。

三、还原型漂白剂

1. 亚硫酸钠

化学式 Na_2SO_3,相对分子质量 126.04(无结晶水)。

(1) 性状　无色至白色六角形棱柱结晶或白色粉末,易溶于水(1g 约溶于 4mL 水)。其水溶液对石蕊试纸和酚酞呈碱性,与酸作用产生二氧化硫。1‰水溶液的 pH 为 8.3～9.4,有强还原性。

(2) 毒理学参数　(小白鼠静脉注射)LD_{50} 为 175mg/kg(体重)(以二氧化硫计)。ADI 值:0mg/kg～0.7mg/kg(体重)(以二氧化硫计)。

2. 亚硫酸氢钠

别名重亚硫酸钠、酸式亚硫酸钠,化学式 $NaHSO_3$,相对分子质量 104.04。

(1) 性状　白色或黄白色结晶或粉末,有二氧化硫气味,遇无机酸分解产生二氧化硫。溶于水(1g 溶于 4mL 水),微溶于乙醇。1‰水溶液的 pH 为 4.0～5.5,有强还原性。

(2) 毒理学参数　大鼠经口 LD_{50} 为 2000mg/kg(体重)。

3. 焦亚硫酸钠

又称偏重亚硫酸钠。化学式 $Na_2S_2O_5$,相对分子质量 190.13。

(1) 性状　白色结晶或粉末,有二氧化硫的臭气,遇酸分解产生二氧化硫。溶于水,水溶液呈酸性,久置空气中,则氧化成低亚硫酸钠。高于 150℃,即分解出 SO_2。

(2) 毒理学参数　(兔口服)LD_{50} 为 600mg/kg～700mg/kg(体重)。

4. 低亚硫酸钠

别名连二亚硫酸钠、次亚硫酸钠、保险粉。化学式 $Na_2S_2O_4$,相对分子质量 174.11。

(1) 性状　白色或灰白色结晶性粉末,无臭或稍有二氧化硫特异臭。有强还原性,极不稳定,易氧化分解,受潮或露置空气中会失效,加热易分解,至 190℃时可发生爆炸。易溶于水,不溶于乙醇。本品是亚硫酸盐类漂白剂中还原、漂白力最强者。

(2) 毒理学参数　(兔口服)LD_{50} 为 600mg/kg～700mg/kg(体重)。

5. 二氧化硫

别名亚硫酸酐,化学式 SO_2,相对分子质量 64.07。

(1) 性状　二氧化硫为无色气体,具有强烈的刺激臭味,有毒! 具窒息性。易溶于水形成水合形式,其溶解度约为 10%(20℃),并可溶于乙醇和乙醚。

（2）毒理学参数　ADI：0mg/kg～0.7mg/kg（体重）。

四、漂白剂的使用方法

1. 熏蒸法

在密闭室内将原料分散架放，通过燃烧硫磺粉产生二氧化硫蒸气。二氧化硫气体对食物直接进行熏蒸处理，以达到漂白效果。熏蒸法的漂白效果很好，但后处理比较复杂，尤其熏蒸时产生的二氧化硫浓度较大，操作需要格外小心，以免泄漏后造成环境污染。同时熏蒸室也应有良好的密封与通风条件，否则会影响操作人员的安全。熏蒸法多用于果脯、干货、草药等原料类的漂白和防腐处理。

2. 浸渍法

配制一定浓度的亚硫酸盐和辅助剂溶液，将食品或原料放入溶液中浸泡一定时间。随后经漂洗除去残留漂白剂即可得到漂白的效果。浸渍法效果较好，也易于操作。为提高漂白效果，可在浸泡液中补充一定的有机酸，如柠檬酸、醋酸、抗坏血酸等。

3. 直接混入法

将一定量的亚硫酸盐直接加入食物或浆汁中，用于原料或半成品的保藏；也可制成包装和灌装食品，使其漂白作用随着放置而发挥作用，如蘑菇罐头等。混入法应注意残留漂白剂对成品的影响。

4. 气体通入法

集中燃烧硫磺产生二氧化硫气体，将气体不断地通入原料浸泡液中，以达到漂白抑制褐变的效果，如淀粉糖浆生产中对淀粉乳的处理。通入的二氧化硫往往是过量的，因此需要脱除的措施和处理设备。

五、使用漂白剂的注意事项

（1）食品中如存在金属离子时，则可将残留的亚硫酸氧化。此外，由于其显著地促进已被还原色素的氧化变色，所以注意在生产时，不要混入铁、铜、锡及其他重金属离子，可以同时使用金属离子螯合剂。

（2）亚硫酸盐类溶液很不稳定，易于挥发、分解而失效，所以要临用现配，不可久贮。

（3）用亚硫酸盐类漂白的物质，由于二氧化硫消失而容易复色，所以通常在食品中残留过量的二氧化硫，但残留量不得超过标准。

（4）亚硫酸对果胶的凝胶特性有损害。另外，亚硫酸渗入水果组织后，加工时若不把水果破碎，只用简单加热的方法是较难除尽二氧化硫的，所以用亚硫酸保藏的水果只适于制作果酱、果干、果酒、果脯、蜜饯等，不能作为整形罐头的原料，对此必须加以注意。另外，含二氧化硫量高的食品会对铁罐腐蚀，并产生硫化氢，影响产品质量。

（5）柠檬酸（0.0025%）等可作为复配薯类淀粉漂白剂的增效剂。

（6）亚硫酸类制剂只适合植物性食品，不允许用于鱼肉等动物食品。

【复习思考题】

1. 着色剂的成色机理是什么？与着色剂的保护有什么关系？

2. 简述合成着色剂与天然着色剂的优缺点。

3. 请结合常用着色剂的性质和颜色调色原理，分别写出用着色剂调配绿色、橙色、紫色、灰色、褐色的组合。

4. 简述护色剂的护色机理。

5. 简述亚硫酸的性能。

6. 说明使用漂白剂的注意事项。

第六章 调香类食品添加剂

【学习目标】

1. 掌握香料与香精的概念以及两者的相互关系；
2. 熟悉香料的分类与香精的香型；
3. 了解典型的食用香料与香精使用标准。

第一节 概 述

调香类食品添加剂，又称香料，香料应用的历史悠久，中国、印度、埃及、希腊等文明古国都是最早应用香料的国家。古人所用的香料都是从芳香植物中提取或动物分泌的天然香料，大都用于入药医病、兰汤沐浴、供奉祭祀或调味增香。

在 8～10 世纪，人们已经知道用蒸馏法分离香料。在 13 世纪，人们第一次从精油里分离出萜烯类香料化合物。到 15 世纪，香料的使用成为许多国家统治阶级奢华的象征。随着科学技术的发展，从 19 世纪开始，新兴的合成香料工业便逐渐发展起来。香料的应用也逐渐广泛，时至今日各种加香产品已成为人们日常生活中不可缺少的必需品，如奶制品、蛋糕、面包、饮料、咖啡等。

食品在加工过程中，常常要添加少量香料，以改善或增强食品的香气和香味，这些香料被称为食品用香料。香气是香料成分在物理、化学上的质与量在空间和时间上的表现，所以在某一固定的质与量、某一固定的空间或时间所观察到的香气现象，并不是真正的香气全貌。香气强度常用阈值，亦称槛限值或最少可嗅值表示。通过嗅觉能感觉到的有香物质的界限浓度，称为有香物质的嗅阈值。能辨别出其香种类的界限浓度称阈值。

一、香料与香精

1. 香料

香料亦称香原料，是能被嗅觉嗅出气味或味觉品出香味的有机物，是调制香精的原料，可以是单体（单质），也可以是混合物。

食品用香料种类繁多，依据不同的目的有不同的分类方法。常按其来源和制造方法的差异分为以下三类：

天然香料，是指用物理方法从天然物质中取得的；

天然等同的香料，指其化学结构是天然物质中存在的，由合成方法取得；

人工香料，其化学结构不存在于天然物质中，由化学合成法取得。

在我国，天然香料很多，如薄荷、桂皮、玫瑰、茴香、八角等，这些香料中的香味成分大都以游离态或苷的形式存在于植物的各个部分。例如，在天然精油中，从种子提取出的有苦杏仁油、芥菜子油,从果实中提取出的有杜松子油、辣椒油,从花中提取的有丁香油、啤酒花油,从根、皮中提取的有桂皮油、姜油、柠檬油等。

2. 香精

香料很少直接用来给产品加香,都是调配成香精后用于加香。香精是用香料按一定的配方由人工调配出来的或由发酵、酶解、热反应等方法制造的含有多种香料成分的混合物。

香精具有一定香型,例如,玫瑰香精、茉莉香精、薄荷香精、檀香香精、菠萝香精、咖啡香精、牛肉香精等。香精一般根据用途分为食用香精、日用香精(用于化妆品、洗涤等)和其他香精三类。

食用香精是指用来起香味作用的浓缩配制品(只产生咸味、甜味或酸味的配制品除外),它可以含有也可不含有食用香精辅料。

二、香料、香精的呈香原因

发香物质一般属于有机化合物,人们根据近代有机化学理论和测试手段,认为发香物质发香的原因、香味的差异和强度的不同,主要在于其发香基团的不同、碳链结构的不同、取代基相对位置的不同及分子中原子空间排布的不同。

1. 发香基团

发香物质中必须有一定种类的发香基团,发香基团决定了香味的种类,其中包括含氧基团:羟基、醛基、酮基、羧基、醚基、苯氧基、酯基、内酯基等;含氮基团:氨基、亚氨基、硝基、肼基等;含芳香基团:芳香醇、芳香醛、芳香酯、酚类及酚醚等;含硫、磷、砷等原子的化合物及杂环化合物;单纯的碳氢化合物极少具有怡人的香味。

2. 碳链结构

分子中碳原子数目、双键数目、支链、碳链结构等均对香味产生影响。香料化合物的相对分子质量一般在 $50\sim300$ 之间,相当于含有 $4\sim20$ 个碳原子。在有机化合物中,碳原子个数太少,则沸点太低,挥发过快,不易作香料使用。如果碳原子个数太多,由于蒸汽压减小而特别难挥发,香气强度太弱,也不宜作香料使用。

碳原子个数对香气的影响,在醇、醛、酮、酸等化合物中,均有明显的表现。在此,举几个具有代表性的例子加以说明。

脂肪族醇化合物的气味随着碳原子个数增加而变化。$C_1\sim C_3$ 的低碳醇具有酒香香气;$C_6\sim C_9$ 的醇,除具有青香果香外,开始带有油脂气味;当碳原子个数进一步增加时,则出现花香香气;C_{14} 以上的高碳醇,气味几乎消失。

在脂肪族醛类化合物中,低碳醛具有强烈的刺激性气味;$C_8\sim C_{12}$ 醛具有花香、果香和油脂气味,常作香精的头香剂;C_{16} 高碳醛几乎没有气味。

碳原子个数对大环酮香气的影响是很有趣的,它们不但影响香气的强度,而且可以导致香气性质的改变。$C_5\sim C_8$ 的环酮具有类似薄荷的香气,$C_9\sim C_{12}$ 的环酮转为樟脑香气,C_{13} 的环酮具有木香香气,$C_{14\sim18}$ 大环酮具有麝香香气。

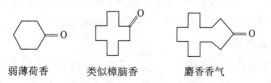

弱薄荷香　　　　类似樟脑香　　　　麝香香气

不饱和化合物常比饱和化合物的香气强。双键能增加气味强度,三键的增强能力更强,甚至产生刺激性。以醇和醛为例,说明如下:

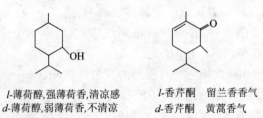

己醇	叶醇	己醛	叶醛
弱果香、油脂气	强清香、无油脂气	弱果香、酸败气	青叶香、无酸败气

3. 取代基对香气的影响

取代基对香味的影响也是显而易见的,取代基的类型、数量及位置对香气都有影响。例如,在吡嗪类化合物中,随着取代基的增加,香味的强度和香味特征都有变化。

分子结构	香气特征	香气阈值,10^{-6}
	强烈芳香,弱氨气	500000
	稀释后巧克力香	100000
	巧克力香,刺激性	400

紫罗兰酮和鸢尾酮相比较,基本结构完全相同,只差一个甲基取代基,它们的香味有很大的差别。

α-紫罗兰酮
紫罗兰花香

α-鸢尾酮
鸢尾根香

4. 分子中原子的空间排布不同对香味所产生的影响

在香料分子中,由于双键的存在而引起的顺式和反式几何异构体,或者由于含有不对称碳原子而引起的左旋和右旋光学异构体,它们对香味的影响也是比较普遍的。例如在薄荷醇、香芹酮分子中,都含有不对称碳原子。

l-薄荷醇,强薄荷香,清凉感
d-薄荷醇,弱薄荷香,不清凉

l-香芹酮　留兰香香气
d-香芹酮　黄蒿香气

5. 杂环化合物中的杂原子对香味的影响

有机的硫化物多有臭味,含氮的化合物也多有臭味。吲哚也称类臭素,但它极度稀释后呈茉莉香味。这些杂环化合物对香味都有一定特别的影响,如甲硫醚与挥发性脂肪酸、酮类形成乳香;某些含氧与硫或含硫与氮的杂环化合物有肉类香味。

6. 分子骨架对香味的影响

环酮结构类化合物都具有焦糖香味,这类香料中最典型的代表性化合物的名称和结构如表 6-1 所示。

表 6-1　具有焦糖香味化合物的代表及分子骨架结构

香料化合物	分子骨架结构	香料化合物	分子骨架结构
麦芽酚		4-羟基 5-甲基 3(2H)呋喃酮	
乙基麦芽酚		4-羟基 2-乙基 5-甲基 3(2H)呋喃酮	
4-羟基 2,5-二甲基 3(2H)呋喃酮		甲基环戊烯酮醇（MCP）	

含有混合共轭双键结构的化合物具有烤香香味，这类香料中最典型的代表性化合物的名称和结构如表 6-2 所示。

表 6-2　具有烤香香味化合物的代表及分子骨架结构

香料化合物	分子骨架结构	香料化合物	分子骨架结构
2-乙酰基吡嗪		2-乙酰基吡啶	
2-乙酰基 3,5-二甲基吡嗪		2-乙酰基噻唑	

分子中含有下面特征骨架的含硫化合物具有肉香味，这类香料中最典型的代表性化合物的名称和结构如表 6-3 所示。

表 6-3　具有肉香香味化合物的代表及分子骨架结构

香料化合物	分子骨架结构	香料化合物	分子骨架结构
2-甲基 3-呋喃硫醇		二(2-甲基 3-呋喃基)二硫	
2,5-二甲基 3-呋喃硫醇		2,3-丁二硫醇	
甲基 2-甲基 3-呋喃基二硫		3-巯基 2-丁醇	
3-巯基 2-丁酮		2,5-二甲基 2,5-二羟基 1,4-二噻烷	

分子中含有下面骨架结构的酚类香料大多具有烟熏香味。

$$OH$$

具有代表性的烟熏香味香料有丁香酚、异丁香酚、香芹酚、对甲酚、愈创木酚、4-乙基愈创木酚、对乙基苯酚、2-异丙基苯酚、4-烯丙基-2,6-二甲氧基苯酚、4-甲基-2,6-二甲氧基苯酚等。

具有丙硫基（$CH_3-CH_2-CH_2-S-$）或烯丙硫基（$CH_2=CH-CH_2-S-$）基团的化合物一般具有葱蒜香味。符合这一规律的葱蒜香味香料有烯丙硫醇、烯丙基硫醚、甲基烯丙基硫醚、丙基烯丙基硫醚、烯丙基二硫醚、甲基烯丙基二硫醚、丙基烯丙基二硫醚、烯丙基三硫、甲基烯丙基三硫、丙基烯丙基三硫、二丙基硫醚、甲基丙基硫醚、二丙基二硫醚、甲基丙基二硫醚、二丙基二硫醚、甲基丙基二硫醚等。

影响香味的其他因素还很多，有些结构相似的化合物不一定有相似的香味，有些结构不同的化合物也可能有相似的香味。所以某些化合物能发香，并不单纯取决于发香基团和结构等因素，还可能有其他原因。美国学者 Amoore 认为，当物质分子几何形状与特定形态的生理感觉器官位置相吻合时，就有类似的气味。

香味的产生与香味剂的物理特性有关。在一定程度上取决于该物质的蒸汽压、溶解特性、扩散性、吸附性及表面张力。香味剂的相对分子质量一般不会太大或太小，一般认为在20～300 左右。

化合物的气味还与其分子的电性存在一定的关系，如在苯环上引入吸电子基如 $-CHO$、$-NO_2$、$-CN$ 等，一般产生类似的气味。

三、香料、香精的使用

香料、香精的添加仅用于食品的加香，禁止用于其他目的。使用香料、香精时要注意使用温度、时间及其稳定性，还必须按照工艺要求及香料、香精特性来使用，应注意以下几点。

1. 选择合适的添加时机

香料、香精都有一定的挥发性，应选择合适的时机添加，如尽可能在加工后期或加热后冷却时添加，添加时应搅拌均匀，使香味成分均匀地渗透到食品中去，最好一点一点慢慢加入并减少其在空气中的暴露。

2. 添加顺序应正确

多种香味剂混用时，应先加香味较淡的，然后加香味较浓的。香料、香精在碱性环境中不稳定。使用膨松剂的焙烤食品，使用香料、香精时要注意分别添加，以防碱性物质与香味剂发生反应。否则，将影响食品的色、香、味，如香兰素与碳酸氢钠接触后失去香味，变成红棕色。

3. 使用中注意香料、香精与食品环境的协调

在使用前必须做预备试验，因为香料、香精加入食品后，其效果是不同的，有时香味会改变。原因是香味受其他原料、其他添加剂、人的感觉等影响。所以要在预备试验中找到最佳使用效果才在食品加工中应用。

含气的饮料、食品和真空包装的食品，体系内部的压力、包装过程，都会引起香味的改

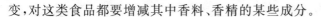

变,对这类食品都要增减其中香料、香精的某些成分。

要防止香味剂的氧化、聚合及水解作用。

4. 掌握合适的添加量

注意香料、香精用量要适当,添加过多或过少,都会带来不良效果。要求称量准确,使用时应尽可能使用香味剂在食品中均匀分布。

此外,还应特别注意使用香料、香精的安全性。因为其使用量较少,所以直接带来的安全隐患并不多见,但随着人民生活水平的逐步提高,香料、香精的使用日益增多,其安全性就需要重视。

四、食品用香料的安全管理及相关法规

目前,世界上生产的合成香料有 5000 多种,天然香料 1500 多种。哪些香料可以用于食品,世界各国都有自己的法规。

1. 中国食品用香料管理情况及相关法规

1982 年 11 月 10 日,第五届全国人民代表大会常务委员会第 25 次会议通过了《中华人民共和国食品卫生法》,对包括食品用香料在内的食品添加剂的生产、销售、使用和管理等均作了明确的规定。

于 2011 年 6 月 20 日开始实施的中华人民共和国食品添加剂使用卫生标准(GB 2760—2011)中列了食品用香料名单。在中国,食品香精生产中不允许使用该标准之外的食品香料。

中国香精香料化妆品工业协会(Chinese Association of Fragrance Flavor Cosmetic Industry,简称 CAFFCI)成立于 1984 年 8 月,该协会对食用香料的使用起协调、咨询和建议作用。

2. 国外食品用香料管理情况及相关法规

在全世界范围内,食品用香料管理比较权威的机构主要有以下几个。

联合国粮农组织(FAO)和世界卫生组织(WHO)成立的国际食品法典委员会(CAC),1995 年制定食品添加剂通用法典标准。

联合国食品添加剂法规委员会(CCFA)、食品香料工业等国际组织(IOFI),制定食品用香料分类系统,并将香料分为天然、天然等同和人造香料三类,以"N","I","A"等字母表示,写在编码前面。

国际食品香料香精工业组织(IOFI),对全球的食品香料规范生产、安全使用等方面起到积极推动作用。

第二节 天 然 香 料

一、天然香料产品类型

根据天然香料产品和产品形态可大略分为辛香料、精油、浸膏、净油、酊剂、油树脂等以

及单离香料制品。其产品具有以下一些特点。

1. 辛香料

辛香料主要是指在食品调香调味中使用的芳香植物或干燥粉末。此类产品中的精油含量较高,具有强烈的呈味、呈香作用,不仅能促进食欲,改善食品风味,而且还有杀菌防腐功能。包括具有热感和辛辣感的香料,如辣椒、姜、胡椒、花椒、番椒等;具有辛辣作用的香料,如大蒜、葱、洋葱、韭菜、辣根等;具有芳香性的香料,如月桂、肉桂、丁香、孜然、众香子、香夹兰豆、肉豆蔻等;香草类香料,如茴香、葛缕子(姬茴香、甘草、百里香、枯茗等。这些辛香料大部分在我国都有种植,资源丰富,有的享有很高的国际声誉,如八角茴香、桂皮、桂花等。

2. 精油

精油亦称香精油、挥发油或芳香油,是植物性天然香料的主要品种。对于多数植物性原料,主要用水蒸气蒸馏法和压榨法制取。例如,玫瑰油、薄荷油、八角茴香油等均是用水蒸气蒸馏法制取的精油。对于柑橘类原料,则主要用压榨法制取精油。例如,红橘油、甜橙油、圆橙油、柠檬油等。液态精油是我国目前天然香料的最主要的应用形式。世界上总的精油品种在 3000 多种以上,用在食品上的精油品种有 140 多种。

3. 浸膏

浸膏是一种含有精油及植物蜡等呈膏状浓缩的非水溶剂萃取物。用挥发性有机溶剂浸提香料植物原料,然后蒸馏回收有机溶剂,蒸馏残留物即为浸膏。在浸膏中除含有精油外,尚含有相当量的植物蜡、色素等杂质,所以在室温下多数浸膏呈深色膏状或蜡状。例如,大花茉莉浸膏、桂花浸膏、香荚兰豆浸膏等。

4. 油树脂

油树脂一般是指用溶剂萃取天然辛香料,然后蒸除溶剂后而得到的具有特征香气或香味的浓缩萃取物。油树脂通常为黏稠液休,色泽较深,呈不均匀状态。例如,辣椒油树脂、胡椒油树脂、姜黄油树脂等。

5. 酊剂

酊剂亦称乙醇溶液,是以乙醇为溶剂,在室温或加热条件下,浸提植物原料、天然树脂或动物分泌物所得到的乙醇浸出液,经冷却、澄清、过滤而得到的产品。例如枣酊、咖啡酊、可可酊、黑香豆酊、香荚兰酊、麝香酊等。

6. 净油

净油用乙醇萃取浸膏、香脂或树脂所得到的萃取液,经过冷冻处理,滤去不溶的蜡质等杂质,再经减压蒸馏蒸去乙醇,所得到的流动或半流动的液体通称为净油。如玫瑰净油、小花茉莉净油、鸢尾净油等。

二、天然香料产品制备

1. 制备方法概况

天然香料的制备多采用直接提取和浓缩的方法,如蒸馏法、压榨法、萃取(浸提)法、吸收法、超临界萃取法等,其生产方法如图 6-1 所示。对单离香料的分离制备往往需要在提取的基础上进一步进行分离和纯化后获得。

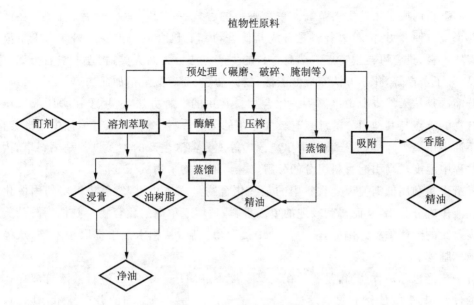

图 6-1　天然香料生产方法

2. 常用提取方法

① 蒸馏法：用于提取精油，最常用的方法就是水蒸气蒸馏。微波辅助蒸馏技术和分子蒸馏技术虽然出现得较晚，但目前已发展为比较成熟的技术了，其中分子蒸馏技术主要用于制备单离香料。

② 压榨法：适用于柑橘、柠檬类精油的提取。压榨法的最大特点是生产过程可以在室温下进行，这样柑橘油中的萜烯类化合物不会发生化学变化，可以确保精油质量，使其香气逼真，但操作复杂，出油率低。

③ 浸提法：即采用水、酒精、石油醚、油脂及其他溶剂对芳香原料（包括含精油的植物各部分、树脂树胶以及动物的泌香物质等）作选择性萃取，提取芳香成分。根据所用的溶剂不同，可分为冷浸法、温浸法和浸提法三种。

④ 吸附法：主要用于捕捉鲜花和食品中的一些挥发性香味成分。目前，常用的吸附剂有活性炭、氧化铝、硅酸、分子筛、XAD-4 树脂和多孔聚合物，如 Chromosorb100、Porapak-Q 和 Tenax-GC、TA 等，尤其以易脱附的 XAD-4 树脂和 Tenax-GC 应用最广。

⑤ 超临界萃取法：是 20 世纪 60 年代兴起的一种新型分离技术。超临界流体的密度接近于液体，而其黏度、扩散系数接近于气体，因此其不仅具有与液体溶剂相当的溶解能力，还有很好的流动性和优良的传质性能，有利于被提取物质的扩散和传递。超临界流体萃取技术正是利用其特殊性质，通过调节系统的温度和压力，改变溶质的溶解度，实现溶质的萃取分离。

3. 单离香料的制备

天然香料是多种化合物的混合物，其成分一般多达数百种。在这些天然香料中，如果其中某一种成分或几种成分含量较高，根据实际使用的需要常将它们从天然香料中分离出来，称为单离。单离出来的香料化合物称为单离香料，通常是纯度很高的单一化合物。

　　单离香料同属于天然香料范畴。单离香料的香气一般比普通天然香料稳定,在调香中使用起来很方便。另外,单离香料是合成其他香料和有机合成的重要原料。由于单离香料属于天然香料,具有可再生特点。单离香料的生产方法分为两大类:物理方法有分馏、冻析、重结晶、分子蒸馏等,化学方法有硼酸酯法、酚钠盐法、亚硫酸氢钠加成法等。

　　分馏法是从天然香料中单离某一化合物最常用的一种方法,适用于在常压或减压下单离化合物的沸点与其他组分的沸点有较大差距的天然香料。例如,从芳樟油中单离芳樟醇,从香茅油中单离香叶醇,从松节油中单离蒎烯等。分馏法生产的主要设备是填料塔,为防止分馏过程中温度过高引起香料组分的分解、聚合,通常均采用减压分馏。

　　冻析法是利用低温使天然香料中的某些化合物呈固体析出,然后将析出的固体化合物与其他液体成分分离,从而得到较纯的单离香料,适用于单离的化合物与其他组分的凝固点有较大差距的天然香料。例如,从薄荷油中提取薄荷脑,从柏木油中提取柏木脑,从樟脑油中提取樟脑等。

　　分子蒸馏也称短程蒸馏,是一种在高真空度下(0.1Pa～100Pa)进行液液分离操作的连续蒸馏过程,其实质是分子的蒸发过程。分子蒸馏法是一种温和的分离技术,具有真空度高、蒸馏温度低、物料受热时间短、分离程度高等特点。目前,国内已具备了单级和多级短程降膜式分子蒸馏装置的制造能力和应用技术,并应用于多种产品的生产中。

　　另外,化学法是利用对天然香料中的单离成分基团的衍生、修饰和转化,再进行分离和提取的方法。如硼酸酯法是利用硼酸与精油中的醇反应生成高沸点的硼酸酯,经减压分馏,先将精油中的低沸点成分回收,所剩高沸点的硼酸酯经皂化反应使醇游离出来,分离出来的醇再经减压蒸馏即得到精醇;酚钠盐法是采用酚类化合物与碱作用生成溶于水而不溶于有机溶液的盐,将酚钠盐分离出来后,再经过酸化,酚类化合物便可重新析出。

4. 制备实例

　　薄荷油:原料为亚洲薄荷的地上部分(茎、枝、叶和花序),采用水上蒸馏,得油率0.5%～0.6%。

　　工艺条件:鲜薄荷草收割后晒至半干进行蒸馏。加水量以距离蒸垫15cm为宜。蒸馏器装料量为150kg/m³～200kg/m³。蒸馏速度保持1h馏出液为蒸馏器容积的7%左右,蒸馏时间为1.5h～2.0h。蒸馏的蒸汽经冷凝,冷凝液经油水分离器分离得到薄荷原油,薄荷原油经冷冻结晶,过滤分出液体薄荷油素得到粗薄荷脑,最后粗薄荷脑经重结晶得到薄荷脑。

　　工艺流程:

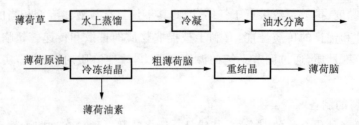

三、常用天然香料

　　食品中常用香料如下:咖啡酊、香荚兰豆酊、甘草酊、广藿香油、留兰香油、甜橙油、柠檬油、柚皮油薄荷油、姜油、八角茴香油、肉桂油、月桂叶油、桉叶油、薰衣草油等。

1. 咖啡酊

咖啡酊含有挥发性酯类、乙酸、醛等60余种芳香物质和咖啡因、单宁、焦糖等。由茜草科木本咖啡树的成熟种子，经焙烤、冷却后磨成细粒状，然后用有机溶剂提取而得。

（1）性状　咖啡酊为棕褐色液体，具有咖啡香气味和口味。

（2）性能　具有赋予食品咖啡香味的性能。

（3）毒性　美国食品与药物管理局将本品列为一般公认为安全物质。

（4）应用　按我国《食品添加剂使用卫生标准》(GB 2760—2011)，规定本品为允许使用的食用天然香料。主要用于酒类、软饮料和糕点等，用量按正常生产需要添加。

2. 甘草酊

甘草酊主要含有甘草素、甘草次酸、甘草苷、异甘草苷、新甘草苷等。甘草洗净、干燥，然后用乙醇提取，提取液经过滤、浓缩即得。

（1）性状　甘草酊为黄色至橙黄色液体，有微香，味微甜。

（2）性能　甘草酊具增香、解毒等功效。

（3）毒性　性平，无毒性。

（4）应用　按我国《食品添加剂使用标准》(GB 2760—2011)，规定甘草酊为允许使用的食用天然香料。

除用于食品外，现在广泛用于化妆品和医药中。

3. 留兰香油

留兰香油又称薄荷草油、矛形薄荷油或绿薄荷油。主要成分有 L-香芹酮、L-柠檬烯、L-水芹烯、桉叶素、L-薄荷酮、异薄荷酮、3-辛醇、蒎烯和松油醇等。以留兰香的茎、叶为原料，采取水蒸气蒸馏法提油。得油率0.3%～0.4%。

（1）性状　留兰香油为无色或微带黄色，或黄绿色液体，有留兰香叶的特征香气。

（2）性能　能使食品有留兰香的香气，产生特殊风味。

（3）毒性　尚无数据。

（4）应用　按我国《食品添加剂使用标准》(GB 2760—2011)，规定留兰香油为允许使用的食品天然香料。可直接用于糖果、胶姆糖，如用在留兰香硬糖中。此外还可用于调配香精。

4. 甜橙油

甜橙油有冷磨油、冷榨油和蒸馏油3种，主要成分为烯(90%以上)、类醛、辛醛、己醛、柠檬醛、甜橙醛、十一醛、芳樟醇、萜品醇、邻氨基苯甲酸甲酯等多种成分。

（1）性状　冷榨品和冷磨品为深橘黄色或红棕色液体，有天然的橙子香气，味芳香。遇冷变混浊。与无水乙醇、二硫化碳混溶，溶于冰醋酸。蒸馏品为无色至浅黄色液体，具有鲜橙皮香气。溶于大部分非挥发性油、矿物油和乙醇，不溶于甘油和丙二醇。可采用冷磨法、冷榨法、蒸馏法提油，冷磨法提油率0.35%～0.37%；冷榨法得油率0.3%～0.5%；蒸馏法得油率0.4%～0.7%。

（2）性能　甜橙油是多种食用香精主要成分，可直接用于食品，尤其是高档饮料中，以赋予其天然橙香气味。不得用于有松节油气味的食品。

(3) 毒性　白鼠、兔子 $LD_{50} > 5.0g/kg$（体重）。美国食品与药物管理局（FDA）将本品列为一般公认安全物质。

(4) 应用　按我国《食品添加剂使用标准》（GB 2760—2011），规定甜橙油为允许使用的食用天然香料。主要用于调配橘子、甜橙等果型香精，也直接用于食品，如清凉饮料、啤酒、冷冻果汁露、糖果、糕点、饼干和冷饮等。用量按正常生产需要而定，如橘汁中用量为 0.05%。

5. 柠檬油

柠檬油有冷磨品和蒸馏品两种，其主要成分有苎烯（90%）、柠檬醛（2%～5%）、辛醛、壬醛、癸醛、十二醛、蒎烯、芳樟醇、乙酸芳樟酯、乙酸香叶酯、乙酸橙花酶酯和香叶醇等。

(1) 性状　柠檬油冷磨品为浅黄色至深黄色，或绿黄色液体，具有清甜的柠檬果香气，味辛辣微苦。可与无水乙醇、冰醋酸混溶，几乎不溶于水。蒸馏品为无色至浅黄色液体，气味和滋味与冷榨品同。可溶于大多数挥发性油、矿物油和乙醇，可能出现混浊。不溶于甘油和丙二醇。将柠檬鲜果进行冷磨法或蒸馏法提油，冷磨法得油率 0.2%～0.5%，蒸馏法得油率 0.6%（以果皮计）。

(2) 性能　柠檬油赋予糖果、饮料、面包制品以浓郁的柠檬鲜果皮的特征气味，也常用于化妆品香精和烟草香精中，以增强柠檬香气。

(3) 毒性　大鼠、兔子经口 $LD_{50} > 5.0g/kg$（体重）。美国食用香料制造协会（1985）将其列为一般公认安全物质。

(4) 应用　按我国《食品添加剂使用标准》（GB 2760—2011），规定其为允许使用的食品天然香料。可用于糖果、面包制品、软饮料。

6. 薄荷油

薄荷油（亚洲）主要成分为薄荷脑（即薄荷醇）、薄荷酮、乙酸薄荷酯、丙酸乙酯、α-蒎烯、辛醇-3、莰烯、苎烯、百里香酚胡椒酮、胡薄荷酮、异戊酸、石竹烯、异戊醛、糠醛及己酸等。

(1) 性状　薄荷油为淡黄色或淡草绿色液体，温度稍降低即会凝固，有强烈的薄荷香气和清凉的微苦味。凝固点 5℃～28℃，酸值 $< 2mg(KOH)/g$。以薄荷全草为原料，用水蒸气蒸馏法提取油，得率为 1.3%～1.6%。

(2) 性能　赋予食品薄荷清香，使口腔有清凉感，有清凉、祛风、消炎、镇痛和兴奋等作用，构成食品特殊风味。

(3) 毒性　FAO/WHO 对薄荷油 ADI 未作规定。

(4) 应用　按我国《食品添加剂使用标准》（GB 2760—2011），规定薄荷油为允许使用的食用天然香料。主要用于糕点、胶姆糖、甜酒等，用量按正常生产需要而定。

按 FAO/WHO 规定，薄荷油用于菠萝罐头、青豆罐头、果冻和果酱，用量视生产需要而定。

7. 八角茴香油

八角茴香油又称大茴香油，主要成分有大茴香脑（80%～95%）、大茴香醛、大茴香酮、茴香酸、苎烯、松油醇和芳樟醇等。将八角茴香的新鲜枝叶或成熟的果实粉碎后采用水蒸气蒸馏法提取，得油率 0.3%～0.7%。

(1) 性状　八角茴香油为无色透明或浅黄色液体，具有大茴香的特征香气，味甜。凝固点 15℃。易溶于乙醇、乙醚和氯仿，微溶于水。

（2）性能 八角茴香是常用的烹调用辛香料，八角茴香油广泛用于食品、化妆品和医药等。用于食品使之具有八角茴香的香气，特别适用于酒、饮料中。在化妆品中，主要用于牙膏、牙粉、香皂等，使它们具有特征香气。在医药中起兴奋、祛风、镇咳等作用。

（3）毒性 八角茴香是人们数千年来使用的调味料，并未发现因用于食品而导致影响健康的事例。

美国食用香料制造者协会将其列入一般公认安全物质。

（4）应用 按我国《食品添加剂使用标准》（GB 2760—2011），规定八角茴香油为允许使用的食用天然香料。主要用于酒类、碳酸饮料、糖果及焙烤食品等，用量按正常生产需要而定。还可用作提取食用茴香脑和大茴香酸的原料。

8. 月桂叶油

月桂叶油主要成分有桉叶素（约50%）、丁香酚、柠檬酸、蒎烯、乙酰基丁香酚、α-水芹烯、L-芳樟醇、香叶醇、萜烯和倍半萜等。

（1）性状 月桂叶油为无色或浅黄色液体，具有芳香辛辣的气味，味甜（类似玉树泊的甜味）。易挥发，溶于乙醇、苯甲酸苄酯、邻苯二甲酸二乙酯和大多数非挥发性油中，不溶于甘油。对弱碱和有机酸相当稳定。以月桂树的鲜叶、茎和木质化的小枝为原料，用水蒸气蒸馏法制取，得率1%～3%。

（2）性能 对副食品增香效果良好，并有一定的防霉性能。

（3）毒性 美国食品与药物管理局将其列为一般公认安全物质，无毒性。

（4）应用 按我国《食品添加剂使用标准》（GB 2760—2011），规定月桂叶油为允许使用的食用天然香料。多用于香肠、罐头、泡菜、沙司、汤和调味料等，使用量按正常生产需要量为限。

9. 桉叶油

桉叶油的主要成分有桉叶素（65%～85%）、蒎烯、莰烯、水芹烯、乙酸香叶醇、异戊醛、香茅醛和胡椒酮等。是以天然桉叶树、桉蓝树、香樟树、樟树等的枝叶为原料，用水蒸气蒸馏法提取而得。

（1）性状 桉叶油为无色或微黄色液体，具有桉叶素刺激性清凉香气味。溶于乙醇，几乎不溶于水。

（2）性能 除用于配制食品香精，可提高香精增香性能外，还广泛用于配制化妆品用香精，以提高和增强香气。此外桉叶油还有杀菌防腐作用。

（3）毒性 兔子$LD_{50} > 5.0 g/kg$（体重）。

（4）应用 按我国《食品添加剂使用标准》（GB 2760—2011），规定桉叶油为允许使用的食用天然香料。主要用于配制口香糖、止咳糖型香精，用量按正常生产需要而定。

第三节 合 成 香 料

一、合成香料类型

合成香料是采用天然原料或化工原料，通过化学合成制取的香料化合物。合成香料根据其合成所用原料的来源不同以及是否在天然产品中有所发现,可分为天然级香料、天然等同香料和人造香料。合成香料的制备包括了对各种类型香料中主体物质(化合物)的合成。从化学结构上合成香料可按照其中的官能团和碳原子骨架进行分类。

1. 按官能团分类

按官能团可分为烃类香料、醇类香料、酚类香料、醚类香料、醛类香料、酮类香料、缩羰基类香料、酸类香料、酯类香料、内酯类香料、腈类香料、硫醇香料、硫醚类香料等。

2. 按碳原子骨架分类

按碳原子骨架可分类为萜烯类(萜烯、萜醇、萜醛、萜酮、萜酯)、芳香族类(芳香族醇、醛、酮、酸、酯、内酯、酚、醚)、脂肪族类(脂肪族醇、醛、酮、酸、酯、内酯、酚、醚)、杂环和稠环类(呋喃类、噻吩类、吡咯类、噻唑类、吡啶类、吡嗪类、喹啉类)。

二、合成香料的制备

随着对食品香料的需求量增大,仅仅使用天然香料已经不能满足需要,于是人们开始研究用有机合成的方法,生产物美、价廉、产量大的合成香料。随着科学技术水平不断提高、生产工艺逐步完善,合成香料品种迅速增加。据统计,20世纪50年代合成香料约有300个品种,60年代约为750个,70年代达到3100个。目前世界上合成的香料已超过5000个品种,能够用于食品的有近3000多种。由于食品合成香料的种类繁多,制备方法各不相同,在此仅对制备中的工艺特点及主要产品品种作一简单介绍。

合成香料的工艺特点

合成香料的生产按其生产性质属于精细有机合成工业,但合成香料工业也有其本身的特点。

(1)合成香料具有品种多、消费量少的特点。因此,在生产上大多采用生产规模小的间歇式生产方式。

(2)有些合成香料对温度、光或空气是不稳定的。因此,在工艺选择、生产设备、包装方法和贮存运输等方面,应给以足够的重视。

(3)生产合成香料所用的化工原料种类多,其性质各不相同,而且合成香料本身又大多具有挥发性,因此,要特别注意安全生产和环境保护等问题。

(4)合成香料与人们的日常生活和身体健康息息相关。其产品质量必须严格检验,要有安全卫生管理制度和必要的检测设备,必要时还应做毒理检验。

三、主要合成香料品种

合成香料是利用有机合成方法制备的香料,其品种已近3000种,是食品添加剂中数量最多、作用最突出、最重要的组成部分。大多数食品香料化合物除了含有C、H两种元素外,还含有一定比例的O,S,N三种元素。

合成香料一般不单独用于食品的加香,多用于配成食用香精使用。下面介绍主要的品种。

1. 柠檬醛

柠檬醛有α柠檬醛(香叶醛)和β-柠檬醛(橙花醛),化学式$Cl_{10}H_{16}O$,相对分子质量152.24。

α-柠檬醛　　　　　　β-柠檬醛

（1）性状　柠檬醛为无色或淡黄色液体,有强烈的类似无萜柠檬油的香气,为 α-柠檬醛和 β-柠檬醛的混合物。能与醇、醚、甘油、丙二醇、精油、矿物油混溶。不溶于水,化学性质较活泼,在碱中不稳定,能与强酸聚合。

（2）毒性　大鼠经口 LD_{50} 为 4.96g/kg（体重）。对大鼠最大无作用量（MNL）为0.5g/kg（体重）。ADI 为 00.5mg/kg（体重）,FAO/WHO 将其列为一般公认安全物质。

（3）应用　按我国《食品添加剂使用标准》（GB 2760—2011）,规定柠檬醛为允许使用的食用合成香料。主要用于配制柠檬、柑橘、什锦水果等果香型香精。用量按正常生产需要而定。美国食用香料制造者协会规定的使用范围和用量如下:软饮料,0.00092％;冷饮,0.0023％;糖果,0.0041％,焙烤食品,0.0043％;胶姆糖,0.0170％。

2. 香兰素

香兰素化学名称为 4-羟基-3-甲氧基苯甲醛,化学式 $C_8H_8O_3$,相对分子质量 152.15。

香兰素

（1）性状　香兰素为白色至微黄色针状结晶或晶体粉末,具有类似香荚兰豆香气,味微甜。熔点 81℃～83℃,沸点 284℃～285℃,相对密度 1.056。易溶于乙醇、乙醚、氯仿、冰醋酸和热挥发性油等,溶于水、甘油。对光不稳定,在空气中逐渐氧化。遇碱或碱性物质易变色。

（2）毒性　大鼠经口 LD_{50} 为 1.58g/kg（体重）,对大鼠最大无作用量（MNL）为 1g/kg（体重）。1967 年规定,ADI 为 0mg/kg～10mg/kg（体重）。FAO/WHO（1985）将香兰素列为一般公认安全物质。

（3）应用　按我国《食品添加剂使用标准》（GB 2760—2011）,规定香兰素为允许使用的食用合成香料。用于配制香草、巧克力、奶油等型香精,用量为 25％～30％。直接用于饼干、糕点时,用量 0.1％～0.4％;用于冷饮时,用量为 0.01％～0.3％;用于糖果时,用量为0.2％～0.8％。

3. 糠醛

糠醛,化学式 $C_5H_4O_2$,相对分子质量 96.09。

（1）性状　糠醛为无色液体,暴露在光和空气中变成棕红色而树脂化,具有类似谷类、苯甲醛的气味,有焦糖味。熔点 −38.7℃,沸点 161.7℃,闪点 60℃。极易溶于乙醇、乙醚,易溶于热水、丙酮、苯及氯仿。

（2）毒性　大鼠经口 LD_{50} 为 0.127g/kg（体重）。FAO/WHO（1979）对糠醛的 ADI 未

作规定。糠醛能刺激皮肤和黏膜,空气中最高允许浓度为 0.0005%。

(3) 应用　按我国《食品添加剂使用标准》(GB 2760—2011),规定糠醛为允许使用的食品合成香料。主要用于配制面包、奶油硬糖、咖啡等热加工型香精。

4. 苯甲醛

苯甲醛亦称安息香醛、人造苦杏仁油,化学式 C_7H_6O,相对分子质量 106.12。

(1) 性状　苯甲醛为无色或淡黄色液体,有苦杏仁香气,焦味。熔点 -26℃,沸点 179.9℃,闪点 62℃。与乙醇、乙醚、氯仿、挥发和非挥发性油混溶。微溶于水,具有强折光性。不稳定,遇空气和光氧化成苯甲酸。能随水蒸气挥发。

(2) 毒性　大鼠经口 LD_{50} 为 1.3g/kg(体重)。对大鼠最大无作用量(MNL)为 0.5g/kg(体重)。1967 年规定,ADI 为 0mg/kg～5mg/kg(体重)。FAO/WHO 将苯甲醛列为一般公认安全物质。

苯甲醛有低毒,对神经有麻醉作用,对皮肤有刺激作用。

(3) 应用　按我国《食品添加剂使用标准》(GB 2760—2011),规定苯甲醛为暂时允许使用的食品合成香料。主要用于配制杏仁、樱桃、桃、果仁等型香精,用量为 40% 左右。也可直接用于食品。

5. 丁香酚

丁香酚亦称丁子香酚、丁香油酚和 4-烯丙基-2-甲氧基苯酚,化学式 $C_{10}H_{12}O_2$,相对分子质量 164.20。

丁香酚

(1) 性状　丁香酚为无色或淡黄色液体,具有浓郁的竹麝香气味。熔点 -9.2℃～-9.1℃,沸点 253.2℃。混溶于乙醇、乙醚、氯仿和挥发性油中,溶于冰醋酸和苛性碱,不溶于水。具有很强的杀菌力。在空气中色泽逐渐变深,液体变稠。可将红色石蕊变蓝,与三氯化铁的乙醇溶液作用呈蓝色。

(2) 毒性　大鼠经口 LD_{50} 为 2.68g/kg(体重),中等大小的狗经口 LD_{50} 为 7g/kg～88g/kg(体重)。1982 年规定,ADI 为 0mg/kg～2.5mg/kg(体重)。丁香酚无毒害作用。

(3) 应用　按我国《食品添加剂使用标准》(GB 2760—2011),丁香酚规定为允许使用的食品合成香料。主要用于配制烟熏火腿、坚果和香辛料等型香精。亦用于配制康乃馨型花露水、化妆品和香皂用香精。还可用作局部镇痛药等。

6. 乙基麦芽酚

乙基麦芽酚亦称 3-羟基-2-乙基-4-吡喃酮,化学式 $C_7H_8O_3$,相对分子质量 140.14。

乙基麦芽酚

（1）性状 乙基麦芽酚为白色或淡黄色结晶或晶体粉末，具有非常甜蜜的持久焦甜香气，味甜，稀释后呈果香味。熔点89℃～93℃。溶于乙醇、氯仿、水及丙二醇，微溶于苯和乙醇。乙基麦芽酚的性能和效力较麦芽酚强4～6倍。

（2）毒性 小鼠经口LD_{50}为1.2g/kg（体重），FAO/WHO（1974）规定，ADI为0mg/kg～2mg/kg（体重）。以0.2g/kg（体重）的剂量每日对大鼠投药2年，其生长、体重、血检均正常。

（3）应用 按我国《食品添加剂使用标准》（GB 2760—2011），规定乙基麦芽酚为允许使用的食用合成香料。主要用于配制草莓、葡萄、菠萝、香草等型香精。也可直接用于食品，用量少于麦芽酚，按正常生产需要使用。

7. 丁酸异戊醋

丁酸异戊醋亦称酪酸异戊醋，化学式$C_9H_{18}O_2$，相对分子质量158.23。

（1）性状 丁酸异戊醋为无色透明液体，具类似生梨香气。沸点179℃，闪点65℃。易溶于乙醇、乙醚，几乎不溶于水、丙二醇和甘油。

（2）毒性 大鼠经口LD_{50}为12.21g/kg（体重）。FAO/WHO（1979）规定，ADI为0mg/kg～3mg/kg（体重）（以异戊醇表示）。

（3）应用 按我国《食品添加剂使用标准》（GB 2760—2011），规定丁酸异戊酯为允许使用的食用合成香料。主要用于配制香蕉、菠萝、杏、樱桃和什锦水果等型香精。用量按正常生产需要而定。按日本《食品添加物公定书》规定，纯度在98%以上，不得用于加香以外的其他目的。

按美国食用香料制造者协会规定，本品的使用范围和用量如下：软饮料0.0013%，冷饮0.0034%，糖果0.0079%，焙烤食品0.0051%，布丁类0.0060%，胶姆糖0.0570%。

8. 山楂核烟熏香味料1号、2号

山楂核烟熏香味料主要成分为愈创木酚、4-甲基愈创木酚、2,6-二甲氧基酚、糠醛、5-甲基糠醛、乙酰基呋喃等。

（1）性状 山碴核烟熏香味料1号为淡黄色到橘红色易流动液体，存放期间有少量焦油状物析出，有浓郁天然烟熏香气兼有鲜咸味感。山碴核烟熏香味料2号为棕红色或暗棕色易流动液体，有浓郁烟熏香气、烟熏肉样香气。溶于乙醇和水。

（2）毒性 无毒性。

（3）使用 按我国《食品添加剂使用标准》（GB 2760—2011），规定山楂核烟熏香味1号、2号为允许使用的天然等同香料。可用于鱼、肉、禽制品、豆制品。最大使用量为1g/kg。山楂核烟熏香味1号、2号，用于熏制食品除赋香外，还有一定的防腐保鲜功能。

第四节 香　精

若干香料经调配而成的香料混合物称为调和香料，商业上习惯称为香精。调配香精的过程称为调香。

香精的大致分类有食用香精、日化香精、工业香精、薰香用香精等。日化香精的产品有香水、古龙水、花露水、香皂、洗衣粉、洗发香波、膏霜、发油、发蜡、分类化妆品、气雾杀虫剂、餐巾纸、熏香蚊香等多种。薰香类有佛香及卫生香。工业类需要去异味类产品,塑料、纤维、橡胶。

食用香精就是以大自然的含香食物为模仿对象,用各种安全性高的香料及辅助剂调和而成,并用于食品的香味剂。在香型方面,大多数是模仿各种果香而调和的果香型香精,其中使用最广的是橘子、柠檬、香蕉、菠萝、杨梅五大类果香型香精,大多用于饮料产品中;酒用香型香精主要为柑橘酒香、朗姆酒香、杜松酒香、白兰地酒香及威士忌酒香等;在糕点、糖果中主要为杏仁香、胡桃香、香草香、可可香、咖啡香、奶油香、奶油太妃香、焦糖香等;在方便食品中各种肉味香精则比较常见。

食用香精品种较多,按剂型可分为液体香精、膏状香精和固体香精。液体香精按溶解性不同又可分为水溶性香精、油溶性香精和乳化香精。固体香精又称粉末香精。

一、香精的香气组成

香精是由多种香料配合为一体的混合物,各种香料的沸点不同,挥发便有了先后。头香也称顶香,它是香精中最易挥发的组分产生的香气。头香作为整体香气中的一个组成部分,能使整个香精的香气提起、轻快和有效。没有头香,香气显得平淡,气味不怡人。在嗅辨的前几分钟,给人以初步的印象,这对香精的形象是很重要的。

体香也称中段香它是香精的中等挥发性组分产生的香气,是香精主体香气,代表了香精的特征,其香气能在相当长时间内保持稳定和一致、体香是香精的主要组成部分。

基香也称尾香,它是香精中挥发性低的成分或某些定香剂产生的香气,留香时间长,即使干后也有香气,有些香气可以保持几天或几周,甚至几个月。

二、香精的原料组成

香精中的每种香料对香精的整体香气都起到挥发作用,但起的作用并不同,有的是主体原料(主香剂);有的起到协调主体的香气作用(协调剂、调和剂或合香剂),有的却起到修饰主体香气作用(修饰剂);有的为减缓易挥发香精组分的挥发速度(定香剂)。

主香剂是形成某一香型香精的关键性香料。

调和剂也称合香剂,它是用来调和主体香料的香气,使香精中的单一香料的气味不至于太突出,从而产生协调一致的香气。

修饰剂也称变调剂、矮香剂,是用某种香料的香气去修饰另一香料的香气,使之具有某种特殊效果的香气。修饰剂用量很少,其香气常与主体香气无关。

定香剂也称保香剂,其作用是调和成分的挥发度,使香精的留香时间加长,香气稳定,即尽量长久地保持原来香型和香料特征。定香剂是通过与香精中易挥发组分的物理化学作用(包膜、分子间静电吸引和氢键等)使其蒸汽压降低,从而减慢其蒸发的速度。这些定香剂对香精的香气贡献不大,定香剂还起着修饰作用。它是相对分子质量较大,沸点高的物质,如大环化合物、固体物质、有香味的树脂、胶等都可作为定香剂。定香剂品种多,动物性定香剂如天然麝香是最好的定香剂,值物性的定香剂与化学合成定香剂一起使用更为普遍。某种

定香剂在不同的香型香精中有不同的效果,也就是说某种香精具有选择性的使用定香剂。

三、水溶性香精

水溶性香精是将各种天然香料、合成香料调配成的,主香体溶解于蒸馏水、乙醇、丙二醇或甘油等稀释剂中,必要时再加入酊剂、萃取物或果汁而制成,为食品中使用最广泛的香精之一,主要用于饮料、乳制品和糖果中。

1. 性状

一般为透明的液体,其色泽、香气、香味和澄清度符合各该型号的指标。在水中透明溶解或均匀分散,具有轻快的头香,耐热性较差,易挥发。本品在蒸馏水中的溶解度为 $0.10\%\sim0.15\%(15℃)$,对 20%(体积分数)乙醇的溶解度为 $0.20\%\sim0.30\%(15℃)$。水溶性香精不适合用于在高温加工的食品。

2. 配制方法

将各种香料和稀释剂按一定比例与适当顺序相互混溶,经充分搅拌,再经过过滤制成。香精若经一定成熟期贮存,其香气往往更为圆熟。水溶性香精一般分为柑橘型香精和酯型水溶性香精,它们的制法不完全相同。

柑橘型香精的制法:将柑橘类植物精油 $10\sim20$ 份和 $40\%\sim60\%$ 乙醇 100 份,加于带有搅拌装置的抽出锅中,在 $60℃\sim80℃$ 下搅拌 $2h\sim3h$,进行温浸,也可在常温下搅拌一定时间,进行冷浸。将上述抽出锅中温浸或冷浸物密闭保存 $2d\sim3d$ 后进行分离,分出乙醇溶液部分于 $-5℃$ 左右冷却数日,加入适当的助滤剂趁冷将析出的不溶物过滤除去,必要时进行调配,经圆熟后即得成品。生产中冷却是为了除萜,除萜后制得的水溶性香精,溶解度好,比较稳定,香气也较浓厚,去萜不良的香精会发生浑浊。用作柑橘类精油原料的有橘子、柠檬、白柠檬、柚子、柑橘等。

酯型水溶性香精(水果香精)的制法:将主香体(香基)、醇和蒸馏物混合溶解,然后冷却过滤,着色即得制品。下面介绍几种酯型水溶性香精的配方(%)。

苹果香精:苹果香基 10、乙醇 55、苹果回收食用香味料 30、丙二醇 5。

葡萄香精:葡萄香基 5、乙醇 55、葡萄回收食用香味料 30、丙二醇 10。

香蕉香精:香蕉香基 20、水 25、乙醇 55。

菠萝香精:菠萝香基 7、乙醇 48、柑橘香精 10、水 25、柠檬香精 10。

草莓香精:麦芽酚 1、乙醇 55、草莓香基 20、水 24。

西洋酒香精:乙酸乙酯 5、酒浸剂 10、丁酸乙酯 1.5、乙醇 55、甲酸乙酯 2.5、水 25、异戊醇 1。

咖啡香精:咖啡酊 90、10%呋喃硫醇 0.05、甲酸乙酯 0.5、丁二酮 0.02、西克洛汀 0.5、丙二醇 8.93。

香草香精:香荚兰酊 90、麦芽酚 0.2、香兰素 3、丙二醇 6.3、乙基香兰素 0.5。

3. 应用

食用水溶性香精适用于汽水、冰淇淋、冷饮、酒、酱、菜和调味品等食品的赋香。汽水、冰棒中用量为 $0.02\%\sim0.1\%$,酒中用量为 $0.1\%\sim0.2\%$;用于软糖、糕饼夹馅、果子露等,用量为 $0.35\%\sim0.75\%$。针对香味的挥发性,对工艺中需加热的食品应尽可能在加热冷却后或在加工后期加入。对要进行脱臭、脱水处理的食品,应在处理后加入。

4. 贮存

由于香精含有各种香料和稀释剂,除了容易挥发,有些香料还易变质。一般主要是由于氧化、聚合、水解等作用的结果,引起并加速这些作用的则往往是由于温度、空气、水分、阳光、碱类、重金属等。香精一般采用深褐色的玻璃瓶盛装,大包装可用铝桶盛装,要贮存在阴凉处,贮存温度以10℃～30℃为宜,这样处理有利于防止低沸点香料与稀释剂的挥发而导致浑浊和油水分离,但温度也不宜过低,以防止析出结晶或油水分离的现象,而且温度过低对溶解度有影响,有可能引起加香不均匀的缺点。要避免与空气接触,避免与其他气味混杂。酯类香精闪点较低,易燃烧,贮运中应防火。防止日晒雨淋。启封后的香精应尽快用完,如未启封的香精其保质期为1～2年。

四、油溶性香精

油溶性香精通常是用精炼植物油脂、甘油或丙二醇等油溶性溶剂将香基加以稀释而成。

1. 性状

为透明的油状液体,其色泽、香气、香味和澄清度符合各该型号的指标,不发生表面分层或混浊现象。以精炼植物油作稀释剂的食用油溶性香精,在低温时会发生冻凝现象。香味的浓度高,在水中难以分散,耐热性高,留香性能较好,适合于高温操作的食品和糖果及口香糖。

2. 配制

油溶性香精通常是取香基10％～20％和植物油、丙二醇等80％～9％(作为溶剂),加以调和即得制品。下面介绍几种油溶性香精的配方(％)。

苹果香精:苹果香基15、植物油85。

香蕉香精:香蕉香基30、柠檬油3、植物油67。

葡萄香精:葡萄香基10、麦芽酚0.5、乙酸乙酯10、植物油79.5。

菠萝香精:菠萝香基15、植物油83、柠檬油2。

草莓香精:草莓香基20、麦芽酚0.5、乙酸乙酯5、植物油74.5。

咖啡香精:咖啡油树脂50、10％呋喃硫醇0.2、甲基环戊烯酮醇2、丁二酮0.1、麦芽酚1、丙二醇46.7。

香荚兰香精:香荚兰油树脂30、麦芽酚1、香兰素5、丙二醇42、乙基香兰素2、甘油20。

3. 应用

食用油溶性香精主要用于焙烤食品、糖果等赋香。用量为:糕点、饼干中0.05％～15％,面包中0.04％～0.1％,糖果中0.05％～0.1％。在焙烤食品中,必须使用耐热的油溶性香精。

五、乳化香精

乳化香精是由食用香料、食用油、密度调节剂、抗氧化剂、防腐剂等组成的油相和由乳化剂、防腐剂、酸味剂、着色剂、蒸馏水等组成水相,经乳化、高压均质制成的乳状液。通过乳化可抑制挥发,由于节约乙醇,成本较低。但若配制不当可造成变质,并造成食品的细菌性污染。

1. 性状

乳化香精为稳定的乳状液体系,不分层。香气、香味符合同一型号的标准样。粒度小于 $2\mu m$,并均匀分布。稀释 1 万倍,静置 72h,无浮油,无沉淀。

乳化香精的贮存期为 6～12 个月,若使用贮存期过久的乳化香精,能引起饮料分层、沉淀。乳化香精不耐热、冷,温度下降至冰点时,乳化体系破坏,解冻后油水分离;温度升高,分子运动加速,体系的稳定性变低,原料易受氧化。

2. 配制

油相成分,即由香料、食用油、密度调节剂、抗氧化剂和防腐剂加以混合制成油相。水相成分,即由乳化剂、防腐剂、酸味剂和着色剂溶于水制成水相。然后将两相混合,用高压均质器均质、乳化,即制成乳化香精。

3. 应用

乳化香精适用于汽水、冷饮的赋香。用量:雪糕、冰淇淋、汽水为 0.1％;也可用于固体饮料,用量为 0.2％～1.0％。

六、粉末香精

使用赋形剂,通过乳化、喷雾干燥等工序可制成一种粉末状香精。由于赋形剂(胶质物、变性淀粉等)形成薄膜,包裹住香精,可防止受空气氧化或挥发损失,且贮运方便,特别适用于疏水性的粉状食品的加香。

粉末香精可分为四种配制法。

1. 载体与香料混合的粉末香精

将香料与乳糖一类的载体进行简单的混合,使香料附着在载体上,即得该种香精。如取香兰素 10％、乳糖 80％、乙基香兰素 10％,将它们粉碎混合,过筛即得粉末香荚兰香精。该类香精主要用于糖果、冰淇淋、饼干等。

2. 喷雾干燥制成的粉末香精

将香料预先与乳化剂、赋形剂一起分散于水中,形成胶体分散液,然后进行喷雾干燥,成为粉末香粉。该法制得的粉末香精,其香料为赋形剂所包覆,可防止氧化和挥发,香精的稳定性和分散性也都较好。如粉末橘子香精的制法,取橘子油 10 份、20％阿拉伯树胶液 450 份,采用与乳化香精同样的方法制成乳状液,然后进行喷雾干燥,即得到柑橘油被阿拉伯胶包覆的球状粉末。

3. 薄膜干燥法制成的粉末香精

将香料分散于糊精、天然树胶或糖类的溶液中,然后在减压下用薄膜干燥机干燥成粉末。这种方法去除水分需要较长的时间,在此期间香料易挥发变质。

4. 微胶囊香精

微胶囊香精是指香料包裹在微胶囊内而形成的粉末香精。这种香精将香料包藏于微胶囊内,与空气、水分隔离,香料成分能稳定保存,不会发生变质和大量挥发等情况,具有使用方便,放香缓慢持久的特点。在香精工业上主要采取两种胶囊化技术,一种是真胶囊化技术,即以液体香精为核心,周围被如明胶一样的外壳包围,此方法技术成本较高且应用范围有限;第二种是将众多超细香精珠滴包埋在由不同载体组成的基质中。

在选择胶囊化技术时,香精的释放性能是十分重要的因素。根据香精使用范围、浓度及效果的不同,需采用相应的技术实现其控制释放。具体方法有如下几种:①溶解性控制香味释放:当香精胶囊被水溶解时,香味即会释放出来,通过选择适当的载体能够控制胶囊的溶解速度从而控制香精的释放;②非溶解性香味释放:采用不溶于水的胶囊系统,能使香精存在于含水产品中,直至食用时香味释放;③温度控制香味释放:采用特殊技术使胶囊化香精达到以温度控制释放的效果,如在焙烤食品中添加香精,即可在焙烤达到适当温度时释放香味达到所需效果;④机械破碎性香味释放:将细小的明胶胶囊化香精应用于糖果产品中,消费者可在咀嚼产品的机械破碎动作下使香味立即释放。

目前,在香精行业实现胶囊化主要以喷雾干燥法、压缩和附聚法、流化床法、挤压法及凝聚法和沉浸式喷嘴法几种。

七、膏状香精

食品类型膏状香精中最主要的是肉香型香精,它用于蛋白的加香、人造肉及各种汤料、方便食品等。

所谓肉味香精就是具有肉类风味的调味料。最早使用的肉味香精应该算是中国的酱油。在现代香精的研究历程中,肉味香精在我国已有 10 年的历史,但由于目前消费水平还较低,对纯天然肉味香精的要求还不高,加上国内生产纯肉味香精的技术还不过关,因此现在尚未大批量生产。中国是世界上最大的肉制品生产国,近 10 年以 12% 的速度增长,目前肉类总产量超过 6000 万 t/年,人均年消费 50kg,但加工肉制品所占比例不足 5%。中国肉制品市场的竞争就是质量和风味的竞争,尤其是香精和调味料的竞争。

我国的肉味香精按市场现状可分为:合成肉香精(采用天然原料或化工原料,通过化学合成的方法制取香料化合物,按主香、辅香、头香、定香的设计比例而定的香精)、反应调理型香精(利用羰胺原理将氨基酸、多肽等与糖类进行系列反应生成及促进二次生成物生成的香精)和拌和型香精(同时具有上述两种香精特点,但更多以合成香精调配为主的香精);按风味可分为猪肉香精、鸡肉香精、牛肉香精、羊肉香精和海鲜香精;按常用肉香精香型风格可分为:炖肉风格肉香精、优雅烧烤风格香精、肉汤风格香精及纯天然肉香风味香精。

目前用于肉味香精的主要是:一种或几种纯氨基酸和还原糖系统、由 HVP(动物水解蛋白)与含硫氨基酸及还原糖等经加热制成。这种香精香味还不十分逼真于肉香味;以肉蛋白质为基料生产肉味香精如用木瓜蛋白酶、胰蛋白酶或胃蛋白酶对火鸡肉进行水解(60℃,120min),水解物再与含硫化合物及还原糖共热,即产生强烈肉香。

采用肉味香精对食品进行赋香可增加肉香味并减少肉提取物的添加量,降低成本;同时应用先进的酶技术可获得更好的产品,肉味香精的开发具有非常广阔的前景。

第五节 增 香 剂

能显著增加食品、饮料、酒类等原有风味,尤其是能增加香味和甜味的食品添加剂叫增香剂,也叫香味增效剂和香味改善剂。有些增香剂本身也是一种香料,它具有用量极少而增香效果显著,并可以直接加入食品中的特点。现在主要使用的品种是麦芽酚及其同系物、吡嗪、核苷酸等。现在风味增效剂的种类日益增多,如从食品中鉴定出含硫的噻吩和噻唑类化合物,这些含硫杂环化合物许多具有肉香、坚果香、烤香和蔬菜香,可作为肉类、咖啡、可可、烟草和蔬菜的增香剂。还有各种水果、蔬菜风味的增效剂。

1. 麦芽酚

麦芽酚是一种广谱增香剂,增香效果比较广泛,可以对多种风味或食品都表现出良好的增香效果。现麦芽酚的世界总产量为每年 100t。

麦芽酚亦称麦芽醇、落叶松酸、3-羟基-2-甲基-4-吡喃酮,化学式 $C_5H_6O_3$,相对分子质量126. 11。

(1)性质 麦芽酚熔点为 160℃～162℃,93℃开始升华,遇碱变性,是一种有芬芳香气的白色结晶状粉末,并有焦糖样香甜味。无论结晶状或粉末状,其溶液均较稳定,易与铁生成络盐,应保存在玻璃和塑料容器中。麦芽酚有突出的焦糖味香气,适合于水果味、焦糖味为基础的食品,如果酒、巧克力等。麦芽酚对咸味无作用,对酸/甜味、香/甜味确有增强作用,对苦味、涩味有消杀作用。

(2)毒性 雌小鼠经口 LD_{50} 为 1.4g/kg(体重)。FAO/WHO(1981)规定,ADI 为 0mg/kg～1mg/kg(体重)。

(3)应用 按我国《食品添加剂使用标准》(GB 2760—2011),规定麦芽酚为允许使用的食品合成香料。主要用于配制草莓、各种水果型香精。也直接用于巧克力、糖果、罐头、果酒、果汁、冰淇淋、饼干、面包、糕点、咖啡、汽水和冰糕等,用量为 0.01% 左右。

此外,还广泛用于日用品和烟叶,以及用于防腐剂及护肤药物等。

(4)增香作用 麦芽酚对某一个成分的香味起增效作用,在肉、蛋、乳制品中效果显著。如添加在肉制品中,能和肉中氨基酸起作用,明显增加肉香。对水果制品可根据水果的不同风味增香,添加在各种天然果汁配制的原料中,可明显提高果味。加入饮料后,可抑制苦、酸味。假如加入以糖精代替糖的低热或疗效食品和饮料中,也可使糖精所产生的、一种滞后的较强的苦味大大减少且获得最适宜的甜度,口感也由粗糙变得圆润。麦芽酚有风味"乳化作用",可使 2 个或 2 个以上的风味更加协调,在香味之间架起桥梁,使整体香味更统一,产生协调的令人满意的特征风味。麦芽酚及其同系物可以作为香料使用,这时用量较大,作为香味增香剂使用,用量较小,一般添加量在 0.003% 左右。麦芽酚水溶液有弱酸性,因此在酸性条件下增香效果好。

2. 乙基麦芽酚

乙基麦芽酚属 γ-吡喃酮的衍生物,是一种白色结晶粉末,具有焦糖香味及温和的果香味,稀释后具有凤梨、草莓等气息,具体性质等参见合成香料。乙基麦芽酚已广泛用于各种点心、面包、咖啡、可可、果酒及饮料的增香和甜食的增甜。如以 5mg/kg～75mg/kg 用量加入甜食中增甜,不改变食品原有特色,也无异味,还可节约 15% 的食糖;添加在豆制蛋白食品中可去除豆腥味;用于羊肉等烹调可去除膻味。

3. 吡嗪类化合物的增香效果

蔬菜、肉、蛋、油类食品原料,在适当地被烘烤、焙烤、蒸煮加工后,都具有诱人香气,其中吡嗪是最主要的致香物,它能增加食品的烘烤香气,烹调香气和果蔬的清香气。

吡嗪类化合物可单独使用,也可和别的香料共用,吡嗪类化合物的使用量很小,大多在百万分之几,在国内外吡嗪类香料已用于糖果、饮料、汤料、香料等产品中。

吡嗪类化合物对香精有香气的叠加效应,尤其是对可可、烤肉、青果等香精的特征香气效果明显,而且使香气更加逼真,更近于天然。吡嗪类增香剂已用于果酱、菜酱、调味油、干酪、凝胶食品、肉制品、饮料中,效果良好。目前国外已利用枯草杆菌、谷氨酸棒杆菌突变菌株(亮氨酸、异亮氨酸缺陷型)、假单胞菌属等来生产吡嗪达到增香的目的。

除麦芽酚、吡嗪类外,现在风味增效剂的种类日益增多,如从食品中鉴定出含硫的噻吩和噻唑类化合物,这些含硫杂环化合物许多具有肉香、坚果香、烤香和蔬菜香,可作为肉类、咖啡、可可、烟草和蔬菜的增香剂。还有各种水果、蔬菜风味的增效剂。发展这类产品,增强食品的风味,必将使食品工业更加丰富多彩。

【复习思考题】

1. 简述香精和香料的区别及相互关联。

2. 何谓天然香料? 举例说明一种天然香料的性状和应用。

3. 如何更有效地从天然香料中提取香料和配制香精?

4. 简述粉末香精的制作方法。

5. 简述香精微胶囊化的优点及其工艺特点。

6. 结合所学知识,简述食品工业中香料香精的发展趋势。

第七章 调质类食品添加剂

【学习目标】

1. 了解增稠剂、乳化剂、水分保持剂、膨松剂、稳定剂和凝固剂特点。

2. 熟悉增稠剂、乳化剂、水分保持剂、膨松剂、稳定剂和凝固剂增稠剂、乳化剂、水分保持剂、膨松剂、稳定剂和凝固剂的作用机理。

3. 掌握增稠剂、乳化剂、水分保持剂、膨松剂、稳定剂和凝固剂在食品加工中的应用。

第一节 食品增稠剂

一、概述

增稠剂是一类能提高食品黏度或形成凝胶的食品添加剂。在食品加工中能起到提高稠性、黏度、黏着力、凝胶形成能力、硬度、脆性、紧密度以及稳定乳化、悬浊体等作用,使食品获得所需各种形状和硬、软、脆、黏、稠等各种口感。一般均属于亲水性高分子化合物,可水化而形成高黏度的均相液,故又常称做糊料、水溶胶或食用胶。

1. 增稠剂的特点和种类

增稠剂具有以下特点:在水中有一定的溶解度;能在水中强烈溶胀,在一定温度范围内能迅速溶解或糊化;水溶液有较大黏度,具有非牛顿流体性质;在一定条件下能形成凝胶体和薄膜。

增稠剂因增加稠度而使乳化液得以稳定,但它们的单个分子并不同时具有乳化剂所特有的亲水、亲油性,因此,增稠剂不是真正的乳化剂。

增稠剂均属于大分子聚合物,在它们的大分子链上,无论是直链上、支链上或交联的链上,分布有一些酸性的、中性的或碱性的基团,因此使之具有各种不同的络合性能,如不同的耐热性、耐酸性、耐碱性、耐盐性等。

世界上可供使用的增稠剂有 60 余个品种,列入我国食品添加剂使用卫生标准(GB 2760—2011)中的增稠剂共 25 种。总体上可分为天然和化学合成两大类。

天然增稠剂占大多数(约 50 余种),是从海藻和含多糖类黏质的植物、含蛋白质的动植物和微生物中提取的,大致可分为以下几类:由海藻类所产生的胶及其盐类,如海藻酸、琼脂、卡拉胶等;由树木渗出液所形成的胶,如阿拉伯胶等;由植物种子所制得的胶,如瓜豆胶、槐豆胶等;由植物的某些组织制得的胶、如淀粉、果胶、魔芋胶等;由动物分泌或其组织制得的胶,如明胶、酪蛋白等;由微生物繁殖时所分泌的胶,如黄原胶、结冷胶等。

化学合成增稠剂包括以天然增稠剂进行改性制取的，如羧甲基纤维素钠、海藻酸丙二酯、羧甲基纤维素钙、羧甲基淀粉钠、磷酸淀粉钠、乙醇酸淀粉钠等，以及纯粹以化学方法合成的，如聚丙烯酸钠等。

增稠剂并不只有增加黏度的作用，当添加量、作用环境、复配组合、加工工艺等因素发生变化时，它们还起到稳定剂、悬浮剂、胶凝剂、成膜剂、充气剂、絮凝剂、黏结剂、乳化剂、润滑剂、组织改进剂、结构改进剂等作用。但增稠剂在其性能和使用效果上一般可分为增稠剂和胶凝剂两大类。典型的增稠剂有淀粉和改性淀粉、瓜尔胶、槐豆胶、黄原胶、阿拉伯胶、以羧甲基纤维素为代表的改性纤维素、海藻酸盐和黄芪胶等；而常作胶凝剂的有明胶、淀粉、海藻酸盐、果胶、卡拉胶、琼脂和甲基纤维素等。其中海藻酸盐既是增稠剂又是胶凝剂，黄原胶和槐豆胶单独使用时只作增稠剂，但两者配合使用时又成了胶凝剂。

2. 增稠剂的发展概况

由于增稠剂通过稳定乳化、悬浮、胶凝等作用，改善食品外观、组织结构、口感等，因此几乎所有的食品都需要增稠剂。目前全世界总销售额约为 15 亿美元，年需求增长率为 5% 左右。美国增稠剂消耗量约为 37 万 t/年，日本年需求量为 2 万 t/年，我国年需求量为 3 万 t/年。一些常用品种的增稠剂使用和生产发展情况如下。

1. 羧甲基纤维素钠（CMC）

世界总产量约 15 万 t/年，美国用于食品工业的羧甲基纤维素钠约为 0.5 万 t/年，日本用于食品工业的约为 0.3 万 t/年。西欧人均占有率为 40g/年。我国羧甲基纤维素钠发展很快，总生产能力约为 5 万 t/年，有 40 余家生产企业，用于食品工业的约为 0.5 万 t/年。由于原料易得、价格便宜、用途广泛，今后的发展主要是扩大型号、提高质量。

2. 黄原胶

世界总产量约 10 万 t/年，近几年世界需求量增长率为 5%～7%。我国生产能力约为 0.4 万 t/年，市场需求潜力很大，近期可达 0.8 万 t/年。我国黄原胶的生产与国际先进水平相比尚处于初级阶段，主要原因是缺乏应用技术研究。开拓应用领域，努力降低成本，提高质量，与国际市场接轨是今后的主要工作。

3. 明胶

世界总产量约为 20 万 t/年，而总需求量为 30 万 t/年。美国是最大的生产国和消费国，年产量约 3.5 万 t/年，消耗量为 4 万 t/年。日本食品用明胶的消耗量约为 0.4 万 t/年。我国有 60 余家生产厂家，年产量仅为 0.3 万 t/年，而总需求量为 1.5 万 t/年，市场前景很好。

4. 淀粉及改性淀粉

世界改性淀粉的生产量达 250 万 t/年。我国淀粉年人均消费量仅为 2.2kg，而美国为 80kg，日本为 15kg。国内改性淀粉比例更低，国内产量为 14.5 万 t/年，仅占玉米淀粉总量的 2%。改性淀粉在我国具有很大的发展空间。

5. 海藻酸钠、卡拉胶、琼脂等

我国沿海地区具有丰富的海藻资源，开发潜力巨大。

6. 田菁胶和亚麻籽胶（富兰克胶）

田菁胶是由我国特产的田菁豆加工而成的，其结构与性能都和瓜尔胶相似，生长在我国东南沿海一带 20 多个省市，资源丰富，但目前的生产量不大，生产能力为 600t/年。亚麻籽胶由于黏度、溶解性和发泡性、乳化性比较好,而且安全无毒,在食品工业中可替代果胶、琼脂、阿拉伯胶、海藻胶等,广泛应用于冰淇淋、香肠和冷冻食品中,具有广阔的发展前景。亚麻籽主要分布在我国北方如甘肃、内蒙古、宁夏等地区,资源丰富。这两种胶如能得到很好的开发,将减轻国内食用胶大量进口的压力。

增稠剂由于品种多,产地不同,黏度系数不等,在具体应用时,如果选择不当,不仅造成使用量加大、生产成本上升,而且也达不到预期的效果。国外的发展趋势是为不同用户提供有针对性产品及工艺条件需求的复合胶。食用胶生产商与食品制造商之间的技术合作是当前食品工业中专业分工的必然发展趋势。为食品加工企业提供多重选择性以及各种胶的优选组合应用也是今后发展特色食品的秘诀。增稠剂的另一个发展趋势是除了提供体系的稳定增稠等品质改良功能外,也向"功能性食品"的成分之一发展,对多糖化合物所具有的功能更加重视,果胶、阿拉伯胶、低聚果糖、魔芋胶等发展前景看好。

二、天然增稠剂

国内外天然增稠剂重点生产的品种主要有:琼脂、海藻酸及其盐类、卡拉胶、果胶、阿拉伯胶、槐豆胶、瓜尔胶、明胶、黄原胶等。因篇幅有限,介绍其中的几种,其他请参考食品添加剂的有关手册。

1. 琼脂

琼脂又称琼胶、冻粉和洋菜,是石花菜科(Gelidiaceae)和江篱科(Cracila Oriaceae)等红藻的细胞壁成分之一,其基本化学组成是以半乳糖为骨架的多糖,主要成分为琼脂糖和琼脂胶两类。相对分子质量为 1.1 万~300 万。其多样化结构见图 7-1,琼脂的基本构型为聚半

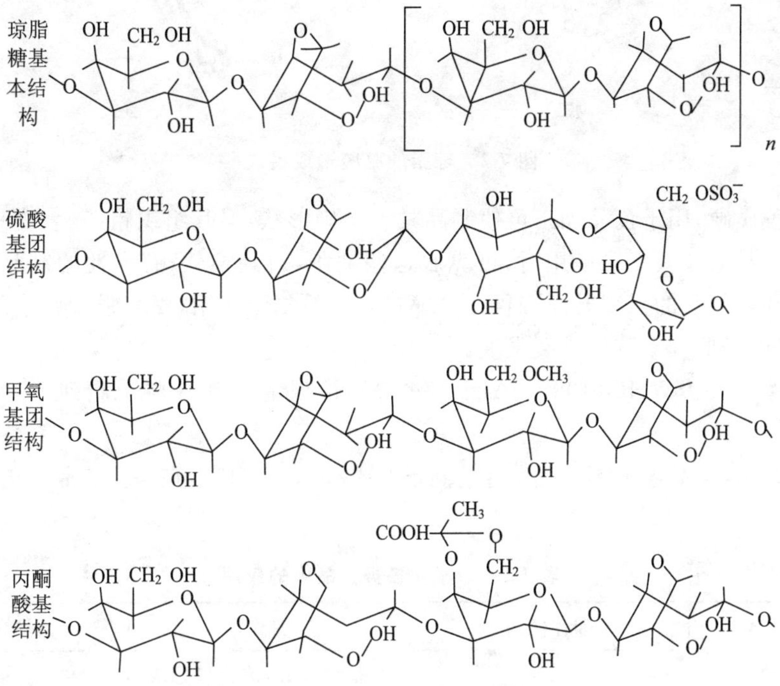

图 7-1 琼脂的多样化结构

乳糖苷,其中 90% 的半乳糖分子为 D-型,10% 为 L-型,约每 10 个 D-吡喃型半乳糖单元上的—CH_2OH 或—CHOG 基团之一被一个硫酸基团所酯化,硫酸基上的其他氢原子被钙、镁、钾或钠所取代。另外还可有甲氧基化和丙酮酸化的结构。

琼脂为无色透明或类白色淡黄色半透明细长薄片,或为鳞片状无色或淡黄色粉末,无臭,味淡。口感黏滑,不溶于冷水,但可分散于沸水并吸 20 倍水而膨胀,在搅拌下加热至 100℃ 可配成 5% 浓度的溶液。凝胶温度为 32℃～39℃,融化温度为 80℃～97℃。在凝胶状态下不降解、不水解,耐高温。琼脂的耐酸性高于明胶和淀粉,低于果胶和海藻酸丙二醇酯。

琼脂一般配 0.5% 可成坚实凝胶体,含水时柔软而带韧性,不易折断,干燥后发脆,易碎。低于 0.1% 时则不能胶凝而成为黏稠液体。琼脂的品质以凝胶能力来衡量:优质琼脂,0.1% 的溶液即可胶凝;一般品质的,胶凝浓度不应低于 0.4%;较差的浓度应在 0.6% 以上方能胶凝。

琼脂的凝胶过程可用图 7-2 说明。琼脂在由热的溶胶冷却至 40℃ 并向凝胶转变的过程中,先在分子内进行氢键结合,进一步在分子与分子之间进行结合,并呈现分子的双螺旋缠绕形式,而当有大量双螺旋结构时,就会出现琼脂糖的网状结,因而形成凝胶。

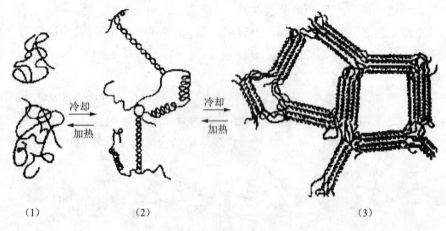

$$(1) \qquad\qquad (2) \qquad\qquad\qquad (3)$$

图 7-2　琼脂的凝胶形成模式

琼脂凝胶质硬,用于食品加工可使制品具有明确形状,但其组织粗糙,表皮易收缩起皱,质地发脆。当与卡拉胶复配使用时,可克服这些缺陷,得到柔软、有弹性的制品。琼脂与糊精、蔗糖复配时,凝胶的强度升高,而与海藻酸钠、淀粉复配使用,凝胶强度则下降;与明胶复配使用,可轻度降低其凝胶的破裂强度。

琼脂毒性:FAO/WHO(1985)、ADI 不作限制性规定。FDA 将琼脂列为一般公认安全物质。

琼脂按我国《食品添加剂使用卫生标准》(GB 2760—2011),在各类食品中的应用情况见表 7-1。

表 7-1　琼脂在各类食品中的应用

食品名称	推荐使用	主要作用	备注
琼脂软糖	1.5	基料成分,改善口感	
果酱	0.3～0.8	增加制品黏度	

食品名称	推荐使用	主要作用	备注
冰淇淋	0.3	改善组织性状,提高黏度和膨胀率。防止冰晶析出,使制品口感细腻	
豆馅	1	提高黏着性、弹性、持水性和保型性	
果冻	0.3～1.8	使制品凝胶坚脆	
T-酪	0.8	提高保型和口感	FAO/WHO
沙丁鱼制品、鲭鱼罐头	2(汤汁中)	使汤汁凝冻	FAO/WHO
稀奶油	0.5	提高黏度和发泡性	FAO/WHO
发酵酸奶	0.5	改善组织状况和口感	FAO/WHO
冷饮	1	改善组织状态和口感	FAO/WHO

2. 海藻酸及其盐类

海藻酸又称藻酸、褐藻酸、海藻胶,是存在于褐藻纲海藻细胞壁中的一种多糖类胶质。它是各种不溶性海藻酸盐(钙、镁、钠、钾)的混合物,相对分子质量 32000～250000。

海藻酸的基本构架由三类不同结构的键段所组成的直链糖醛酸的多聚糖结合而成。(—M—M—M—M—),聚 M 链段由若干个 β-1,4 键合的 D-甘露糖醛酸残基组成,约占总量的 40%;(—G—G—G—G—),聚 G 链段由若干 β-1,4 键合的 L-古洛糖醛酸残基组成,约占总量的 20%;(—G—M—G—M—),由 D-甘露糖醛酸和 L-古洛糖醛酸两种酸的单体残基相互交替以 1,4—键合的分子组成,约占总量的 40%。由上述三类结构交错组成完整的高分子聚合物,如海藻酸铵的结构模式见图 7-3(其中与羧酸结合的 NH_4 如为 K、Na、$\frac{1}{2}$Ca 或 H,则相应为海藻酸钾、钠、钙或海藻酸;若酸基部分与丙二醇基结合,部分与 Na 和 H 结合,则为海藻酸丙二醇酯)。

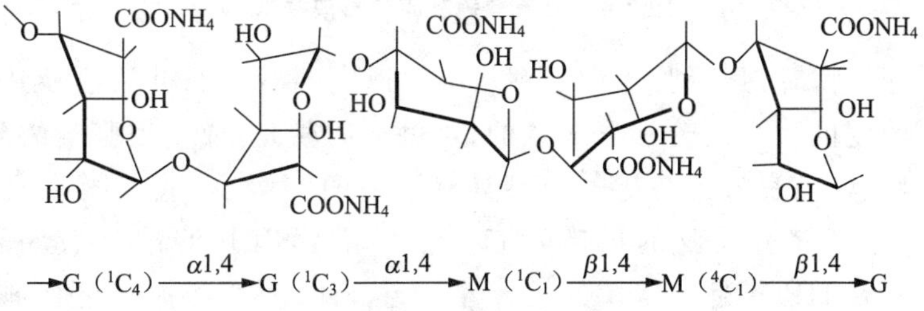

$$\longrightarrow G\ (^1C_4) \xrightarrow{\alpha 1,4} G\ (^1C_3) \xrightarrow{\alpha 1,4} M\ (^1C_1) \xrightarrow{\beta 1,4} M\ (^4C_1) \xrightarrow{\beta 1,4} G$$

图 7-3　海藻酸铵的结构模式

海藻酸和海藻酸钙不溶于水。其他都是水溶性的。作为商品,最重要的是海藻酸钠。

海藻酸钠为白色或淡黄色粉末,几乎无臭,无味;缓慢地溶于水,形成黏稠状溶液,不溶于乙醇、氯仿和乙醚;不溶于 pH＜3 的稀酸;1%水溶液的 pH 为 6～8;黏性在 pH 为 6～9 时稳定,加热至 80℃以上黏性降低;水溶液久置,也缓慢分解。黏度降低。有吸湿性,为水合力很强的亲水性高分子。

海藻酸盐黏性取决于分子结构中所含的 D-甘露糖醛酸单位(M)和 L-古洛糖醛酸单位(G)之比。同时也取决于其相对分子质量和溶液中所存在的电解质。相对分子质量越高相同浓度的溶液黏度越大;加入低于 1% 浓度的钙盐可显著提高其黏稠度。此外当有蛋白质存在时,将 pH 调到蛋白质的等电点;蛋白质与海藻酸盐可形成水溶性络合物,黏度会增大,但 pH 进一步下降络合物也会沉淀,这种特性可在一定程度上抑制蛋白的沉淀。

海藻胶盐的另一应用性是与两价阳离子能在室温下形成凝胶,而且不像卡拉胶和琼脂那样因受热而解凝。这种凝胶的强度与两价阳离子的性质有关,其由强到弱的顺序为 Ba^{2+},Sr^{2+},Ca^{2+},Mg^{2+},其中具有实用价值的是 Ca^{2+}。此外,其凝胶强度尚取决于溶液的浓度、Ca^{2+} 含量、pH 和温度,可获得从柔性到刚性的各种凝胶体。

海藻胶盐与两价金属离子(如钙)的作用,共交联点称为"蛋箱"结构,钙离子就像是蛋箱中的蛋,见图 7-4。这种现象并不出现在 M 链段或 GM 和 MG 链段,仅出现在 G 链段,而且如果古洛糖醛酸的残基数超过 20% 时,这一作用具有高度协同性。然而古洛糖醛酸的残基数视制造原料的品种而异,因此,不同来源的海藻酸可能具有不同的凝胶性。

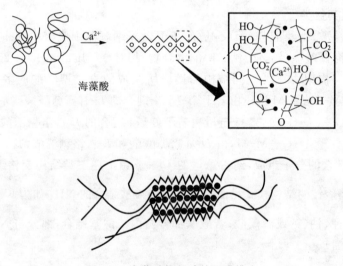

海藻酸

图 7-4　海藻酸钙凝胶的形成模式

用钙盐制备凝胶时,其凝胶速度视钙盐溶解速度的不同而可从数秒到数小时不等。并随着钙离子浓度的大小而分别形成软的、可触变的凝胶,或是很坚实的凝胶。一般酸性凝胶的结构较软,有良好的口感。氧钙具有很高的溶解度,故其凝胶速度相当快,而且若浓度太高还会影响凝胶的风味和口感。乳酸钙因其溶解度较小而常被采用。$CaSO_4 \cdot H_2O$ 和 $CaHPO_4$ 是最常用的缓释性钙源。此外,适当提高螯合剂的量,也可降低凝胶的速度。

海藻酸钠对大鼠经口 $LD_{50} \geqslant 5g/kg$(体重)。静脉注射致死量:兔子为 0.1g/kg(体重),大鼠为 0.2g/kg(体重),猫为 0.25g/kg～0.45g/kg(体重)。FAO/WHO(1984)规定、ADI 为 0g/kg～0.025g/kg(体重)。FDA 将其列为公认安全物质(1985)。对健康成年人 6 人进行试验,每人口服 8g,连续服用 1 周,未发现钙平衡被破坏。

海藻酸钠的使用范围和最大使用量,参照我国食品添加剂使用卫生标准(GB 2760—2011)。

海藻酸钠因其有增稠、稳定、胶凝等作用而广泛用于多种食品,其使用情况见表7-2。

表 7-2　海藻酸钠在食品中的主要作用和参考用量

食品	主要作用	参考用量/%	FAD限量/%
调味品	增稠,组织改进	0.2～0.5	1.00
橄榄填馅用多香果条	增稠,组织改进	—	6.00
蜜饯和糖霜	稳定,增稠		0.30
凝胶和布丁	固化剂		4.00
硬糖	稳定,增稠		10.00
水果加工品和果汁	成形助剂	0.1～0.3	2.0
其他食品	乳化,固化,加工助剂,稳定,增稠,表面活性	0.6～1.0	1.00
面条,通心粉,粉条	水合性,组织增强,耐煮,爽口	0.1～0.3	
糯米纸	提高透明度,强度和光泽,耐折	0.5	
面包,糕点,方便食品	增容,水合,组织改良	0.4～0.6	
啤酒,酒类	提高气泡挂杯和消泡时间,酒液澄清,缩短发酵时间	50mg/kg～200mg/kg	
冷饮制品,冰淇淋	增稠,稳定	0.1～0.8	

三、化学合成增稠剂

国内外化学合成增稠剂重点生产的品种主要有改性纤维素类、改性淀粉类、海藻酸丙二醇酯等。因篇幅有限,本节主要介绍其中最常使用的羧甲基纤维素钠和羧甲基淀粉,其他可参考食品添加剂的有关手册。

1. 羧甲基纤维素钠

羧甲基纤维素钠简称 CMC,是葡萄糖聚合度为 $100～2000$ 的纤维系的衍生物,结构式见图7-5。从其结构可以看出,构成纤维素的葡萄糖有三个能醚化的羟基,因此,产品可有各种醚化度(取代度,简称 DS)。理论上最高为 3.0,一般为 $0.4～1.4$。$DS>0.8$ 的,黏度较高。常用的 CMC 商品其葡萄糖聚合度为 $200～500$,并根据其平均相对分子质量和黏度分成 FH_6 特高、FH_6 和 FM_6 三种规格。

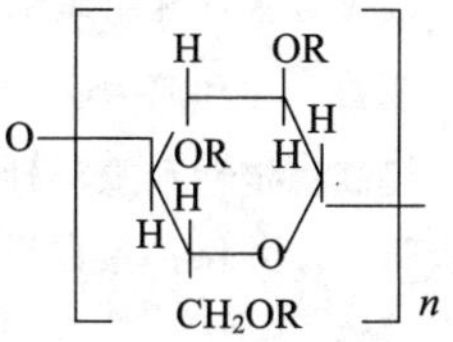

图 7-5　CMC 的结构

羧甲基纤维素钠为白色或淡黄色纤维状或颗粒状粉末,无臭,无味,加热在226℃左右时颜色变褐。有吸湿性,易分散于水成为溶胶。1%溶液的pH为6.5~8.0。不溶于乙醇、乙醚、丙酮、氯仿等有机溶剂。C_6上羟基被醚化的程度直接影响CMC的性质。当DS>0.3时,可溶于碱水溶液;DS为0.7时,在加热和搅拌下可溶于甘油;DS为0.8时,溶液呈酸性,耐酸性和耐盐性好,黏度也高,CMC也不随pH的降低而沉淀。盐的存在以及高于80℃长时间加热,其黏度均会降低并可形成水不溶物。

羧甲基纤维素钠主要用作增稠剂、稳定剂。

羧甲基纤维素钠水溶液的黏度与DS、聚合度(相对分子质量)及pH等因素有关。一般其黏度随着DS和相对分子质量增大而增大;pH在接近中性的5~9时,黏度变化较小,但总体上pH为7时最大,偏酸偏碱黏度均变小,而pH小于3时CMC成为游离酸,低DS的会发生沉淀。商品CMC常根据其2%水溶胶黏度等级分为三种规格:FH_6特高,为特高黏度者,相应黏度为1.2Pa·s;FH_6为高黏度者,相应黏度为0.8Pa·s~1.2Pa·s;FM_6为中黏度者,相应黏度为0.3Pa·s~0.8Pa·s。

国内某公司所生产的DS=0.8的CMC,其水溶液黏度与平均相对分子质量的关系见表7-3。

表7-3 DS=0.8的CMC黏度与相对分子质量的关系

溶液浓度/%	黏度/Pa·s	平均相对分子质量
1	1.2~2.5	700000
2	0.3~0.6	250000
2	0.025~0.5	100000
2	≤0.018	50000

CMC的增稠稳定性能在与明胶、黄原胶、卡拉胶、海藻酸钠、果胶等绝大多数亲水性胶配合时具有明显的协同增效作用。

CMC的毒性:小鼠经口LD_{50}为27g/kg(体重)。ADI为0mg/kg~25mg/kg(体重)。FDA将其列为一般公认安全物质(1985)。

羧甲基纤维素钠的使用范围和最大使用量,参照我国食品添加剂使用卫生标准(GB 2760—2011)。在食品生产中,羧甲基纤维素钠具有广泛的应用。其具体使用参见表7-4。

表7-4 羧甲基纤维素钠在食品中的应用

食品名称	推荐使用量/%	主要作用	备注
面包、糕点	0.1	改善质构,防止水分蒸发和淀粉老化	常与海藻酸钠、名胶配合
冰淇淋	0.3~1.0	改善保水性和组织结构,防止析晶	
速煮面、方便面	0.5	改善质构和筋力	
酸性饮料、乳饮料类	0.3~0.5	提高稳定性和悬浮性,防止乳饮料脂肪上浮并保护蛋白质的分散性,改善口感	
果酱、奶酪、巧克力	0.5	稳定剂,改善涂抹性	

食品名称	推荐使用量/%	主要作用	备注
肉类、鱼类罐头	2.0	稳定,保水	
清水竹笋罐头	0.02~0.05	稳定剂,防止白色沉淀	
稀奶油	0.5	稳定剂,改善涂抹性	
汤、羹类	0.8	增稠,改善口感	
水果类	—	涂膜保鲜	

国外利用羧甲基纤维素钠的可逆热凝胶性(即加热时成膜,冷却后又成流体,在油炸时可阻隔水分和油脂的传递),将其用于油炸食品。在油炸食品中,温度较高时它能形成一层胶膜,既减少了油炸时的水分损失,又可减少油炸食品的吸油量。如在油炸土豆条、炸鸡块、炸牛排等食品中,保持其嫩度、口感和风味,提高出品率,而且显著减少食品含油量,从而可降低成本和产品热值。

2. 羧甲基淀粉(钠)

羧甲基淀粉钠亦称淀粉乙醇酸钠,简称 CMS。羧甲基淀粉是一种阴离子淀粉醚,为溶于冷水的高分子电解质。其基本骨架由葡萄糖聚合而成,葡萄糖的长链中以 α-1,4 糖苷键相结合,聚合度为 100~2000,如图 7-6 所示。

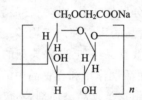

图 7-6　羧甲基淀粉钠的结构

羧甲基淀粉钠为淀粉状白色粉末,无臭,无味,在常温下溶于水,形成黏稠胶体溶液。它的吸水性极强,吸水后体积可膨胀 200~300 倍;较一般的淀粉难水解;不溶于甲醇、乙醇和其他有机溶剂。1% 水溶液的 pH 为 6.7~7.0。本品水溶液会被大气中的细菌部分分解,使强度降低。

羧甲基淀粉钠水溶液有较高的松密度。水溶液呈酸性时,则生成不溶于水的游离酸、黏度降低,稳定性较差;呈碱性时较稳定。易与金属离子作用形成各种不溶于水的盐,因此不适用于强酸性食品。其水溶液不宜在 80℃ 以上长时间加热,以免黏度降低。

羧甲基淀粉钠的毒性:小鼠经口 $LD_{50} \geqslant 1g/kg$(体重)。ADI 无限制性规定(FAO/WHO,1984)。

羧甲基淀粉钠的使用范围和最大使用量,参照我国食品添加剂使用卫生标准(GB 2760—2011)。在食品生产中,羧甲基淀粉钠可用作增稠剂、稳定剂、防老化等。具体使用参见表 7-5。

表 7-5　羧甲基淀粉钠在各类食品中的应用

食品名称	推荐使用量/%	主要作用
面包、糕点	0.05~0.2	改善质构,防止水分蒸发和淀粉老化
冰淇淋	0.2~0.5	改善保水性和组织结构,防止析晶
酱油	0.1~1.0	稳定剂
小虾酱	0.1~1.0	稳定剂
果酱	0.01~0.1	稳定剂,改善涂抹性

羧甲基淀粉钠在固体饮料中可作为悬浮剂,冲溶后无上浮物、不分层、无沉淀。在饮料中也有悬浮稳定的效果。在方便面生产中。可使面条口感润滑,容易分开,降低方便面的吸油量,并缩短复水时间。在棉花糖、明胶软糖中可代替部分明胶,以缩短老化时间并降低成本。

第二节　食品乳化剂

一、概述

乳化剂是一类具有亲水基和疏水基的表面活性剂,它只需添少量,即可显著降低油水两相界面张力,使之形成均匀、稳定的分散体或乳化体。食品乳化剂在食品生产和加工过程中占有重要地位,可以说几乎所有的食品的生产和加工均涉及乳化剂或乳化作用。

食品乳化剂是一类多功能的高效食品添加剂,除典型的表面活性作用外,在食品中还具有许多其他功能(表 7-6)。这些表面活性作用和在食品中的特殊作用相互结合,是乳化剂作为食品添加剂广泛应用的基础。使用这类食品添加剂,不仅能提高食品质量,延长食品的贮存期,改善食品的感官性状,而且还可以防止食品变质,便于食品加工和保鲜,有助于新型食品的开发,因此乳化剂已成为现代食品工业中必不可少的食品添加剂。

表 7-6　乳化剂在食品加工中的作用

典型的表面活性作用	在食品中的特殊功能
乳化作用	消泡作用
破乳作用	抑泡作用
助溶作用	增稠作用
增溶作用	润滑作用
悬浮作用	保护作用
分散作用	与类脂相互作用
湿润作用	与蛋白质相互作用
起泡作用	与碳水化合物相互作用

乳化剂在食品工业中的需用量名列前茅,在欧美国家约占食品添加剂总量的50%。近年来,由于加工食品需要的增加,促进了加工食品向机械化、批量化、多样化、高档化等方面发展,从而使世界各国对食品乳化剂的需要量逐年增长。据统计,20世纪90年代以来,全世界允许使用的乳化剂品种约为65种。联合国制订标准的共34种,每年大约要耗用乳化剂25万t,美国有58个品种,年产量15万t,日本有20余种,年产量2.5万t。我国允许使用30种,年产量0.7万t,预计近五年需求量为1.5万~2万t。

当前,全世界消费量最大的乳化剂有五类,其中最多的是脂肪酸甘油酯类(包括单硬脂酸甘油酯或单双甘油酯等),约为53%。其中美国消费量约10万t,日本约1.2万t(生产能力为2万t),中国约4500t,其中分子蒸馏品约3000t。另外,以甘油能为母体的各种衍生物的应用开发比较活跃,目前在欧美各国,甘油酯衍生物的消费量约占甘油酯消费量的20%,其中以聚甘油酯用量最大。占第二位的是卵磷脂及其衍生物,约占20%。蔗糖酯及酸酯和脂肪酸山梨糖醇酪约各占10%,中国1996年蔗糖酯的年产量约3000t。脂肪酸丙二醇酯占6%(据1995年统计,美国为6500t,日本为1000t,西欧1200t)。美国食品乳化剂的需用量情况如下(表7-7)。

表7-7 美国食品工业用乳化剂需用量情况 单位:t/年

食品乳化剂种类	应用于生产的食品								
	面包	糕点	饼干	甜点	人造奶油	糖果	乳制品	其他	合计
卵磷脂及其衍生物	—	450	6350	230	4500	2260		450	19300
单双甘油	52600	10450	3630	1620	13850	1800	1800	2050	90800
单硬脂酸甘油酯	6000	230	—	500	1130	100	1100	2270	11360
乙酸甘油酯		110		60		60	60	110	450
乳酸甘油酯	—	110		—	340	60	180	—	700
双乙酰酒石酸甘油酯	300	—				50	110	90	540
琥珀酸甘油酯	340	70		45					450
聚氧乙烯(20)脂肪酸甘油酯	4100	230		340	230		140	150	5440
丙二醇脂肪酸酯	—	4540		900	800			230	6470
聚甘油脂肪酸	—			570	230	230	110	680	1810
山梨醇脂肪酸酯	—	45	110	230	—	230	180	110	900
聚氧乙烯(20)山梨醇脂肪酸酯	700	450	230	1020	340	110	680	110	3630
硬脂酸乳酸酯及其盐类	12250	340		970	110	—		110	50	1380
总计	76250	17000	10320	9500	21600	9900	4500	6600	155700
所占百分数/%	49.0	11.0	6.7	6.0	13.8	6.3	3.0	4.2	100

随着食品工业的迅速发展和加工食品的多样化,世界各国都极为重视食品乳化剂的开发研究、生产和应用。食品乳化剂正向系列化、多功能、高效率、便于使用等方面发展,特别是致力于复配型和专用型乳化剂的研究。食品乳化剂的种类是相对稳定的,但新型食品乳化剂和新的食品加工工艺层出不穷,而且有限的乳化剂经过科学地复配,可以得到满足多方面需要的众多系列化复合产品。从便于使用的角度出发,食品乳化剂正从块状产品向粉末状和浆状产品过渡。例如,分子蒸馏单甘酯,有效物含量超过 99%、直接与粉状食品原料混合,即可获得良好的使用效果。又如,将 30%~60%单甘酯与 39%~69.5%的植物油一起熔融混合,再加入 0.5%~1%淀粉酶和蛋白酶,即可制成在常温下乳化分散的浆状商品,用于面包、糕点、饼干等食品,具有较高的防老化效果。通过对食品特殊成分与乳化剂作用性能的研究,通过科学的复配,乳化剂的专业化程度越来越高。专用型乳化剂在改善食品品质、提高食品档次方面也发挥着越来越重要的作用。例如,已开发出专用于干酪、奶粉、人造奶油等食品的专用卵磷脂乳化剂。其他类型食品也大都有专用型的特定复配乳化剂,如专用于肉类制品的低热能乳化剂、鱼和肉类制品专用的胶体制剂、用作油炸食品发泡剂的卵磷脂、糕点混合配料用的混合乳化剂、面包和松软糕点用的胶质固体等。

二、乳化和乳化剂的基本理论

两不混溶的液相,一相以微粒状(液滴或液晶)分散在另一相中形成的两相体系称为乳状液。所形成的新体系,由于两液体的界面积增大,在热力学上是不稳定的。为使体系稳定,需加入降低界面能的第三种成分——乳化剂。乳化剂属于表面活性剂,其典型功能是起乳化作用。一般来讲,能使两种或两种以上不相混合的液体均匀分散的物质称为乳化剂。乳状液中以液滴形式存在的那一相称为分散相(也称内相、连续相);另一相是连成一片的,称为分散介质(也称外相、不连续相)。根据分散相粒子或质点的大小,把乳状液分为粗乳状液(粒度 $\geq 0.1\mu m$)和微乳状液(粒度大致为 $0.01\mu m \sim 0.1\mu m$)。

食品中常见的乳状液,一相是水或水溶液,统称为亲水相;另一相是与水相混溶的有机相,如油脂或同亲油物质与亲油又亲水溶剂组成的溶液,统称为亲油相。两种不相混溶的液体,如水和油相混合时能形成两种类型的乳状液,即水包油型(O/W,其中 O 代表油,W 代表水,O 在前,W 在后,表示油被水包裹,"/"表示 O 和 W 形成了乳状液体系)和油包水型(W/O)乳状液。在水包油型乳状液中,油以微小滴分散在水中,油滴为分散相,水为分散介质,如牛奶即为一种 O/W 型乳状液;在油包水型乳状液中则相反,水以微小液滴分散在油中,水为分散相,油为分散介质,如人造奶油即为一种 W/O 型乳状液。

制备乳状液时,使一种液体以微小的液滴分散在另一种液体中,这时被分散的液体表面积明显扩大。试验结果表明,体积为 $1cm^3$ 的一个油滴(球表面积 $4.83cm^2$,直径 $1.24cm$)分散成直径为 $2\times 10^{-4}cm(2\mu m)$ 的 2.39×10^{11} 个微小油滴,表面积增大到 $30000cm^2$,即增大了 6210 倍。这些微小的油滴连成一片的油相具有高得多的能量。这种能量(也称为表面能或表面张力)同表面平行,并阻碍油滴的分布。因此,反抗表面张力必须要做功,所消耗的功 W 与表面积增大 ΔA 和表面张力 r 成正比:

$$W = \Delta A \cdot r$$

从上式可看出,降低表面张力,可以使机械功明显减小。反之,机械能或物理化学能也可以替代乳化剂所做的功。因此,在实践中总是把这两者结合起来运用。当有固相存在时,应加入热能作为第三种能,使其融解,因为在乳化作用之前,被乳化相必须以液体形式存在。

单纯以机械能制备乳状液,得到的乳状液体系很不稳定,容易破坏。为使乳状液较长时间地保持稳定,需要加入助剂以抑制两相分离,使它在热力学上稳定。如使用稳定剂可提高乳状液的黏度和界面膜的强度,可使以机械法制得的乳状液保持稳定。

亲水胶体都具有与被乳化的粒子相互作用的能力,它们以络合的方式聚集加成到被保护的粒子上。亲水胶体可使被保护粒子的电荷或其溶剂化物膜增强或者两者同时增强。乳化剂可以降低两相之间的界面张力,使形成的乳状液保持稳定。界面膜的弹性和体系的黏度是乳状液稳定的重要因素。

在乳化作用中,对乳化剂的要求有几个方面:①乳化剂必须吸附或富集在两相之间的界面上。因此,乳化剂要有界面活性或表面活性。即它能降低互不混溶两相的界面张力。②乳化剂必须给乳状液放电荷,使它们相互排斥,或必须在乳状液粒子周围形成一种稳定的、黏性特别高的或甚至是固态的保护膜。因此,作为乳化剂的物质必须具一定的化学结构,才能起到乳化作用。

乳化剂是表面活性剂,故它具有表面活性剂的分子结构特点。表面活性剂分子一般总是由非极性的、亲油(疏水)的碳氢链部分和极性的、亲水(疏油)的基团共同构成的,并且这两部分分别处于分子的两端,形成不对称的结构。因此,表面活性剂分子是一种两亲分子,具有既亲油又亲水的两亲性质。乳化剂两亲分子结构示意图如下(图7-7)。

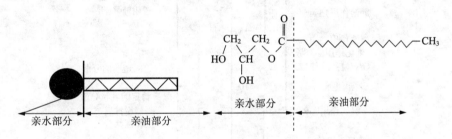

图 7-7　乳化剂两亲分子结构示意图

通常表面活性剂分子具有至少一个对强极性物质有亲合性的基团(极性基团)和至少一个对非极性物质有亲合性的基团(非极性基团)。极性基团是这样一种官能基团,其电子分布使分子呈现出明显的偶极矩。这种基团决定了表面活性剂分子对极性液体,特别是对水的亲合性,即表面活性剂的亲水特性。因此,极性基团也称为亲水基团。非极性基团是表面活性剂分子的有机碳氢链部分,其电子分布对偶极矩没有贡献。这种非极性基团决定了表面活性剂分子对非极性液体,特别是对极性小的有机溶剂的亲合性,即表面活性剂的亲油(疏水)特性。因此,非极性基团也称为亲油基团。表面活性剂分子中既存在亲水基团,又存在亲油基团,故能与水相和油相同时发生作用,于是表面活性剂分子在两相界面上发生定向排列。这是表面活性剂和乳化剂具有界面活性或表面活性的先决条件。其亲水基一般是溶于水或能被水湿润的基团,如羟基;其亲油基一般是与油脂结构中烷烃相似的碳氢化合物长键,故可与油脂互溶。

把很少量的表面活性剂溶解在或分散在一种液体中,表面活性剂分子优先吸附在界面或表面上,并在基上定向排列,形成一定的组织结构(表面吸附膜或界面吸附膜);在溶液内部缔合而形成胶束。溶液中加入表面活性剂后,由于发生这样一系列物理化学的和化学的变化,就能显著降低水的表面张力或液/液界面张力,改变体系的界面状态,从而产生润湿或反润湿、乳化或破乳、起泡或消泡、加溶等一系列作用,使表面活性剂在许多工业领域得到广泛应用。

乳化剂的乳化能力与其亲水、亲油的能力有关,亦即与其分子中亲水、亲油基的多少有关。如亲水的能力大于亲油的能力,则呈水包油型的乳化体,即油分散于连续相水中。乳化剂的乳化能力的差别一般用"亲水亲油平衡值"(简称 HLB 值)表示。

规定亲油性为 100% 的乳化剂、其 HLB 值为 0(以石蜡为代表),亲水性为 100% 者 HLB 值为 20(以油酸钾为代表),其间分成 20 等分,以此表示其亲水、亲油性的强弱和应用特性(HLB 从 0 至 20 者是指非离子表面活性剂,绝大部分食品用乳化剂均属于此类;离子型表面活性剂的 HLB 值则为 0~40)。因此,凡 HLB 值小于 10 的乳化剂主要是亲油性的,而等于或大于 10 的乳化剂则具亲水特征。非离子型乳化剂的 HLB 值及其相关性质见表 7-3。从表 7-3 中可以看出,随着乳化剂亲水、亲油性的不同,尚还具有发泡、防黏、软化、保湿、增溶、脱膜、消泡等作用。亦可从图 7-8 中直观地看出乳化剂的 HLB 值与相关的性质对应关系。

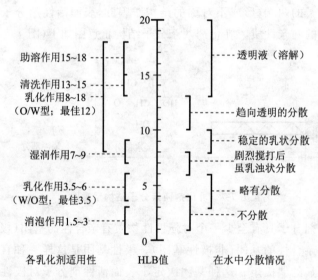

图 7-8　乳化剂的 HLB 值和适用性

每一种乳化剂的 HLB 值,可用实验方法来测定,但很繁琐、费时。对非离子型的大多数多元醇脂肪酸酯类乳化剂,可按下式(1949 年由 G. C. Griffin 提出)求得:

$$HLB = 20[1 + A/S]$$

式中　S——脂肪酸酯的皂化值;

　　　A——脂肪酸的酸值,适用于多元醇脂肪酸酯及其环氧乙烷加成物,如司盘、吐温之类。

此外,还有近 40 种针对不同适用对象的计算 HLB 值的方法。如对仅有环氧乙烷基团为亲水基的乳化剂,可按下式计算:

$$HLB=20\{1-M_0/M\} \text{ 或 } HLB=20M_w$$

式中,M_w 和 M_0,分别为亲水基部分和亲油基部分的相对分子质量,M 为总相对分子质量。

一般认为,HLB 值具有加和性。因而,可以预测一种混合乳化剂的 HLB 值。两种或两种以上乳化剂混合使用时,混合乳化剂的 HLB 值可按其组成的各个乳化剂的质量分数加以核算:

$$HLB_{ab}=HLB_a \cdot A\% + HLB_b \cdot B\%$$

式中　　HLB_{ab}——混合乳化剂 a、b 的加和 HLB 值;

HLB_a——乳化剂 a 的 HLB 值,$A\%$ 为其在混合物中所占质量分数;

HLB_b——乳化剂 b 的 HLB 值,$B\%$ 为其在混食物中所占质量分数。

此式只适用于非离子乳化剂,其中非离子乳化剂 HLB 值见表 7-8。

表 7-8　非离子型乳化剂的 HLB 值及其相关性质

HLB 值	所占百分数/%		性质在水中	应用范围
	亲水基	亲油基		
0	0	100	HLB1～4 不分散	
2	10	90		HLB1・5～3,消泡作用
1	20	80	HLB3～6,略有分散	HLB3・5～6,W/O 型乳化作用(最佳 3・5)
6	30	70	HLB6～8,经剧烈搅打后呈乳浊状分散	HLB7～9,湿润作用
8	40	60		HLB8～18、O/W 型乳化作用(最佳 12)
10	50	50	HLB8～10,稳定的乳状分散	
12	60	40	HLB10～13,趋向透明的分散	HLB13～15,清洗作用
14	70	30		
16	80	20	HLB13～20,呈溶解状透明胶	HLB15～18,助清作用
18	90	10		
20	100	0		

如上所述,乳化剂在食品中不仅有乳化、分散的作用,还可能起到稳定、湿润、防老化、起酥、防腐、增溶等作用。这些作用的体现不仅与乳化剂种类有关,同时还与食品中成分有关,即乳化剂与食品中的成分存在许多特殊的相互作用的关系。

脂肪链乳化剂:大多数乳化剂的分子中有线型的脂肪酸长链,可与直链淀粉连接而成为螺旋复合物。可降低淀粉分子的结晶程度,并进入淀粉颗粒内部而阻止支链淀粉的结晶程度,防止淀粉制品的老化、回生、凝沉,对保持面包、糕点等潮湿性淀粉类食品具有柔软性和保鲜性。高度纯化的单硬脂酸甘油酯体现这种作用最为明显。乳化剂的性能和结构决定着络合物的形成过程和结合能力,见表 7-9。

表 7-9 乳化剂与直链淀粉的相互作用程度

乳化剂	与直链淀粉形成复合物的能力	乳化剂	与直链淀粉形成复合物的能力
大豆磷脂	16	甘油单柠檬酸酯	36
90%甘油单硬化动物油脂	92	甘油单二乙酰基酒石酸酯	49
90%甘油单非硬化动物油酯	35	90%的丙二醇单硬脂酯	15
90%甘油单酸酯	28	聚甘油酯	34
甘油单乙酸酯	0	硬脂酰-2-乳酸钠	72
甘油单乳酸酯	22	硬脂酰-2-乳酸钙	65
		蔗糖单硬脂酸酯	26

注：以甘油单乙酸酯与直链淀粉形成复合物的能力为 0。

蛋白乳化剂：蛋白质由 20 种氨基酸所组成，这些氨基酸可因其极性等的不同而表现出亲水性和疏水性，可分别通过氢键与乳化剂的亲水基团或疏水基基团结合，蛋白质的结构特征是非常复杂的聚合体，各种乳化剂与蛋白质的相互作用和结合程度千差万别。其作用程度如表 7-10 所示。与乳化剂结合的蛋白质适用于乳蛋白、肉类蛋白、卵蛋白和谷类蛋白等所有食品的蛋白质。

表 7-10 乳化剂与蛋白质相互作用的相对程度

乳化剂	与蛋白质的相互作用强度	乳化剂	与蛋白质的相互作用强度
90%单硬脂酸甘油酯	15	双乙酰酒石酸单甘油酯	100
乙酸单甘油酯	20	蔗糖单硬脂酸酯	25
乳酸单甘油酯	20	硬脂酸乳酸钠	95
柠檬酸单甘油酯	20	硬脂酰乳酸钙	95

注：以双乙酰酒石酸单甘油酯的作用强度为 100。

通过乳化剂与蛋白质的络合作用，在焙烤制品中可强化面筋的网状结构，防止因油水分离所造成的硬化，同时增强韧性和抗拉力（如面条），以保持其柔软性，抑制水分蒸发，增大体积，改善口感。其效果以双乙酰酒石酸甘油酯和硬脂酰乳酸盐最好。

在有水存在时，乳化剂可使脂类化合物成为稳定的乳化液。当没有水存在时，可使油脂出现不同类型的结晶。在一般情况下，油脂的晶型是处在不稳定的 α-晶型或 β-初级晶型、这时的熔点较低，但可以缓慢地从低熔点的 α-晶型过渡到高熔点的、相对稳定的 β-晶型。油脂的不同晶型会赋予食品不同的感官性能和食用性能。因此，在食品加工中往往需要加入具有变晶性的物质，以延缓或阻滞晶型的变化。一些趋向于 α-晶型的亲油性乳化剂具有变晶的性质，故常用来调节油脂的晶型。在食品加工中，用作油脂晶型调节剂的有蔗糖脂肪酸酯、司盘 60、司盘 65、乳酸单双甘油酯、乙酸单双甘油酯以及某些聚甘油脂肪酸酯。例如，在糖果和巧克力制品中，可通乳化剂以控制固体脂肪结晶的形成、晶型和析出，防止糖果返砂、巧克力起霜，以及防止人造奶油、起酥油、巧克力浆料、花生白脱乃至冰淇淋中粗大结晶的形成等。

乳化剂少的饱和脂肪酸键能稳定液态泡沫，可作发泡助剂，相反，不饱和脂肪酸键能抑制泡沫,故可用作乳品、蛋白加工中的消泡剂、冰淇淋中的"干化"剂。

三、乳化剂的分类

全世界用于食品生产的乳化剂有 65 种之多,其分类方法也很多,通常是按如下的观点对它们进行分类的。

按来源分为天然的和人工合成的乳化剂。

如大豆磷脂、田菁胶、酪朊酸钠为天然乳化剂;蔗糖脂肪酸酯、司盘 60、硬脂酰乳酸钙等为合成乳化剂。其大致分类如表 7-11 所示。

表 7-11　乳化剂的来源分类

类别		举例
天然产品	磷脂	大豆磷脂
		蛋黄(主要含卵磷脂)
	蛋白	酪蛋白、酪蛋白酸钠
		植物分离蛋白
	胶质	植物胶、动物胶、微生物胶
	藻类	海藻酸钠
合成产品	酯类	甘油脂肪酸酯类
		蔗糖脂肪酸酯类
		山梨糖醇酐脂肪酸酯类
		单硬脂酸丙二醇酯
		柠檬酸硬酯酰单甘油二酸酯
		单乳酸甘油二酸酯
	环糊胶	α-环糊胶
		β-环糊胶
		γ-环糊胶
	甾类	胆酸、脱氧胆酸
	卤代油	溴化植物油类

按亲水基团在水中是否离解成电荷,分为离子型和非离子型乳化剂。绝大部分应用的食品乳化剂属于非离子型,如蔗糖脂肪酸酯、甘油脂肪酸酯、司盘 60 等在水中无基团电离带电,属于非离子型乳化剂。离子型乳化剂又可按其在水中电离形成离子所带的电性分为:阴离子型、阳离子型和两性离子型乳化剂。阴离子乳化剂指带一个或多个在水中能电离形成带负电荷的官能团的乳化剂,如烷烃链(及芳香基团)上带羧酸盐、磺酸盐、磷酸盐等乳化剂;阳离子乳化剂指带一个或多个在水中能电离形成带正电荷的官能团的乳化剂,如烷烃链(及芳香基团)上带季铵盐等基团的乳化剂;两性离子乳化剂指在水中能同时电离出带正烷基二甲基甜菜碱。

按亲水亲油性,可分为亲水型、亲油型和中间型乳化剂。

此分类方法可与 HLB 值分类方法结合起来,根据 Griffin 归纳制订的"HLB 标度",以 HLB 值 10 为亲水亲油性的转折点:HLB 值小于 10 的乳化剂可归为亲油型;HLB 值大于 10 的乳化剂可归为亲水型;在 HLB 值 10 附近的可归为中间型乳化剂。

还有很多分类方法。如可根据乳化剂状态分为液体状、黏稠状和固体状乳化剂,此外还可按乳化剂晶型、与水相互作用时乳化剂分子的排列情况等进行分类。

四、几种常用的乳化剂

随着食品工业结构调整和加工工艺等方面的变化,目前国内外重点发展的乳化剂品种包括卵磷脂及其衍生物、蔗糖脂肪酸酯类、脂肪酸甘油酯类、山梨醇酐脂肪酸酯类、聚氧乙烯山梨醇酐脂肪酸酯类、有机酸单甘酯类、聚甘油脂肪酸酯类、脂肪酸丙二醇酯类、硬脂酰乳酸酯及其盐类、松香甘油酯类等品种。

我国允许用于食品的乳化剂有 30 种,由于篇幅有限,现结合国内主要的常用品种进行介绍。

1. 脂肪酸甘油酯及其衍生物

脂肪酸甘油酯包括甘油单脂肪酸酯和双、三脂肪酸酯,但作为乳化剂,真正有效果的是甘油单脂肪酸酯(双酯的乳化能力仅为单酯的 1%)。1853 年,贝特罗特首次在实验室通过脂肪酸和甘油直接酯化制得甘油单、双酸酯,但直到 1929 年在美国才实现工业化生产,但普通酯化法的产物是三类脂肪酸酯的混合物,因此如何提高甘油单脂肪酸酯的含量是关键。目前的分子蒸馏法和缩水甘油酯化法均可使甘油单脂肪酸酯含量提高到 90% 以上。

甘油单、双酸酯和蒸馏甘油单酸酯作为优良的乳化剂可直接用于食品生产,也可作为其他乳化剂合成的原料,是目前产量最大的乳化剂,超过所有食用乳化剂的 40%。限于篇幅,下面就常用的单硬脂酸甘油酯及脂肪酸甘油酪的衍生物(如乙酸脂肪酸甘油酯)进行介绍。

单硬脂酸甘油酯简称单甘酯,化学式 $C_{21}H_{42}O_{47}$,相对分子质量 358.57,结构式见图 7-9。

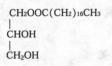

$$CH_2OOC(CH_2)_{16}CH_3$$
$$|$$
$$CHOH$$
$$|$$
$$CH_2OH$$

图 7-9 单硬脂酸甘油酯

单硬脂酸甘油酯为微黄色蜡状固体,凝固点不低于 54℃,不溶于水,与热水强烈振荡混合时可分散于热水中。溶于热有机溶剂,如丙酮、苯、矿物油、乙醇、油和烃类。可燃。BHL 值为 2.8~3.5。

单硬脂酸甘油酯具备良好的亲油性,系 W/O 型乳化剂,因本身的乳化性很强,也可作为 O/W 型乳化剂。

单硬脂酸甘油酯的毒性:FAO/WHO(1985)、ADI 不作限制性规定。FDA(1985)将本品列为公认安全物质。单硬脂酸甘油酯经人体摄取后,在肠内完全水解,形成正常代谢的物质,对人体无害。用含 25% 单硬脂酸甘油酯的饲料喂大鼠,发现肝重增加,患肾结石。

单硬脂酸甘油酯的使用范围和最大使用量,参照我国食品添加剂使用标准(GB 2760—2011)。

　　在面包中除单纯使用单硬脂酸甘油酯外,为提高对面团的强化效果,常常配合其他乳化剂以达到复配效果。例如,取单甘酯 40 份、琥珀酸甘油单硬脂酸 30 份、丙二醇甘油单硬脂酸酯 30 份、硬脂酸钾 18 份,混合均匀。在面粉中加入 1%~5% 的该复配乳化剂。

　　在液状油脂中加入 0.6% 单硬脂酸甘油酯及其他乳化剂,即可用作糕点的起酥油。

　　在生产乳脂糖和奶糖时,为增强乳化作用可添加用量不超过 0.5% 的单硬脂酸甘油酯。在生产饴糖时使用单甘酯可防止食用时粘牙。

　　日本将单硬脂酸甘油酯 30 份与蔗糖脂 15 份、失水山梨醇脂肪酸酪酯 5 份、大豆磷脂 25 份互相复配,可用作糖果乳化起泡剂。

　　在饮料中使用单硬脂酸甘油酯 50 份、蔗糖脂 25 份与失水山梨醇脂肪酸酯复配的乳化剂,可使饮料增香、混浊化,并获得良好的色泽。

　　在煮豆浆过程中,于 80℃ 时加入豆浆量 0.1% 的单硬脂酸甘油,能有效地分离豆腐渣,消除泡沫,防止溢锅,还能提高豆腐收率 9%~13% 及保水性和弹性,使豆腐的质地更加细腻,不易破碎,口味和口感更佳。

　　乙酸脂肪酸甘油酯是常见的脂肪酸甘油酯衍生物,其他衍生物还包括乳酸、柠檬酸的脂肪酸甘油酯。

　　乙酸脂肪酸甘油酯主要成分为部分乙酰化的甘油与脂肪酸构成的单酯、双酯。结构式见图 7-10。

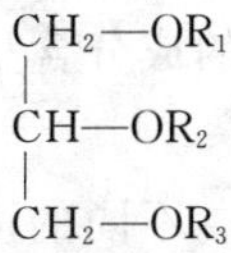

$$
\begin{array}{c}
CH_2-OR_1 \\
| \\
CH-OR_2 \\
| \\
CH_2-OR_3
\end{array}
$$

图 7-10　乙酸脂肪酸甘油酯

　　白色至浅黄色不同稠度的液体至固体,可略带醋酸气味,味温和。不溶于水,溶于乙醇、丙酯及其他有机溶剂,溶解度等性质取决于酯化程度和溶化温度。热稳定性很好,低于 60℃ 时不易增加酸值,其中较高乙酰化型乙酸甘油单、双酸的酯的热稳定性优于低乙酰化型乙酸甘油单、双酸酯。在含水体系中,非催化水解作用进行缓慢。液态时稠化度变化较大,与脂肪酸基团是否饱和、链的长短以及被酯化的乙酰数量有关。在水中没有结晶特性。界面活性不具两亲分子结构持征,因此只能用作油包水型乳化剂才有效。HLB 值 2~3。

　　乙酸脂肪酸甘油酯具有良好的亲油性,系专用 W/O 型乳化剂,由于存在饱和的长链脂肪酸基团和短链乙酸基团,所以它们能形成硬塑性和富有弹性的膜,有优良成膜性,并具有良好润滑性。

　　乙酸脂肪酸甘油酯的毒性:ADI 不作限制规定(FAO/WHO,1994),使用时以适度为限(FDA,1994)。大鼠经口 LD_{50} 为 4g/kg(体重)。

　　乙酸脂肪酸甘油酯属于亲水型乳化剂,也是优良的涂膜剂、包覆剂和润滑剂。根据需要可用于焙烤制品、蛋糕起酥油、冷冻甜食、冰淇淋、人造奶油、肉制品、花生酱、布丁等食品,利用其涂膜性用作水果涂膜保鲜,可以防止水果变干和微生物污染。

2. 蔗糖脂肪酸酯

蔗糖脂肪酸酯亦称为脂肪蔗糖酯，简称蔗糖酯（SE），为蔗糖与正羧酸反应生成的一大类有机化合物的总称。与蔗糖成酯的脂肪酸一般有硬脂酸、软脂酸、棕榈酸、月桂酸等。酯化度可从单酯到八酯，但一般的蔗糖酯只在三个伯羟基上酯化，当羟基酯化超过 6 个时，称为蔗糖多酯。但用作食品乳化剂的商品蔗糖酯常为一、二、三酯的混合物。单酯结构式（其中 RCO 为脂肪酸残基）如下（图 7-11）。

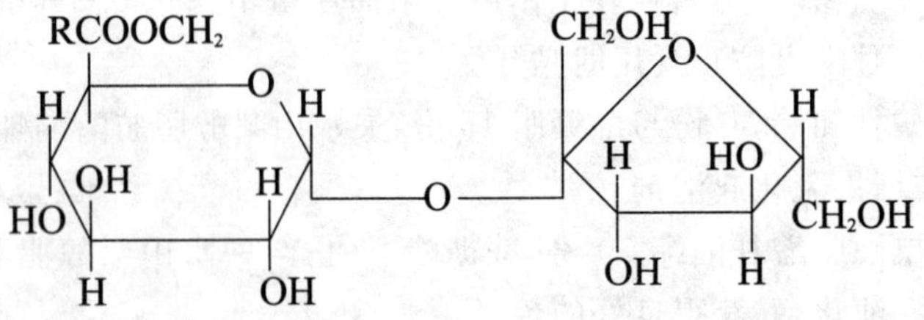

图 7-11　单酯结构式（其中 RCO 为脂肪酸残基）

蔗糖由于酯化时所用的脂肪酸的种类和酯化度不同，它可为白色至微黄色粉末、蜡状或块状物，也有的呈无色至浅黄的稠状液体或凝胶。无臭或有微臭（未反应的脂肪酸臭味），无味。但月桂酸（C_{12}）以下的短链脂肪酸或不饱和脂肪酸酯化的常含有苦味或辛辣味，不宜食用。蔗核酯一般无明显熔点，在 120℃ 以下稳定，加热至 145℃ 以上则分解。单酯易溶于温水，双酯以上难溶于水，溶于乙醇。在油脂中仅能溶解 1% 以下，有旋光性。蔗糖酯耐热性较差，在受热条件下酸值明显增加，蔗糖基因可发生焦糖化作用，从而使色泽加深。此外，酸、碱、酶不可导致其水解。根据不同酯化度的成分含量，可获得任意 HLB 值的产品，但一般其HLB 值在 3～15。

有良好的表面活性，能降低界面张力。不同的蔗糖酯在 0.1% 浓度时，水溶液的表面张力如下：单肉豆蔻酯为 34.8mN/m，单棕榈酸酯为 33.7mN/m，单油酸酯为 31.5mN/m，单硬酸酸酯为 34.0mN/m。水溶液有黏性，对油和水起乳化作用。商品蔗糖酯单酯含量越多，HLB 值越高，亲水性越强（单酯的 HLB 为 10～16，双酯的在 7～10）。表 7-12 为几种蔗糖酯的单酯含量与 HLB 值的关系。从表 7-12 中可以看出，蔗糖酯的 HLB 值范围很大，既可用于油脂和含油脂丰富的食品，也可用于非油脂和油脂含量少的食品，具有乳化、分散、润湿、发泡等一系列优异性能。蔗糖酯对淀粉有特殊的作用，可使淀粉有特殊的碘反应消失，明显提高淀粉的糊化温度，并有显著的防老化作用。

表 7-12　蔗糖脂肪酸酯中单酯含量与 HLB 值的关系

商品名称	化学名称	单酯含量/%	双酯、三酯含量/%	HLB 值
S-1570	蔗糖硬酸酯	70	30	15
S-1170	蔗糖硬酸酯	55	45	11
S-970	蔗糖硬酸酯	50	50	9
S-770	蔗糖硬酸酯	40	60	7
S-370	蔗糖硬酸酯	20	80	3

商品名称	化学名称	单酯含量/%	双酯、三酯含量/%	HLB 值
P-1570	蔗糖软脂酸酯	70	30	15
O-1570	蔗糖油酸酯	70	30	15

注：商品名中后两位数为结合的脂肪酸含量百分数，前一或两位数值表示该商品的 HLB 值。

羟基酯化率超过 6 个的蔗糖多酯进入人体后能以胶束的形式将血液中的胆固醇携出体外，可用以治疗高胆固醇血症。此外，蔗糖多酯具有普通固态油脂的口感和性状，又不会被人体消化分解，故是理想的代脂减肥剂，美国很早就用于油炸土豆片的炸油中，以减少制品含油量。

蔗糖脂肪酸酯的毒性：大鼠经口（蔗糖软脂酸酯）$LD_{50} \geqslant 30g/kg$（体重），FAO/WHO（1985）规定。ADI 为 $0mg/kg \sim 10mg/kg$（体重）（系指与蔗糖甘油酯的总 ADI）。用含 0.3%、1%、3% 的蔗糖软脂酸的饲料喂养大鼠 2 年，发现含 3% 的实验组雄大鼠饲料效率不高，体重增长率下降。用含 1% 的饲料喂养大鼠 22 个月，经历 3 个世代的繁殖试验，均未发现异常。

蔗糖酯的使用范围和最大使用量，按我国食品添加剂使用卫生标准（GB 2760—2011）。在各类食品中的应用见表 7-13。

表 7-13　蔗糖酯在各类食品中的应用

食品种类	适宜 HLB 的蔗糖酯	推荐使用量/%	主要主用
面包、蛋糕	≥11	0.2～0.5	防止老化、提高发泡效果
人造奶油	≤8	2～5	提高乳化稳定性
起酥油	≤8	0.008～1.72	提高乳化稳定性
冰淇淋	≤8	0.1～0.3	提高乳化稳定性
巧克力	3～9	0.2～1.0	抑制结晶降低黏度
饼干	7	0.1～0.5	提高起酥性、保水性和防老化性，减少破损
胶姆糖基	5～9	0.5～3	提高可塑性、防止变形、改善保香性
速溶食品、固体饮料、奶粉等	15	0.5～2	助溶、减少沉淀
麦乳精	15	0.5	保持疏松、防止板结
口香糖、奶糖	2～4	5～10	降低黏度、防止油析或结晶，防止粘牙
调味料	5～7	0.5	防止淀粉糊脱水，提高保型性
面条、通心粉	11～15	0.2～1.0	提高黏度、涨力和得率，减少面汤的混浊度
饮料	根据情况	≤0.15	着色、起浊、赋色、助溶、分散等，使产品均匀、稳定

蔗糖酯可在糖膏煮炼过程中作为煮糖助剂、可提高精炼糖末段糖膏的煮糖效率和产糖率，缩短煮糖时间，还能降低废蜜纯度、改善产品质量和提高生产效率。

蔗糖酯可用于配制果蔬涂膜保鲜剂，如 SM 保鲜剂就是用蔗糖酯、甘油酯作乳化剂，以淀粉加防腐剂为主要原料配制的乳状液。果蔬用这种涂膜保鲜剂浸渍后,表面形成一层半透明膜,而起到良好的防腐保鲜作用。蔗糖单独使用也是良好的涂膜保鲜剂,如将柑橘、香蕉、苹果等在蔗糖酯水溶液中浸渍数秒,取出自然晾干,在常温下贮存,可达到预期保鲜目的。

蔗糖酯还可提高一些脂溶性色素的水溶性,如胡萝卜素用蔗糖酯处理后,可用于水溶性果汁、清凉饮料等食品的着色。

第三节 稳定剂和凝固剂

一、稳定剂和凝固剂的概念

稳定剂和凝固剂是使食品结构稳定或使食品组织不变的一类食品添加剂,其作用方式通常是使食品中的果胶、蛋白质等溶胶凝固成不溶性凝胶状物质,从而达到增强食品中黏性固形物的强度、提高食品组织性能、改善食品口感和外形等目的。

稳定剂和凝固剂在食品生产中有广泛的应用。如利用氯化钙等钙盐使可溶性果胶酸成为凝胶状不溶性果胶酸钙,可保持果蔬加工制品的脆度和硬度,在果蔬罐头等产品中经常使用;或与低酯果胶交联成低糖凝胶,用于生产具有一定硬度的果冻食品等。盐卤、硫酸钙、葡萄糖酸—内酯等可使蛋白质凝固。在豆腐生产的点脑(点卤或点浆)工序中,蛋白质因发生热变性,蛋白质的多肽链的侧链断裂开来,形成开链状态,分子从原来有序的紧密结构变成疏松的无规则状态,这时加入稳定凝固剂,变性的蛋白质分子相互凝聚、相互穿插凝结成网状的凝聚体,水被包在网状结构的网眼中,转变成蛋白质凝胶。此外,金属高于螯合剂如乙二胺四乙酸二钠,能与金属离子在其分子内形成内环,使金属离子成为环的一部分,从而形成稳定而能溶解的复合物,从而提高食品的质量和稳定性。

目前我国允许使用的稳定剂和凝固剂有硫酸钙等钙盐、镁盐、丙二醇、乙二胺四乙酸二钠、柠檬酸亚锡二钠、葡萄糖酸—内酯、不溶性聚乙烯吡咯烷酮等,下面重点介绍几种。

二、稳定剂和凝固剂的种类

1. 硫酸钙

硫酸钙俗称石膏,化学式 $CaSO_4 \cdot 2H_2O$,相对分子质量 172.18。

硫酸钙其形状为白色结晶性粉末。无气味、有涩味。相对密度 2.96。微溶于水($0.241g/100mL,18℃;0.222g/100mL,90℃$),难溶于乙醇,微溶于甘油,溶于强酸。水溶液呈中性。加热至 100℃ 以上失去部分结晶水而成为煅石膏($CaSO_4 \cdot \frac{1}{2}H_2O$),室温时又成为二水盐;加热至 194℃ 以上失去全部结晶水而成无水硫酸钙。石膏遇水后形成可塑性浆状物,很快固化。

硫酸钙是优良的蛋白质凝固剂。在豆腐生产的点脑或点浆关键工序中,于熟豆浆中加入石膏,使热变性的大豆蛋白凝固。硫酸钙促进蛋白质凝固后所形成的豆腐的品质与许多因素有关。点脑一般可分为热点脑和冷点脑。65℃~75℃为冷点脑,由于温度较低,凝固剂与蛋白质的作用较缓慢,形成的网络组织细嫩,但可能会因凝固不足而造成豆腐过嫩;75℃~90℃为热点脑,温度较高时蛋白质在凝固剂作用下凝固速度较快,蛋白质网络组织粗而有力,凝固物韧性好,但持水性较差。另外凝固剂浓度较高时蛋白质凝固也较快,但同样会使组织粗糙,在点脑时将凝固剂分几次加入并适当搅拌有助于凝固完全,效果更好。

硫酸钙几乎无毒(两种离子均为机体成分,溶解度亦低)。ADI 不作特殊规定(FAO/WHO,1994)。FDA 将其列为公认的一般安全物质(1994)。

硫酸钙在食品中可作凝固剂,也可用于面粉处理剂,以提高发酵力。用于制作豆腐时每千克大豆约添加 14g~20g 于豆浆中,过量会出现苦味。在面粉中加入 0.15% 作为酵母的矿物源,可提高面团的发酵速度。另外亦可应用于提高果蔬罐头的脆性(0.1%~0.3%),酿酒用水的硬化剂等。

硫酸钙的毒性:按 FAO/WHO 1984 年的规定,在番茄罐头中,作凝固剂使用,用量为:片装,0.8g/kg;整装,0.45g/kg(单用或与其他凝固剂合用)。按日本的规定,硫酸钙作凝固剂,用量≤4.3%(以钙计)。

2. 氯化钙

氯化钙,化学式 $CaCl_2$ 或 $CaCl_2 \cdot 2H_2O$,相对分子质量分别为 110.99 和 147.02。

氯化钙的形状为白色、硬质碎块或颗粒。微苦,无臭。易吸水潮解。100mL 水中可溶解 66.67g(25℃)、142.85g(100℃),可溶于乙醇(25℃,100mL 溶解 12.5g;100℃,100mL 溶解 62.5g)。5% 水溶液的 pH 为 4.5~8.5。水溶液的冰点显著降低(-55℃)。加热至 260℃ 脱水形成无水物。

氯化钙与硫酸钙一样主要用于豆腐的生产。另外,氯化钙可使果胶的凝固(果胶酸钙,钙离子起交联作用),以保持果蔬加工制品的脆和硬度。也可用于果冻、果酱的生产。

氯化钙的毒性:ADI 不作特殊规定(FAO/WHO,1994)。LD_{50} 为 1g/kg(大鼠,经口)。FDA 将其列入公认的一般安全物质(1994)。

氯化钙在食品中可作凝固剂,主要用于豆制品。

FAO/WHO1984 年规定,氯化钙可用于以下食品:番茄罐头,片装,0.8g/kg;整装,0.45g/kg(以钙计);葡萄柚罐头 0.35g/kg(以钙计);青豌豆、草莓、水果色拉等罐头 0.35g/kg(以钙计);成熟豌豆罐头 0.35g/kg(以钙计);果酱、果冻 0.2g/kg(以钙计);低倍浓缩乳、甜炼乳、稀奶油,单用 2g/kg,与其他稳定剂合用量为 3g/kg(以无水物计);酸黄瓜 0.25g/kg(以钙计);一般干酪为所用牛乳的 0.2g/kg(以钙计)。

FDA 1994 年规定,可用于焙烤食品、乳制品 0.3%:无醇饮料及饮料原浆 0.22%;干酪、加工水果和果汁、肉汁和沙司 0.2%;咖啡和茶 0.32%;糖食制品类 0.4%;植物蛋白制品 2.0%;加工蔬菜汁 0.4%;其他食品 0.05%。

在豆腐制作中作为凝固剂,在豆乳中添加 4%~6% 浓度的溶液,一般用量为 20g/L~25g/L(氯化钙计)。用氯化钙浸渍果蔬。经杀菌后其脆性好,并有护色作用,如用于苹果、整装番茄、什锦蔬菜、冬瓜等罐头食品。

日本最高使用时为 2.2%(以钙汁 1%)。

3. 氯化镁

氯化镁也称为卤片。化学式 $MgCl_2$，相对分子质量 95.21。

卤片的形状为无色、无臭的小片、颗粒、块状或单斜晶系晶体。味苦，有二水和六水盐两种。二水盐是白色吸水性颗粒，无水盐为无色潮解性片状或结晶。常温时为六水盐，含水量可随温度而变化，100℃失去 2 分子水，110℃时放出部分盐酸气，高温下分解成含氧氯化镁。相对密度 1.569，水溶液呈中性，极易吸潮。极易溶于水（20℃，160g/100mL），溶于乙醇。能使蛋白质溶液凝结成凝胶。多在北豆腐生产中应用，形成的豆腐硬度、弹性和韧性较强。

卤片的毒性：LD_{50} 为 2.8g/kg（体重）（大鼠，经口）。ADI 不作特殊规定（FAO/WHO，1994）。FDA 将其列为公认的一般安全物质（1994）。

氯化镁在食品中可作凝固剂，主要用于豆制品。在制作豆腐时无限量规定，另可作镁的营养强化剂。

4. 葡萄糖酸-δ-内酯

葡萄糖酸-δ-内酯，化学式 $C_6H_{10}O_6$，相对分子质量 178.14。

葡萄糖酸-δ-内酯为白色结晶或白色晶体粉末，几乎无臭，呈味先甜后酸。易溶于水（59g/100mL）。在水中缓慢水解形成葡萄糖酸及其 δ-内酯和 γ-内酯，呈平衡状态。微溶于乙醇，几乎不溶于乙醚。1％水溶液的酸度会随时间而变化，刚配制时 pH 为 3.5，2h 内 pH 降低到 2.5。热稳定性低，在 153℃左右分解。本身无吸湿性。

葡萄糖酸-δ-内酯可作蛋白质凝固剂。葡萄糖酸-δ-内酯在水中发生水解生成葡萄糖酸，能使蛋白质溶胶凝结而形成蛋白质凝胶。由于其为水溶性，能在水中混合均匀，其凝胶效果优于硫酸钙、氯化钙、盐卤和卤片，而且制得的豆腐产品质地细腻，滑嫩可口，保水性好。利用葡萄糖酸-δ-内酯制作的豆腐，由于葡萄糖酸-δ-内酯还兼有防腐性能，因而具有较好的保鲜期。实际应用时常与硫酸钙合用。

葡萄糖酸-δ-内酯的毒性：ADI 不作特殊规定（FAO/WHO，1994）。LD_{50} 为 7.63g/kg（体重）（兔，静脉注射）。FDA 将其列入公认的一般安全物质（1994）。

葡萄糖酸-δ-内酯在食品中作凝固剂，主要用于豆制品、香肠、鱼糜制品、葡萄汁等产品。

用于制作豆腐时，在豆浆中添加 0.25％左右的葡萄糖酸-δ-内酯。先将葡萄糖酸-δ-内酯溶于水中，再加入豆浆中，及时搅拌均匀。也可将加好葡萄糖酸-δ-内酯的豆浆装罐，隔水加热至 80℃左右，保持 15min，即可凝固成豆腐。

制作豆腐时，每 1kg 黄豆出浆量约为制作豆腐时的 3 倍，在豆浆中加入葡萄糖酸-δ-内酯 0.12％，搅拌均匀后 15min 即成豆脑。

FAO/WHO 1984 年规定：午餐肉、熟肉末中用量为 3g/kg。

5. 复配型凝固剂

复配型凝固剂一般由两种或两种以上的单个凝固剂及其他辅助剂按一定比例进行配比混合而成。它可克服单个凝固剂的缺点，同时综合每种凝固剂的优点，使凝固性能更优良、效果更稳定，最终使产品组织品质更好。复配型凝固剂往往针对特定的产品，可获得特定的效果。目前使用的复配型凝固剂多为固体粉末型。常见的复配型凝固剂如表 7-14 所示。

表 7-14　常见的复配型凝固剂

名　称	性状	成分及配比/％
豆腐凝固剂 1	粉末	硫酸钙 99,碳酸钙 0.96,二苯基硫胺素 0.04
豆腐凝固剂 2	粉末	硫酸钙 50,葡萄糖酸-δ-内酯 50
豆腐凝固剂 3	粉末	硫酸钙 70,葡萄糖酸-δ-内酯 30
豆腐凝固剂 4	白色粉末	硫酸钙 63,葡萄糖-δ-内酯 36,氯化钠 1
豆腐凝固剂 5	白色粉末	硫酸钙 65,葡萄糖酸-δ-内酯 4,氯化镁 20,葡萄糖 9,蔗糖酯 2
豆腐凝固剂 6	粉末	葡萄糖酸-δ-内酯 63,硫酸镁 37
豆腐凝固剂 7	粉末	葡萄酸-δ-内酯 58,硫酸钙 28,葡萄糖酸钙 11,天然物 3
豆腐凝固剂 8	粉状	葡萄糖酸-δ-内酯 62,氯化镁 34,蔗糖酯 1,乳化钙 1,L-谷氨酸钠 1.8,5′-肌苷酸钠 0.2
软豆腐凝固剂	粉末	葡萄糖酸-δ-内酯 40 硫酸钙 58,葡萄糖酸钙 8,天然物 2
油炸豆腐凝固剂	粉状	氯化镁 62.5,单甘酯 7.5,天然物 20,富马酸一钠 10

第四节　被　膜　剂

一、被膜剂的概念

人们为了贮存水果和鸡蛋,往往在其表面涂以薄膜,用来抑制水分蒸发(或抑制水果的呼吸作用)、防止细菌侵袭,达到保持新鲜度的目的;而对于糖果、巧克力等,在其表面涂膜后不仅有利于保持食品质量稳定,而且还可使其外表光亮美观。可被覆于食品表面,起保质、保鲜、上光、防止水分蒸发作用的物质,称为被膜剂或涂膜剂。虫胶、桃胶和蜂蜡等是天然的被膜剂,而石蜡和液体石蜡则可认为是人工被膜剂。

二、被膜剂的种类

1. 紫胶

又名虫胶片,为紫胶虫分泌的紫胶原胶经加工制得,其主要成分是树脂。紫胶分为普通虫胶片和漂白的虫胶片,现在食品工业多用漂白的紫胶。

普通紫胶为淡黄色至褐色的片状物,漂白的虫胶片为浅色,脆而坚,无味,有光泽。可溶于乙醇、乙醚和碱,部分溶于乙酸甲酯、乙二醇和丙酮等,不溶于酸、水、苯等芳烃溶剂。有一定的防潮能力。

紫胶的毒性:大鼠经口 LD_{50} 为 15g/kg(体重);ADI 允许使用(FAO/WHO,1994)。

我国规定:紫胶可用于巧克力糖、膨化巧克力的外膜涂层,最大使用量为 0.2g/kg。巧克力涂膜后可防止受潮发黏,并赋予其明亮的光泽。

巧克力球一般是在停放 2d～3d 后,使其结晶稳定,再进行上光处理。上光时在转锅内第一次加 1∶10 的桃胶乙醇溶液,第二次可用 1∶10 的紫胶乙醇溶液,加胶后马上吹风上光后铺成薄层晾干,以免粘连。晾干后即可包装。

紫胶原料紫梗是天然的动物性树脂,是我国传统中药,称之为紫草茸,有清热、凉血、解毒等功效,长期使用中未发现有害作用,安全性高。

2. 石蜡及液体石蜡

石蜡别名固体石蜡,从石油中得到的各种固态烃的混合物,无色至白色半透明块状物,无味无臭,常显结晶状,手指接触有滑腻感。可溶于乙醚、氯仿、苯、石油醚等,微溶于乙醇,不溶于水。化学性质稳定,不与酸、碱、氧化剂、还原剂反应,在紫外线照射下色泽会变黄,可燃烧而分解。

液体石蜡又称白色油,为无色半透明油状液体,无臭无味,但加热时可稍有石油气味。可溶于乙醚、石油醚、挥发油,可与多数非挥发性油混溶(不包括蓖麻油),不溶于水和乙醇。对光、热、酸稳定,但长时间受热或光照会慢慢氧化。

石蜡及液体石蜡的毒性:ADI 不作特殊规定(暂定,FAO/WHO,1994)。少量几乎不呈现毒性,但长期大量服用会引起食欲减退,对脂溶性维生素的吸收减少,引发消化器官及肝脏功能障碍。应控制其使用量和残留量。另外其品质不纯时,所残留的微量杂质如硫化物、多环芳烃等是有碍健康的,应严格控制其质量。

我国规定,石蜡可用做胶姆糖胶基,最大使用量为 50g/kg。液体石蜡可按正常生产需要用于面包脱膜、味精发酵消泡。用于鸡蛋保鲜、淀粉软糖时最大用量 5.0g/kg。此外可用于食品的上光、消泡、密封、防黏和食品机械的润滑等方面。

3. 巴西棕榈蜡

从巴西蜡棕的叶子中提取,棕色至淡黄色脆性蜡,具有树脂状断面,微有气味。相对密度 0.997,溶于氯仿、乙醚、碱液及 40℃ 以上的脂肪,微溶于热乙醇、不溶于水。

巴西棕榈蜡的毒性:ADI 为 0mg/kg～7mg/kg(体重)(FAO/WHO,1994)。

巴西棕榈蜡课作为被膜剂、胶姆糖基础剂,用于糖果、果脯涂膜剂和上光剂。用乙醇溶解后涂在果蔬外表面,可形成一层保鲜膜。

4. 吗啉脂肪酸盐(果蜡)

吗啉脂肪酸盐(果蜡)的组分为:天然棕榈蜡 10%～12%、吗啉脂肪酸盐 2.5%～3%、水 85%～87%。褐色半透明乳状液,溶于水,混溶于丙酮、乙醇、苯,pH 为 7～8。

吗啉脂肪酸盐的毒性:大白鼠经口 LD_{50} 为 1.6g/kg(体重)。

吗啉脂肪酸盐具有优良的成膜性,涂于果蔬表面,可形成薄膜,有效抑制果蔬的吸收作用,防止内部水分散失,同时还可控制微生物的入侵,并能改善外观。主要用于水果涂膜保鲜,按生产需要量使用。使用时先配成一定浓度的水溶液,然后采用浸果或喷雾的方法,晾干后可在水果表面形成一层薄膜。实际使用时添加适量的防霉剂,可以获得更好的贮藏效果。

其他如聚乙酸乙烯酯、松香季戊四醇酯、辛基苯氧聚乙烯醚、聚二甲基硅氧烷等,在这里不再一一详述。

第五节　水分保持剂

一、概述

水分保持剂主要用于保持优良食物中的水分。在肉类和水产品加工中,为了增强水分稳定性和使制品有较高持水性而加入其中的物质,一般使用磷酸盐类。磷酸盐是一类具有多功能的物质,在肉类制品中可保持肉的持水性,增强结合力,保持肉的营养成分及柔嫩性。广泛应用于各种畜禽肉、蛋、水产品、乳制品、谷物制品、饮料、果蔬、油脂和淀粉等的加工生产,具有明显改善品质的作用。到目前为止,实验研究发现磷酸盐类的持水性主要表现在以下几点。

(1) 肉的持水性能在肉蛋白质的等电点时最低,此时 pH 大约为 5.5。当加入磷酸盐后,可提高肉的 pH,使其偏离肉蛋白质的等电点,从而使肉的持水性增大。

(2) 磷酸盐中有多价阴离子,离子强度较大,它能与肌肉结构蛋白质结合的二价金属离子(如 Mg^{2+} 和 Ca^{2+})形成络合物,使蛋白质中的极性基游离出来,极性基间的排斥力增大,蛋白质的网状结构膨胀,网眼就增大,因而持水能力提高。

(3) 磷酸盐具有解离肌肉蛋白质中肌动球蛋白的作用,它将肌动球蛋白解离为肌动蛋白和肌球蛋白,而肌球蛋白具有较强的持水性,故能提高肉的持水性。

(4) 磷酸盐是具有高离子强度的多价阴离子,当加入到肉中以后,使肉的离子强度增高,肉的肌球蛋白溶解性增大而成为溶胶状态,持水能力增大,因而肉的持水性增大。

除了持水性作用外,磷酸盐还有其他作用,如:防止肉中脂肪酸败而产生不良气味的作用;防止啤酒、饮料混浊的作用;用于蛋外壳的清洗,防止鸡蛋因清洗后易变质;在蒸煮果蔬时,用来稳定果蔬的天然色素;还可用做酸度调节剂、金属离子螯合剂和品质改良剂等。由于磷酸盐在人体内与钙能形成难溶于水的正磷酸钙,这样就降低了钙的吸收率,因此使用时,应注意钙、磷的比例,在婴儿食品中,钙、磷比例不宜小于 1:1.20。

二、水分保持剂的种类

我国食品添加剂使用标准(GB 2760—2011)许可使用的水分保持剂有磷酸三钠、六偏磷酸钠、三聚磷酸钠、焦磷酸钠、磷酸二氢钠、磷酸氢二钠、磷酸二氢钙、焦磷酸二氢二钠、磷酸氢二钾、磷酸二氢钾、磷酸钙,共 11 种。

1. 磷酸三钠

又称磷酸钠、正磷酸钠,化学式为 Na_3PO_4,无色至白色结晶或结晶性粉末,无水物或含 1~12 分子的结晶水,无臭。易溶于水(28.3g/100mL),不溶于乙醇。在干燥空气中易潮解风化,生成磷酸二氢钠和碳酸氢钠。在水中几乎完全分解为氢氧化钠和磷酸氢二钠,呈强碱性,1%的水溶液 pH11.5~12.1。

磷酸三钠的毒性:大鼠经口 $LD_{50} > 4g/kg$(体重),ADI 为 0mg/kg~70mg/kg(体重)(FAO/WHO,1994)。

磷酸三钠可作为水分保持剂、品质改良剂、乳化剂、螯合剂。我国规定可用于干酪,最大使用量为 5g/kg;在西式火腿、肉、鱼、虾和蟹中,最大使用量为 3.0g/kg;在罐头、果汁、饮料和奶制品中,最大使用量为 0.5g/kg。作为品质改良剂,用于面条可使蛋白更具有弹性,且增加风味以及防止面条颜色变黄。也可作为膨松剂的酸性盐。复合磷酸盐可用于肉类、海产品的保水及粮油制品品质改良,用量以磷酸盐计:罐头、肉制品不得超过 1.0g/kg,炼乳不得超过 0.5g/kg。

2. 磷酸氢二钠

化学式为 $Na_2HPO_4 \cdot 12H_2O$,其十二水物为无色半透明结晶或白色结晶性粉末。易溶于水,不溶于乙醇。水溶液呈弱碱性,3.5%的水溶液 pH 为 9.0～9.4。在空气中迅速风化为七水盐,加热至 100℃时失去全部结晶水成为白色粉末无水物,250℃时则成为焦磷酸钠。

磷酸氢二钠的毒性:大白鼠经口 $LD_{50} > 1700mg/kg$(体重),ADI 为 0～70mg/kg(体重)(FAO/WHO,1994)。

磷酸氢二钠可作为水分保持剂、品质改良剂、乳化剂、营养强化剂、pH 调节剂、发酵助剂、金属螯合剂、稳定剂。我国规定用于淡炼乳,最大使用量为 0.5g/kg;用于复合发酵粉,按生产需要适量使用。

3. 磷酸氢二钾

又称磷酸二钾,化学式为 K_2HPO_4,无色半透明结晶或白色结晶粉末,无臭。易溶于水(6.3g/100mL),不溶于乙醇。有吸湿性,1%的水溶液 pH 为 9.0。

磷酸氢二钾的毒性:ADI 为 0mg/kg～70mg/kg(体重)(以磷酸计,FAO/WHO,1994)。

磷酸氢二钾可作为水分保持剂、pH 调节剂、螯合剂。我国《食品添加剂使用标准》(GB 2760—2011)规定:用于植物性粉末,用量 19.9g/kg。

4. 磷酸二氢钠

又称酸性磷酸钠,有无水物与二水物。易溶于水,25℃时水中溶解度为 12.14%,不溶于乙醇。有吸湿性,在潮湿空气中能结块,水溶液呈酸性,1%的水溶液 pH 4.1～4.7。

磷酸二氢钠的毒性:大鼠经口 $LD_{50} > 8290mg/kg$(体重),ADI 为 0mg/kg～70mg/kg(体重)(FAO/WHO,1994)。我国《食品添加剂使用标准》(GB 2760—2011)规定:在各类食品中按正常生产需要适量使用。

磷酸二氢钠可作为水分保持剂、品质改良剂、酸度调节剂、发酵助剂、螯合剂、抗氧化增效剂、稳定剂、凝胶剂、禽类烫毛剂等。日本规定,可作为酸度调节剂用于酿造、乳制品等食品加工中。在肉制品中用做结着剂和稳定剂,用量为 0.4%左右,我国规定可用于炼乳,最大使用量 0.5g/kg。

5. 焦磷酸钠

焦磷酸钠又称焦磷酸四钠,有无水物与十水物之分。易溶于水,20℃在水中溶解度为 11%,不溶于乙醇。有吸湿性,水溶液呈碱性,1%的水溶液 pH 为 10。与铁离子以及碱土金属形成稳定的水溶液络合物。水溶液在 70℃以下稳定,煮沸则成为磷酸氢二钠。

焦磷酸钠的毒性:大鼠经口 $LD_{50} > 4000mg/kg$(体重),ADI 为 0mg/kg～70mg/kg(体重)(FAO/WHO,1994)。

焦磷酸钠可作为水分保持剂、品质改良剂、pH 调节剂、金属螯合剂等。我国规定可用于乳制品、禽鱼制品、肉制品、冰淇淋和方便面,最大使用量 5.0g/kg,在罐头、果汁(味)饮料类和植物蛋白饮料中最大使用量为 1.0g/kg。作增白剂用于复配薯类淀粉,最大使用量 0.025g/kg。

6. 焦磷酸二氢二钠

又称酸性焦磷酸钠、焦磷酸二钠。白色结晶粉末或熔融体,易溶于水(10g/100mL,20℃),不溶于乙醇。有吸湿性,水溶液呈酸性,1%的水溶液 pH 为 4~4.5。

焦磷酸二氢二钠的毒性:ADI 为 0mg/kg~70mg/kg(体重)(FAO/WHO,1994)。

焦磷酸二氢二钠可作为水分保持剂、缓冲剂、膨松剂、金属螯合剂、稳定剂、乳化剂等。本品为酸性盐,作为水分保持剂时,一般与焦磷酸钠等盐复合使用。作为膨松剂用于水分含量少的烘烤食品。我国规定可用于苏打饼干,最大使用量 3.0g/kg;在面包中最大使用量为 1.0g/kg~3.0g/kg。

7. 三聚磷酸钠

又称三磷酸五钠、三磷酸钠,有无水物和六水物两种。本品为白色玻璃状结晶块或结晶性粉末,有潮解性,易溶于水,25℃在水中溶解度为 13%,水溶液呈碱性,1%的水溶液 pH 为 9.7;有吸湿性,在水中易水解为正磷酸盐和焦磷酸盐;能络合许多金属离子形成稳定的水溶性的络合物。

三聚磷酸钠的毒性:大鼠经口 LD_{50} >3210mg/kg(体重),ADI 为 0mg/kg~70mg/kg(体重)(FAO/WHO,1994)。

三聚磷酸钠可作为水分保持剂、品质改良剂、pH 调节剂、金属螯合剂等。我国规定可用于乳制品、鱼制品、禽肉制品、冰淇淋和方便面,最大使用量 5.0g/kg;在罐头、果汁(味)饮料类和植物蛋白饮料中最大使用量为 1.0g/kg。

8. 六偏磷酸钠

又称偏磷酸钠、偏磷酸钠玻璃体、格兰汉姆盐。无色透明的玻璃片状、粒状、纤维状或者粉末状物质。潮解性强,能溶于水,不溶于乙醇及乙醚等有机溶剂。水溶液可与金属离子形成络合物。二价金属离子的络合物比一价金属离子的络合物稳定,在水中易水解为正磷酸盐。

六偏磷酸钠的毒性:小白鼠经口 LD_{50} 为 7250mg/kg(体重),大白鼠经口 LD_{50} 为 4000mg/kg(体重);ADI 为 0mg~70mg/(体重)(FAO/WHO,1994)。

六偏磷酸钠可作为水分保持剂、品质改良剂、pH 调节剂、金属螯合剂等。本品可单独使用,也可与其他磷酸盐配制成复合磷酸盐使用。总磷酸盐量不能超过国家标准。用于果蔬、豆类,可稳定其天然色泽。番茄汁加入本品 0.25%,可提高汁液黏度。肉脆制中,加入 0.05%~0.3%,可提高肉持水性,对脂肪抗氧化有效;豆腐中添加 0.1%~0.2%,风味和口感更好;酱油、豆酱中加入 0.01%~0.2%,可防止变色,增加黏稠度。我国规定用于乳制品、禽肉制品、冰淇淋和方便面制品,最大使用量为 5.0g/kg;在罐头、果汁(味)饮料和植物蛋白饮料中最大使用量为 1.0g/kg。

食品中使用磷酸盐需要考虑很多因素:磷酸盐的品种、加入量、加入方式、温度、脆肉时间、pH、加工工艺及与其他添加剂的协同作用等。因此添加磷酸盐一定要慎重。

第六节　面粉处理剂

一、面粉处理剂的概念

面粉处理剂是一类使面粉增白、促进成熟、提高烘烤质量的一类食品添加。面粉处理剂主要是一些氧化剂,不仅具有氧化漂白作用,还能将面筋蛋白中的巯基氧化,有利于蛋白质网状结构的形成,提高面食制品的质量。此外,还能抑制面粉中蛋白质分解酶,改善面团的弹性、延伸性等。具有还原作用的 L-半胱氨酸盐酸盐也能促进面筋蛋白网状结构的形成,防止面团老化,缩短发酵时间。

我国许可使用的面粉处理剂包括面粉漂白剂、面粉增筋剂、面粉还原剂和面粉填充剂。

二、面粉处理剂的种类

1. 过氧化苯甲酰(BP)

又称过氧化苯酰、二氧化二苯甲酰,化学式为 $C_{14}H_{10}O_4$。为无色至白色结晶或结晶性粉末,略有苯甲醛的气味,加热至 $103℃\sim106℃$ 熔化并分解,溶于乙醚、苯、氯仿和丙酮,微溶于水和乙醇。具有强氧化性,易还原为苯甲酸,受冲击或摩擦会引起爆炸。

过氧化苯甲酰(BP)的毒性:小鼠经口 LD_{50} 为 3949mg/kg(体重),大鼠经口 LD_{50} 为 7710g/kg(体重);ADI 为 0mg/kg$\sim$40mg/kg(体重)(FAO/WHO,1994)。

2. 溴酸钾

白色菱形结晶或结晶性粉末,易溶于水,水溶液呈中性,不溶于乙醇。加热至 $370℃$ 时分解,有氧气逸出;与还原性物质混合、冲击会发生爆炸。毒性较强,专家建议新国标中将被删除使用。

溴酸钾可作为面粉处理剂。我国规定可用于小麦粉,最大使用量为 0.03g/kg,面粉成品中不得检出。溴酸钾用于面粉,可抑制面粉中蛋白质分解酶活性,可改良面筋强度、伸展性、弹性和稳定性,增大发酵面团体积,对受冻面粉效果尤为显著。

新制的面粉,特别是用新小麦磨制的面粉,筋力小,弹性比较弱,没有光泽,面团的吸水能力低,黏性不大,发酵耐力差,极易塌陷,做成的面包体积小,易收缩变形,组织不均匀。因此,新面粉必须经过后熟或促熟过程。现在,国内外均采用加入促熟剂的办法增强新面粉的筋力,克服以上缺点。这类促熟剂也称为增筋剂。以下为几种主要的促熟剂。

(1) 偶氮甲酰胺(ADA)　偶氮甲酰胺(ADA)是一种近年来广泛使用的面粉增筋剂,属于快速型氧化剂。它除了具有溴酸钾相同的效果之外,还能够直接影响面团搅拌和发酵时的流变学特性,降低面团的延伸阻力,改善面团的操作性能,改善面包的内部组织。其性状为白色或淡黄色结晶性粉末,无臭。溶于碱,不溶于水和大多数有机溶剂。120℃以上分解放出大量氮气。

偶氮甲酰胺(ADA)的毒性:小鼠经口 $LD_{50}>10$g/kg(体重);ADI 为 0mg/kg$\sim$45mg/kg(体重)(FAO/WHO,1994)。

偶氮甲酰胺（ADA）可作为面粉处理剂，我国规定可用于小麦粉，最大使用量 0.045g/kg。

（2）L-半胱氨酸盐酸盐　无色至白色结晶性粉末，略有异臭和酸味，熔点 175℃。溶于水、醇、氨水和乙酸，水溶液为酸性，不溶于苯、乙醚、丙酮等。具有还原性，有抗氧化和防止非酶褐变作用。

L-半胱氨酸盐酸盐的毒性：小白鼠经口 LD_{50} > 3460mg/kg（体重）。

L-半胱氨酸盐酸盐可作为面粉还原剂、面制品发酵促进剂。可加速谷蛋白形成，防止老化。我国规定可用于发酵面制品，最大使用量 0.06g/kg；作为抗氧化剂，用于果汁防止维生素 C 氧化褐变，用量 0.02%～0.08%。另外，L-抗坏血酸也被用做面粉还原剂，具有促进面包发酵的作用。

3. 面粉填充剂

面粉填充剂又称分散剂，是一种面粉处理剂的载体，包括碳酸镁、碳酸钙、过氧化钙除具有使微量的面粉处理剂分散均匀的作用外，尚具有抗结剂、膨松剂、酵母养料水质改良剂的作用。

第七节　膨　松　剂

膨松剂又称疏松剂，是在焙烤制品中能使制品体积增大、组织疏松的一类物质。生产中常用的膨松剂有两大类：化学膨松剂和生物膨松剂。化学膨松剂又有单一膨松剂（又分为碱性膨松剂和酸性膨松剂）和复合膨松剂两类。

一、化学膨松剂

化学膨松剂通常在和面过程中加入，在制品烘焙过程中受热分解产生气体，气体受热膨胀使面坯起发，在内部形成均匀、致密的多孔性组织，从而使制品具有酥脆或松软的特征。

1. 碱性膨松剂

主要有碳酸氢钠和碳酸氢铵两大类。

（1）碳酸氢钠（$NaHCO_3$）　又名食用小苏打，为白色结晶性粉末，无臭，无味，易溶于水，水溶液呈碱性。

小苏打受热后分解产生二氧化碳气体，其化学反应式如下：

$$2NaHCO_3 \longrightarrow CO_2 \uparrow + H_2O + Na_2CO_3$$

碳酸氢钠分解后残留碳酸钠，使成品呈碱性并着色，使用不当或用量太多时，会影响口味，有时还会使成品表面呈黄色斑点。

碳酸氢钠的毒性：大鼠经口 LD_{50} 为 4.3g/kg（体重）；ADI 不作限制性规定（FAO/WHO，2001）。GB 2760—2011 规定：按正常生产需要使用。

碳酸氢钠可作为酸度调节剂、膨松剂。单独使用，主要用于饼干等低含水量食品。复合膨松剂的主要原料，配合不同酸性物质，用于糕点生产。分解残留物 Na_2CO_3 在高温下可与油脂作用产生皂化反应，使制品口味不纯、pH 升高、颜色加深、破坏组织结构，品质不良。

（2）碳酸氢铵（食臭粉、臭粉）　白色粉状结晶，有氨臭味。对热不稳定，固体在 58℃、水溶液 70℃分解出二氧化碳和氨。稍有吸湿性，易溶于水，不溶于乙醇，水溶液呈碱性。

受热后可分解产生气体，其化学反应式：

$$NaH_4HCO_3 \longrightarrow CO_2\uparrow + H_2O + NH_3\uparrow$$

碳酸氢氨的毒性：大鼠经口 LD_{50} 为 0.245g/kg（体重）；ADI 无须规定（FAO/WHO，1994）。GB 2760—2011 规定：按正常生产需要使用。

碳酸氢氨可作为膨松剂、酸度调节剂、稳定剂。分解残留物 NH_3 气体易溶于水成 NH_4OH，使制品有臭味、pH 升高，对维生素类有严重的破坏作用，所以，一般只用于含水量少的饼干等产品中。比碳酸氢钠产生的气体多，起发力大，但容易造成成品过松，使成品内部或表面出现大的空洞。多与碳酸氢钠复合使用，可以减弱各自的缺点，获得满意的结果。

碱性膨松剂尽管有些缺点，但价格低廉、保存性较好，而且使用稳定性高，所以仍是目前饼干、糕点生产中广泛使用的膨松剂（表 7-15）。

表 7-15　饼干中碱性膨松剂的参考用量　　　　　单位：%（质量分数）

面团类型	碳酸氢钠	碳酸氢氨
韧性面团	0.5～1.0	0.3～0.6
酥性面团	0.4～0.8	0.2～0.5
甜性面团	0.3～0.5	0.15～0.2

2. 酸性膨松剂

酸性膨松剂包括酒石酸氢钾、硫酸铝钾、硫酸铝铵、磷酸氢钙等，主要用做复合膨松剂的酸性成分，不能单独作为膨松剂使用。其中的硫酸铝钾和硫酸铝氨因铝对人体健康不利，已经限制使用。

3. 复合膨松剂

复合膨松剂又称发酵粉、泡打粉，是目前应用最多的膨松剂，一般由碳酸盐类、酸性物质和淀粉等几部分组成。碳酸盐类常用碳酸氢钠，为膨松剂的主要成分，其用量占 20%～40%。作用是与酸性物质反应产生 CO_2。酸性物质常用柠檬酸、酒石酸及其盐、富马酸、乳酸、酸性磷酸盐和明矾类（包括钾明矾和铵明矾）等，是另一重要成分，其用量占 35%～50%。作用是与碳酸盐反应产生 CO_2，降低成品的碱性，控制反应速度和膨松剂作用效果。

根据酸性物质的不同，复合膨松剂有速效性、缓效性和持续性膨松剂之分。酸性物质采用酒石酸、富马酸、磷酸氢钙等有机酸（盐）的为速效性膨松剂，此类膨松剂在低温条件下即可迅速反应；以烧明矾为主的为缓效性膨松剂，在低温下反应迟缓，进入高温后反应加剧；由速效性和缓效性物质共同适当组合而成的为持续性膨松剂。

（1）小苏打与酒石酸氢钾并用

配方：小苏打 25%、酒石酸氢钾 50%、淀粉 25%，充分混合过筛。其作用如下：

$$NaHCO_3 + HOOC(CHOH)_2COOK \rightarrow NaOOC(CHOH)_2COOK + CO_2\uparrow + H_2O$$

此配方比较稳定，在制品中无臭味产生，色、香、味较理想，在使用量相同的情况下，膨松力较其他膨松剂大，使用方便，是一种速效膨松剂。

（2）小苏打与酸性磷酸钙并用

配方：小苏打 26%、酸性磷酸钙 37%、淀粉 37%，充分混合过筛。磷酸钙必须充分干燥

磨成细粉后使用,本品为迟效性膨松剂。由于配料中有磷酸钙,故又称营养发酵粉。其作用如下:

$$NaHCO_3 + CaH_4(PO_4)_2 \longrightarrow NaCaH_2(PO_4)_2 + 2CO_2\uparrow + 2H_2O$$

商品性发酵粉往往是上述(1)、(2)两类的混合物,即速效、迟效发酵粉混合配制的复合膨松剂见表7-16。

表 7-16　几种复合膨松剂配方　　　　　　　　单位:%

原料	编号				
	1	2	3	4	5
小苏打	25	23	30	40	35
酒石酸		3			
酒石酸氢钾	52	26	6		
磷酸二氢钙	13	15	20		35
钾明矾			15		
烧明矾				52	14
轻质碳酸钙					
淀粉	23	33	19		16

二、生物疏松剂

酵母

酵母是一种单细胞生物,属真菌类,学名是啤酒酵母。酵母的形态、大小因酵母的种类不同而有差异。酵母作为疏松剂,它的机理是由于酵母含有丰富的酶,有很强的发酵能力。在发酵过程中产生大量的二氧化碳和乙醇,使制品疏松多孔,体积增大。

酵母最适宜的生长温度在27~32℃之间,酵母的活性随着温度升高,产气量也大量增加,当温度达到38℃时,产气达到最大值。温度超过40℃时,酵母衰老快,甚至死亡。温度低于10℃时,酵母几乎没有活性。

酵母适宜在酸性条件下生长,一般以pH在5~6之间。低于pH 2或高于pH 9,酵母的活性将受到很大的抑制。

酵母细胞外围有一半透性细胞膜。外界浓度的高低影响酵母细胞的活性。盐、糖都产生渗透压,渗透压过高,酵母体内的原生质和水分渗透出来,会因质壁分离,使酵母无法正常生长而死亡。不同种类的酵母耐渗透压能力不同,如即发干酵母有低糖型和高糖型之分。

很多营养物质都需要在介质水的作用下才能被酵母吸收。因此调制面团时,加水量多,面团软,发酵速度较快。

酵母在发酵过程中大部分营养都可从面粉中获得,但相对氮源缺乏。因此,目前的面包改良剂中都添加有含硫酸铵和氯化铵等铵盐。

酵母在制品中的作用:使产品疏松柔软,这是酵母的重要作用之一。面团的发酵除产生二氧化碳以外,还有少量的醛、酒精和有机酸等,这些物质能增加面筋的伸展性和弹力,使面团最终得到细密的气泡和很薄的膜状组织。增加产品营养价值。面团在发酵过程中,产生酒精、有机酸、酯类物等风味物质,烘烤后形成发酵制品特有的香味;各种酶的作用使面粉中营养物质分解,转变成麦芽糖、葡萄糖、胴、肽及氨基酸等物质;而且酵母本身也是一种营养价值很高的物质。

(1)鲜酵母(压榨酵母)

鲜酵母是酵母液经除去一定量水分后压榨而成。含水量为72%～73%。主要特点如下。

① 活性和发酵力都较低。发酵力一般在650mL左右,发酵速度慢,活性不稳定。贮藏条件不当,贮藏时间延长,活性迅速下降。②保质期短,贮存条件严格。鲜酵母有效贮藏期仅20d～30d,保质期一般7d,而且需放在4℃～4℃的贮藏环境。③使用前需活化处理,用30℃～35℃的温水活化10min～15min。但价格便宜。

(2)活性干酵母

活性干酵母是干酵母的最早形式,由鲜酵母经低温干燥而成。具有以下特点。

① 比鲜酵母使用更方便,活性较稳定,发酵力高,可达1300mL;②常温可贮藏1年,保质期6个月以上;③使用前需温水活化。

(3)即发干酵母(速溶干酵母、速效干酵母)

是一种高活性新型干酵母。与鲜酵母、活性干酵母相比,具有更多的优点。

① 活性特别高,发酵力高达1300mL以上。②活性稳定,在真空包装条件下可保质3～5年。不用低温贮藏。③发酵速度快,能大大缩短发酵时间,特别适合快速发酵工艺。④使用前不需活化处理,使用更方便。

目前,生产上作为膨松剂使用的酵母主要是即发高活性干酵母。其他类型的酵母已经很少使用。高活性酵母的使用要考虑以下因素。

在选用一种新的酵母之前,必须先进行小试验,了解掌握酵母发酵特性,制定适合的发酵工艺。选择即发干酵母时,要注意产品的生产日期和保质期。要看是否真空包装? 包装是否完好? 如果包装袋变软,说明漏气,将影响酵母的活性。即发酵母有高糖型和低糖型之分,在选用时要根据产品配方和生产工艺进行选择。搅拌时面团的温度,一般要控制在22℃～26℃,所以夏天要用冷水和面,冬天用温水和面。面团发酵的温度要控制在酵母的最佳生长温度。一般在32℃～36℃。酵母的用量与酵母的种类、发酵力、发酵工艺、产品配方等因素有关,在实际生产中要根据具体情况进行调整。各种类酵母间的换算关系:鲜酵母:干酵母:即发酵母=4:2:1。即发酵母一般的用量为0.5%～1%。发酵次数多,发酵时间长,酵母用量少。夏天气温高,发酵快,酵母用量也少。酵母产气基本停止时,应及时烘烤,否则,会出现凹陷,收缩成为废品。

三、生化膨松剂

生化膨松剂是酵母与化学膨松剂的合称,是指将活性干酵母与小苏打、臭粉、发酵粉等混合使用于制品中。两者可互相取长补短,用于制作馒头,可大大缩短制作时间,成品外观饱满,色泽洁白,膨松性好,有弹性,切面气孔均匀,耐咀嚼。制作方法是将酵母活化(35℃～40℃、10min～20min),然后按生产需要添加到混合均匀的面粉和化学复合膨松剂中,经和面、静置、压面、成型等工艺制成馒头。

【复习思考题】

1. 简述增稠剂的作用机理。
2. 简述食品乳化剂剂的作用。
3. 膨松剂在食品中有哪些作用？为什么可使糕点类膨松？
4. 结合所学的知识，谈谈上述几类食品添加剂的发展趋势。

第八章 酶 制 剂

【学习目标】

1. 了解酶制剂的概念及分类。
2. 理解酶制剂作用机理。
3. 掌握酶制剂的安全性及使用特性。
4. 能利用酶制剂解决食品加工及贮藏问题。

第一节 概 述

一、酶

1. 酶的基本概念

酶是具有生物催化功能的生物大分子。它由生物体产生,并在标志着生命存在的新陈代谢过程中起着必不可少的作用。

要准确地说出酶是什么时候,由谁首先发现的,这是非常困难的。从我国的文献记载来看,在 4000 多年前的夏禹时代就已经掌握了酿酒技术;在 3000 多年前的周朝就会制造饴糖、食酱等;在 2500 多年前的春秋战国时期就懂得用曲来治疗消化不良等疾病。人们很早就感觉到酶的存在,但是真正认识它、利用它还只是近百年的事。

酶的概念也随着对酶研究的发展而不断丰富与完善。

"酶"这个名词最早是由 Kuhne 在 1878 年提出的,该名词来自希腊文,意为"在酵母中"(in Yeast)。当时用于区别那些有机酵素和非有机酵素。

20 世纪初,酶学得到了迅速发展。1926 年,Summer 从刀豆中得到脲酶结晶(这是第一种酶结晶),并证实这种结晶催化尿素水解,产生二氧化碳和氨,提出酶的本质就是一种蛋白质。从此以后,人们认为酶是由活细胞产生的具有催化功能的蛋白质。化学本质为蛋白质的酶就是经典酶。

最近发现除了经典酶外,某些生物分子也有催化活性。1982 年 Cech 小组发现,四膜虫的 rRNA 前体能在完全没有蛋白质的情况下进行自我加工,催化得到成熟的 RNA 产物。也就是说,rRNA 本身可以是一个生物催化剂,称之为核酸酶(Ribozyme)。

RNA 和 DNA 具有生物催化活性这一发现,改变了有关酶的概念,被认为是近 20 年来生命科学领域最突出的成就之一,因此 T. Cech 和 S. Altman 一起获得了 1989 年诺贝尔化学奖。由此引出"酶是具有生物催化功能的生物大分子"的新概念。即酶有两大类别,一类主要由蛋白质组成称为蛋白类酶(P 酶);另一类主要由 RNA 或 DNA 组成,称为核酸酶(R 酶)。

2. 酶的催化作用特点

酶作为催化剂,它具备一般催化剂的共性,即:在一定条件下仅能影响化学反应速度,而不能改变化学反应的平衡点;在反应前后本身不发生改变。而酶作为生物催化剂与一般催化剂相比还具有其自身的特点,即:专一性强、催化效率高、作用条件温和及酶活性可调节等特点。

（1）酶的专一性

酶的专一性是指在一定的条件下,一种酶只能催化一种或一类结构相似的底物进行某种类型反应的特点。它是酶最重要的特性之一,也是酶与其他非酶类催化剂最主要的不同之处,同时也是酶在各个领域广泛应用的重要基础。

酶的专一性按其严格程度的不同,可以分为绝对专一性和相对专一性两大类。

① 绝对专一性

所谓的绝对专一性就是指一种酶只能催化一种底物进行一种反应。立体异构专一性是绝对专一性的一种表现,即当酶作用的底物含有不对称碳原子时,酶只能作用于异构体的一种。例如,乳酸脱氢酶[EC1.1.1.27]催化丙酮酸进行加氢反应生成 *L*-乳酸;天冬氨酸裂合酶[EC4.3.1.1],此酶仅作用于 *L*-天冬氨酸,经过脱氨基作用生成延胡索酸(反丁烯二酸)及其逆反应,而对 *D*-天冬氨酸和马来酸(顺丁烯二酸)一概不作用。

近年来,人们进一步认识到酶的专一性在蛋白质合成和 DNA 复制时的重要意义。生物体内 DNA 复制的错误比率非常低,在聚合核苷酸时,只有 $10^{-10} \sim 10^{-8}$ 的错误;在转录 DNA 且翻译 mRNA 为蛋白质的整个过程中氨基酸的掺入错误的比率只有万分之一。从结果相似的氨基酸和氨酰-tRNA 合成酶之间的相互作用的能量差异来看,酶的专一性远比预计的要高。

② 相对专一性

所谓相对专一性是指一种酶能够催化一类结构相似的底物进行某种类型的反应。

相对专一性又可以分为键专一性和基团专一性。

键专一性的酶能够作用于具有相同化学键的一类底物。如酯酶可催化所有含酯键的酯类物质水解生成醇和酸。

基团专一性的酶则要求底物含有某一相同的基团。如胰蛋白酶[EC3.4.31.4]选择性地水解含有赖氨酰—精氨酸酰—羧基肽键,所以,凡是含有赖氨酰—精氨酰—羧基肽键的物质,不管是酰胺、酯或多肽、蛋白质都能被该酶水解。

（2）酶催化效率高

酶催化作用的另一个特点是酶催化作用的高效性。一般催化剂催化能力比非催化剂高 $10 \sim 10^{7}$,酶催化比一般的催化剂高 $10^{7} \sim 10^{14}$。但没有催化剂作用的反应速度和在相同 pH 及温度下非酶催化反应速度可直接比较的例子很少,这是因为非酶催化反应速度太小,不易观察。对那些可以比较的反应,反应速度明显增大。例如,过氧化氢可以在铁离子或过氧化氢酶的催化作用下分解成为氧和水。在一定条件下,1mol 铁离子可催化 10^{-5} mol 过氧化氢分解;在相同条件下,1mol 过氧化氢酶却可催化 10^{5} mol 过氧化氢分解,过氧化氢酶的催化效率是铁离子的 10^{10} 倍。

酶催化反应的效率之所以这么高,是由于酶催化反应可以使反应的活化能显著降低。

（3）酶催化作用的条件温和

酶催化作用与非酶催化作用相比的另一个显著特点是酶催化作用的条件温和。酶的催化作用一般在常温、常压和非极端 pH 条件下进行。与之相反，一般非酶催化作用往往需要高温、高压和极端 pH 条件。以固氮酶为例，NH_3 的合成在植物中通常是 25℃、常压和中性 pH 下由固氮酶催化完成。但工业上由氮和氢合成氨时，需要以铁及其他微量金属氧化物做催化剂，还要在 700K～900K，10MPa～90MPa 的条件下，才能完成反应。

（4）酶的活性受调节控制

生命现象表现了它内部反应历程的有序性。这种有序性是受多方面因素调节和控制的，而酶活性的控制又是代谢调节的主要方式。酶活性的调节控制方式多种多样，概括起来主要有以下九种。

① 酶浓度的调节

主要通过诱导或抑制酶的合成及调节酶的降解来进行。

② 激素的调节

③ 共价修饰调节

这种调节方式本身又是通过酶催化进行的。在一种酶分子上，共价地引入一个基团，从而改变它的活性。引入的基团又可以被第三种酶催化除去。

④ 限制性蛋白酶水解作用

限制性蛋白酶水解是一种高特异性的共价修饰调节系统。细胞内合成的新生肽大都以无活性的前体形式存在，只有生理需要，才通过限制性水解作用使前体转变为具有生物活性的蛋白质或酶，从而启动和激活以下各种生理功能：酶原激活、血液凝固、补体激活等。

⑤ 抑制剂和激活剂的调节

抑制剂的调节指酶活性受到大分子或小分子抑制剂抑制，从而影响酶的活性。激活剂的调节指酶的活性受到离子、小分子化合物或生物大分子的激活，从而提高酶的活性。

⑥ 反馈调节

催化某物质生成的第一步反应的酶，往往可以被它的终端产物所抑制，这种对自我合成的抑制称之为反馈抑制。

⑦ 变构调节

变构调节源于酶的反馈抑制的调节，如某一生物合成途径表示如下：

$$A \rightarrow B \rightarrow C \rightarrow D \rightarrow E \rightarrow F$$

产物 F 作为这一合成途径中几个早期的酶（如 A→B）的变构抑制剂，对这一合成途径加以反馈抑制，避免产物过量堆积。变构抑制剂与酶的结合引起酶构象的改变，使底物结合部位的性质发生变化并改变了酶的催化活性。

⑧ 金属离子和其他小分子化合物的调节

⑨ 蛋白质剪接调节

3. 影响酶催化作用的因素

酶的催化作用受到底物浓度、酶浓度、温度、pH、激活剂浓度、抑制剂浓度等诸多因素的影响。在酶的应用过程中，必须控制好各种环境条件，以充分发挥酶的催化功能。

（1）底物浓度对酶催化作用的影响

底物浓度是决定酶催化反应速度的主要因素。在底物浓度较低的情况下，酶催化反应速度与底物浓度成正比，反应速度随着底物浓度的增加而加快。当底物浓度达到一定的数值时,反应速度的上升不再与底物浓度成正比,而是逐步趋于平衡。

有些酶在底物浓度过高时,反应速度反而下降,这是高浓度底物抑制作用造成的。

（2）酶浓度的影响

在底物浓度足够高的条件下,酶催化反应速度与酶浓度成正比。

（3）温度的影响

每种酶的催化反应都有适宜的温度范围和最适温度。在适宜温度范围内,酶才能够进行催化反应;在最适温度条件下,酶的催化反应速度达到最大。低于最适温度时,酶的催化反应速度随着温度的升高而加快;超过最适反应温度时,酶的催化反应速度随着温度的升高而降低。

（4）pH 的影响

酶的催化作用与反应液的 pH 有很大关系。每一种酶都有其各自的适宜 pH 范围和最适 pH。只有在适宜 pH 范围内,酶才能显示其催化活性。在最适 pH 条件下,酶催化反应速度达到最大。

（5）抑制剂的影响

在抑制剂的作用下,酶的催化活性降低甚至丧失,从而影响酶的催化功能。在酶的使用过程中,应尽量避免抑制剂。

（6）激活剂的影响

在激活剂的作用下,酶的催化活性提高或者由无活性的酶原生成有催化活性的酶。为了充分发挥酶的催化功能,在酶的应用过程中,一般应当添加适宜的活化剂使酶得以活化。

4. 酶的分类与命名

现在已知的酶已超过 3000 种。为了准确地识别某种酶,避免发生混乱或误解,在酶学和酶工程领域,要求每一种酶都有准确的名称和明确的分类。

按其化学组成不同,酶可以分为两大类别。主要由蛋白质组成的酶称为蛋白类酶（P 酶）;而主要由核糖核酸组成的酶称为核酸类酶（R 酶）。由于两大类别的酶具有不同的结构和催化功能,所以有各自不同的分类和命名原则。

由于在食品上使用的酶主要是蛋白类酶（P 酶）,所以在这里主要介绍蛋白类酶的分类与命名。

（1）蛋白类酶的分类与命名

对于蛋白类酶的分类和命名,国际酶学委员会（International Commission of Enzymes）做了大量工作。国际酶学委员会于 1961 年在"酶学委员会的报告"中提出了酶的分类与命名方案,获得了"国际生物化学与分子生物学联合会"的批准。

根据国际酶学委员会的建议,每一种酶都有其推荐名和系统命名。

推荐名是在惯用名称的基础上,加以选择和修改而成。酶的推荐名一般由两部分组成:第一部分为底物名称,第二部分为催化反应的类型,后面加一个"酶"字。不管酶催化的是正反应还是逆反应,都用同一个名称。如葡萄糖氧化酶,表明该酶的作用底物是葡萄糖,催化反应的类型是氧化反应。

对于水解类酶,在命名时可以省去说明反应类型的"水解"两字,只在底物名称之后加上"酶"字即可。如淀粉酶、蛋白酶等。有时还可以加上酶的来源或其他特性,如菠萝蛋白酶,碱性磷酸酶等。

酶的系统命名则更加详细、更加准确地反映出该酶所催化的反应。系统命名包括了酶的作用底物、酶作用基团及催化反应类型。如葡萄糖氧化酶的系统命名为"β-D-葡萄糖∶氧1-氧化还原酶",表明该酶所催化的反应以 β-D-葡萄糖为脱氢的供体、氧为氢受体,催化作用在第一个碳原子基团上进行,所催化的反应属于氧化还原反应。

蛋白酶类的分类原则为:

① 按照酶催化作用的类型,将蛋白类酶分为 6 大类。即:第一大类,氧化还原酶;第二大类,转移酶;第三大类,水解酶;第四大类,裂合酶;第五大类,异构酶;第六大类,合成酶(或称连接酶)。

② 每一大类中,按照酶作用的底物、化学键或基团的不同,分为若干亚类。

③ 每一亚类中再分为若干小类。

④ 每一小类中包含若干个具体的酶。

根据系统命名法,每一种具体的酶,除了有一个系统名称之外,还有一个系统编号。系统编号采用四码编号法。第一个号码表示该酶属于六大类酶中的某一大类,第二个号码表示该酶属于该大类中的某一亚类,第三个号码表示属于亚类中的某一小类,第四个号码表示这一具体的酶在该小类中的序号。每个号码直接用圆点分开。如葡萄糖氧化酶的系统编号为[EC1.1.3.4]。

(2) 核酸类酶(R 酶)的分类与命名

自 1982 年以来,发现的核酸类酶越来越多,研究也越来越广泛和深入。但是对于分类和命名还没有统一的原则和规定。

根据酶催化反应的类型,可以将核酸类酶分为剪切酶、剪接酶和多功能酶三类。

根据核酸类酶结构特点的不同,可以分为锤头型 R 酶、发夹型 R 酶、含Ⅰ型和ⅣS 的 R 酶和含Ⅱ型ⅣS 的 R 酶。

根据催化的底物是其本身 RNA 分子还是其他分子,可以将 R 酶分为分子内催化和分子间催化两类。

5. 酶活力的测定

在酶的研究、生产和应用过程中,经常需要进行酶的活力测定,以确定酶量的多少及其变化情况。

(1) 酶活力的定义与表示方法

由于酶催化的反应速度受温度、pH、离子强度及使用的底物等许多因素的影响,因此我们所谓的酶活力都是指在特定的系统和条件下测得的反应速度。

国际酶学委员会(International Commission of Enzymes)曾规定一分钟内转化 1μmol 底物所需的酶量为一个国际单位(IU),同时规定反应必须在 $25℃$,在具有最适底物浓度、最适缓冲液离子强度和 pH 的系统内进行。1972 年酶学委员会(Commission of Enzymes,简称 EC)推荐一个新的酶活力国际单位 katal,符号为 kat。一个 kat 单位定义为:在最适条件下,每秒钟能使 1mol 底物转化成产物的酶量。依次类推,有 μkat,nkat,pkat 等。

$$1kat = 1mol/s = 60mol/min = 60 \times 10^6 \mu mol/min = 60 \times 10^7 IU$$

$$1IU = 1\mu mol/min = (1/60)\mu mol/s = (1/60)\mu kat = 16.67nkat$$

虽然酶单位有上述国际统一定义,但实际上在文献上及商品酶制剂中,酶单位的定义一直处于相当混乱状态。"EC"原来定义的酶单位已经广泛使用,但各自随意制定酶单位的现象仍然很多,特别是在应用研究和酶制剂中,而且即使用同样的测定方法和同样的单位定义,但由于条件稍有不同,也会使测到的酶活力难以相互比较。因此,要比较各篇文献报道的或者同牌号制剂的某种酶活力时,必须注意它们的单位定义和测定系统及条件,千万不能根据报道或注明的酶单位数作简单的比较。

"摩尔催化活力",以前也称为"分子活性",在老的文献中叫做"转换数",转换数也用来表示"催化中心活性",即在单位时间内,酶分子中每一个活性中心转换的底物分子的数目。如果每一个酶分子只有一个催化中心,那么"催化中心活性"和"摩尔催化活性"是相等的。如果一个酶分子有几个催化中心,那么"催化中心活性"等于"摩尔催化活性"除以 n。

比活力是纯度的量度,是指单位重量的蛋白质中所含某种酶的催化活力,一般可以表示为 IU·mg^{-1} 或 kat·kg^{-1} 等。比活力是酶的生产和研究过程中经常使用的基本数据。比活力越高,表示酶越纯。

（2）酶活力测定方法

酶活力测定的方法多种多样,如化学测定法、光学测定法、气体测定法等。对酶活力测定的要求是快速、简便、准确。

酶活力测定通常包括两个阶段。首先在一定条件下,酶与底物反应一段时间,然后再测定反应液中底物的减少量或产物的增加量。一般经过如下几个步骤。

① 根据酶催化的专一性,选择适宜的底物,并配制成一定浓度的底物溶液。所使用的底物必须均匀一致,达到酶催化反应所要求的纯度。在测定酶活力时所使用的底物溶液一般要求新鲜配制,有些反应所需的底物溶液也可预先配制于冰箱保存备用。

② 根据酶催化的动力学性质,确定酶催化的反应的温度、pH、底物浓度、激活剂浓度等反应条件。温度可以选择在室温、体温、酶反应最适温度或其他选用的温度;pH 应是酶催化反应的最适 pH;底物浓度应该大于 $5K_m$ 等。反应条件一经确定,在整个反应过程中应尽量保持恒定不变。因此,反应应该在恒温槽中进行,采用一定浓度和一定 pH 的缓冲溶液来保持 pH 的恒定。有些酶催化反应要求一定浓度的激活剂,应适量添加。

③ 在一定的条件下,将一定量的酶液和反应液混合均匀,适时记下反应开始时间。

④ 反应到一定的时间,取出适量的反应液,运用各种生化检测技术,测定产物的生成量或底物的减少量。为了准确地反映酶催化反应的结果,应尽量采用快速、简便的方法,立即测出结果。若不能即时测出结果的,则要及时终止反应,然后再测定。

终止酶反应的方法很多,常用的有高温灭酶法、变性剂灭酶法和酸碱灭酶法等。

所谓高温灭酶法,就是反应时间一到,立即取出适量反应液,置于沸水浴中,加热使酶失活。

变性剂灭酶法,就是加入适量酶变性剂,如三氯醋酸等,使酶变性失活。

酸碱灭酶法,就是加入适量酸或碱,使反应液的 pH 迅速远离催化反应的最适 pH,而终止反应。

测定反应液中底物的减少量或产物的生成量,可采用化学检测、光学检测、气体检测等生化检测技术。

（3）酶活性测定实例

① 超氧化物歧化酶（SOD）活力的测定

超氧化物歧化酶是一类专门清除体内超氧负离子的酶，催化反应为

$$O_2^{\cdot-} + O_2^{\cdot-} + 2H^+ \rightarrow H_2O_2 + O_2$$

由于 $O_2^{\cdot-}$ 在溶液中极不稳定，给酶活性测定带来许多不便。目前已有根据 $O_2^{\cdot-}$ 的物理性质测定 $O_2^{\cdot-}$ 的歧化量，从而直接测定的 SOD 活力的方法。如电子顺磁共振波谱法（ESR），核磁共振法（NMR）、紫外分光光度法等。这里介绍化学法测定酶活力。以邻苯三酚法为例：邻苯三酚在一定条件下发生自氧化，产生的 $O_2^{\cdot-}$ 可通过自氧化速率来表示。加入 SOD，可抑制自氧化速率，由此计算出酶活力。SOD 单位定义为：一定的实验条件下，抑制率达到 50% 时 SOD 的浓度为一个单位。

操作方法：

在试管中加入 pH 8.2 的 50mmol/L Tris-HCl 缓冲液 4.5mL，于 25℃保温 20min，然后加入预热的 45mmol/L 邻苯三酚溶液（对照管用 10mol/L HCl 代替）10μL。迅速摇匀导入 1cm 比色杯，每隔 30s 在 325nm 处测一次光吸收值，即可测出邻苯三酚的自氧化速率。一般要求自氧化速率控制在 0.070 OD/min。

测酶或粗酶活力时，方法与测自氧化速率相同，所不同的仅是在加入缓冲液后再加入 10μL 待测样品即可。酶活力计算方法

$$单位体积活力(u/mL) = \dfrac{\dfrac{自氧化速率-加酶后氧化速率}{自氧化速率}\times100\%}{50\%}\times反应液体积\times\dfrac{样液稀释倍数}{样液体积}$$

总活力(u) = 单位体积活力(u/mL) × 原液总体积

用这种方法测酶活力时，应注意由于邻苯三酚和被测样液的加入量只有 10μL，在整个反应系统中可忽略不计，故反应液总体积按 4.5mL 计算。

② β-淀粉酶活性的测定方法

β-淀粉酶能催化淀粉水解生成麦芽糖。所以 β-淀粉酶活性的测定就是以生成的还原糖量为依据，采用光电比色法进行测定。测定方法如下。

将 1mL 经适当稀释的 β-淀粉酶液，加到 1mL 底物溶液中。该底物溶液含 1% 可溶性淀粉和 1/150mol/L 的 NaCl，并根据酶的最适 pH 不同，或加入 1/150mol/L 的磷酸盐起缓冲作用，使其 pH 为 6.9，或加入 $\dfrac{1}{150}$mol/L 醋酸盐，使其 pH 为 4.8 或 5.3。于 20℃反应 3min，加入 2mL 酶抑制剂停止反应。在 100mL 酶抑制剂中含 1.0g 3,5-二硝酸水杨酸，20mL NaOH 和 30g 酒石酸钾钠。于沸水中加热 5min 冷却，然后加入 20mL 水。并以不加入酶液作为对照试验。采用光电比色计测定光密度，从标准曲线中查出相应麦芽糖量。

二、酶制剂

1. 酶制剂的基本概念及其发展简史

（1）酶制剂的概念

酶制剂是指通过各种理化方法，从动植物及微生物细胞中获得的具有一定纯度和活性标准的生物制品。平时也把作为商品流通、应用的酶称为酶制剂。

（2）酶制剂发展简史

1833年，Payer等用酒精从麦芽浸出液中沉淀制成淀粉酶，开始出售用于棉布退浆。

1874年，丹麦的Hansen用盐溶液从牛胃中抽提凝乳酶，首次出现出售凝乳酶的商品广告。

1908年，德国的Rohn从胰脏抽提的胰酶用于鞣制皮革，或添加在洗涤剂中。

1911年，美国的Wallerstein从木瓜中提取木瓜蛋白酶用于澄清啤酒。

1917年，Bioden与Effront首创用枯草杆菌生产淀粉酶，以取代麦芽淀粉酶用于棉布退浆。

酶的大规模工业生产是在第二次世界大战后，随着抗菌素工业的发展而开始的。1949年日本开始用液体深层培养法生产细菌α-淀粉酶，从此微生物酶的生产才进入了大规模的工业化阶段。

1959年，酶法生产葡萄糖获得成功，迎来了酶制剂工业的大发展。此后又相继发展了脂肪酶、微生物凝乳酶、柚苷酶、磷酸二酯酶、天冬氨酸酶等。

20世纪60年代中期，欧美各国用蛋白酶加入洗涤剂，曾风行一时，刺激了许多国家竞相生产。

20世纪70年代，利用淀粉酶类大量工业化生产果葡糖浆。

20世纪80年代，酶制剂在化工领域获得突破。

近年，随着酶的应用技术的不断发展，使许多酶相继进入了工业化生产阶段。

2. 酶制剂的生产现状与发展趋势

酶作为一种生物催化剂，在工业上已有广泛的应用。目前，酶在工业上主要用于食品发酵、淀粉加工、纺织、制革、洗涤剂及医药等方面。在自然界中已发现的酶约有万余种，其中只有150多种得到应用开发，但工业上有用的酶只有50～60种，应用开发最多的是淀粉酶、蛋白酶、葡萄糖异构酶、果胶酶、脂肪酶、葡萄糖氧化酶等10多种，而且大多为水解酶类，其中60％为蛋白酶类（用于制造加酶洗涤剂及乳酪、啤酒、皮革、蛋白水解物等），30％属于碳水化合物水解酶（用于淀粉加工、酿酒、纺织品退浆、果蔬加工、乳品加工等）。

（1）生产与应用现状

酶制剂工业是知识密集的高科技产业，是生物工程的实体。近年来，随着生物技术深入研究，其发展非常迅速，成为21世纪大有前途的新兴产业之一。

目前，在世界上有影响的酶制剂厂主要有丹麦的Novo公司（占市场份额的40％左右）、荷兰的Gist-Brocades公司、美国的Genencor公司（占市场份额的20％左右）、芬兰的Alko有限公司、德国的Bayer AG公司、芬兰的Cultor公司、比利时的Sovay公司、日本的田野制药和长瀬产业等。前三家酶制剂厂是世界上最有影响的酶制剂厂，其产品占整个市场的74.3％。欧洲是酶制剂产业最发达的地区。近年来，日本的酶制剂工业产品发展也很快。我国目前酶制剂生产企业虽然有上百家，但均为中小型企业，只占世界总份额的2％左右。近年来食品级酶制剂用量最大。

从总体来看，世界酶制剂的生产量每年以8％左右的速度递增，酶制剂的产品品种已由原来的十多个发展为数十个品种。

目前，先进国家的酶制剂品种的开发，主要集中在五方面。

① 食品加工用酶，特别是用于生产低聚糖的一些酶类，如葡萄糖转苷酶（生产异麦芽低

聚糖),β-果糖基果糖转移酶(生产乳果糖),β-葡萄糖苷酶(生产半乳寡聚糖)。

② 饲料用酶中重点是植酸酶,它有两种类型,即 3 位型植酸酶和 6 位型植酸酶,它们的作用类型都一样,只是特异性位点有差异。

③ 纺织用酶,值得一提的是原果胶酶的开发与利用,它既可以除去对皮肤有刺激作用的原果胶质,又可以提高染色性,改善高温高碱的操作环境,减少废液对环境的污染。

④ 洗涤剂用酶,这个领域中主要研究开发 4 种酶,即碱性丝氨酸型蛋白酶、碱性脂肪酶、碱性纤维素酶和淀粉酶。研究重点在于通过蛋白质手段改善其催化性能或用基因工程方法提高其产量。另外,洗涤剂用酶的应用领域已经扩展到洁具、厨具及其他相关领域,生产也逐步由专业酶制剂转向洗涤剂生产厂。

⑤ 临床诊断用酶、治疗用酶、化妆品用酶依然是受到重视的领域,其开发风险较大,成功后经济效益也较高,这部分开发基本都由相关企业独资开发。

(2) 发展趋势

国际酶制剂工业发展趋势主要有以下几大特点。

① 国际上酶制剂工业地发展更趋向垄断化。

② 研究开发投入大,高新技术应用广。国外酶制剂公司的研究、开发经费一般占产品销售额的 10%～15%,有的则高达 19%,由于经费足,科研力量雄厚,早已将基因工程和蛋白质工程等高新技术广泛应用于酶制剂的生产。

③ 大力研制、开发新酶中和新用途。如 Novo 公司已经开发出不依赖钙离子的高温 α-淀粉酶、极端耐热酶、极端耐酸酶、用于非水有机溶剂系统中反应的酶、能够应用半年以上的固定化酶等。

④ 酶制剂的剂型趋向多样化。如 Novo 公司向中国市场销售的食品酶制剂品种和剂型就有 60 多种,其中,根据适合不同原料、不同用途,高温 α-淀粉酶的品种和剂型达 8 种之多。糖化酶的品种和剂型也有 5～6 种。

3. 酶制剂的来源与生产方法

大多数生物都是有用酶的来源,但实际上只有有限数量的植物和动物是经济的酶源,大多数酶是从微生物获得的。植物和动物来源的酶大多数是食品工业的重要用酶。

微生物是酶制剂的重要来源,这是因为微生物存在物种的多样性和生长的快速性。首先微生物繁殖速度快。细菌在合适的条件下 20min～30min 就可以繁殖一代,其生长速度为农作物的 500 倍,为家畜的 1000 倍。其次,微生物种类繁多,酶的品种齐全。在不同环境下生存的微生物有不同的代谢途径,可以生产适应不同环境的酶,如高温酶、中温酶、低温酶和耐高盐酶、耐酸酶、耐碱酶等。最后,微生物培养方法简单。微生物培养所用的原料大多数为农副产品,来源丰富,机械化程度高,易于大批量生产。

根据酶源的不同,酶的生产方法分为提取法、微生物发酵法和化学合成法。微生物发酵法是目前酶制剂最主要的生产方法。

4. 酶制剂与食品安全

目前对微生物酶开发的品种很多。工业级的酶制剂纯度要求不高,食品级和医药级的酶制剂纯度要求很严格,而且要进行产品毒性和安全性的评价。因为新型微生物在食品和医药界的应用必须得到法定机构的安全性确认,整个过程需投入大量资金,所以目前大多数

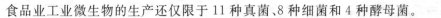

食品业工业微生物的生产还仅限于11种真菌、8种细菌和4种酵母菌。

1977年,联合国农业粮食组织(FAO)和世界卫生组织(WHO)的食品添加剂专家联合委员会(JECFA)就有关酶的生产向21届大会提出了如下意见。

① 凡从动植物可食部位或用传统食品加工的微生物所生产的酶,可以作为食品对待,无需进行毒理学的研究,而只需建立有关酶化学与微生物学的详细说明;

② 凡由非致病性的一般微生物所制取的酶,需做短期的毒性试验;

③ 由非常见微生物制取的酶,应作广泛的毒性试验,包括慢性中毒在内。

食品酶制剂的毒性试验需按表8-1进行。

一般而言,酶作为天然提取物可以认为是安全的,真正有毒的酶是罕见的。某些酶制剂之所以有毒是因为分离纯化得不够,它含有微生物及环境中的一些致病毒素,因此酶制剂在生产时需要通过安全检查。FAO/WHO(1990)规定的食品级酶制剂通用质量指标如表8-2所示。

对于大多数食品级酶制剂,由于主要用作对食品原料的降解,因此其酶的纯度并不是主要的,不要求达到生物化学标准。一般而言,含杂蛋白的酶制剂比纯品稳定,干燥品比液体制剂稳定。大多数工厂生产的酶制剂对酶稳定性的最高要求是:干燥品在25℃时保持6个月的活力,在4℃时保持12个月的活力;液体酶制剂在25℃时保持3个月的活力,在4℃时保持6个月的活力。

表8-1　食品酶制剂的毒性试验

项　　目	试　验　动　物
口服,急性中毒	鼠,大白鼠
4个星期	大白鼠
12个月	狗
致癌试验,24个月	两种啮齿类
畸胚组织发生试验,24个月	两种啮齿类
生产菌种病原性试验	四种动物
皮肤刺激性试验(皮肤、眼睛)	兔子、人

表8-2　食品级酶制剂通用质量指标

项　　目	指　　标
重金属	≤40mg/kg
铅	≤10mg/kg
砷	≤3mg/kg
杂菌总数	≤5×10⁴个/g
大肠杆菌	≤30个/g
沙门菌	阴性
酶活力(占所表示值)	85%～115%

凡由真菌制得的酶制剂,不得有黄曲霉毒素B、棕曲霉毒素A、杂色曲霉素、T-2毒素或玉米烯酮检出。

5. 食品加工中常用的酶制剂

目前,国内外广泛使用酶的领域是食品工业部门。国内外大规模工业生产的 α-淀粉酶、β-淀粉酶、异淀粉酶、糖化酶、蛋白酶、果胶酶、脂肪酶、纤维素酶、氨基酰化酶、天冬氨酸酶、磷酸二酯酶、核苷酸磷酸化酶、葡萄糖异构酶、葡萄糖氧化酶等大部分都在食品工业中应用。食品加工中较常用酶制剂的主要性质及用途见表8-3。

表 8-3 食品加工中较常用酶制剂的主要性质及用途

种类	来源	最适 pH	最适温度/℃	其他性质	应用举例
α-淀粉酶	谷类	5.0~6.0	50~65	钙离子能激活,受氧化剂抑制	制造饴糖、葡萄糖、各类粉末糊精;可增加面包体积,缩短发酵时间;酿造液淀粉分解;果汁中淀粉分解,加速过滤等
	黑曲霉	4.0	50	钙离子有保护活性作用	
	枯草杆菌	5.0~7.0	60~70	钙离子能提高活性	
	大麦芽	5.0~6.0	50~65	钙离子有保护活性作用	
β-淀粉酶	谷类	5.5	55	还原剂能提高活性	生产麦芽糖;糕点防老化;啤酒前发酵等
	大麦芽	5.0~5.5	40~55		
	细菌	5.0~7.0	60		
纤维素酶	黑曲霉	5.0	45		啤酒酿造食水解细胞壁物质以助滤;裂解纤维素,保证果蔬汁过滤
	根霉	4.0	45		
	木霉	5.0	55		
葡萄糖淀粉酶	泡盛曲霉	4~5	60	钙离子激活	生产葡萄糖;葡萄酒酿造时清除浑浊,改善过滤等
	黑曲霉	4~5	55~65		
	枯草杆菌	6~7	70~80		
葡萄糖异构酶	凝结芽孢杆菌	8.0	60	镁、钴可激活	生产果葡糖浆时把葡萄糖异构为果糖
	链球菌	8.0	63		
	白链球菌	6.0~7.0	60~75		
葡萄糖氧化酶	黑曲霉	4.5	50		葡萄酒生产时除氧;软饮料生产时稳定柑橘萜烯类物质;果汁生产时除氧,蛋白制品除糖
	点青霉	3.0~7.0	50		
柚苷酶	青霉	3~5	40		柑橘产品脱苦
果胶酶	曲霉	2.5~6.0	40~60		葡萄酒净化、提高过滤效率;果汁净化澄清;提高果汁萃取率;蔬菜水解物指标等
	根霉	2.5~5.0	30~50		
胰凝乳蛋白酶	胰腺	8.0~9.0	35		干酪凝结

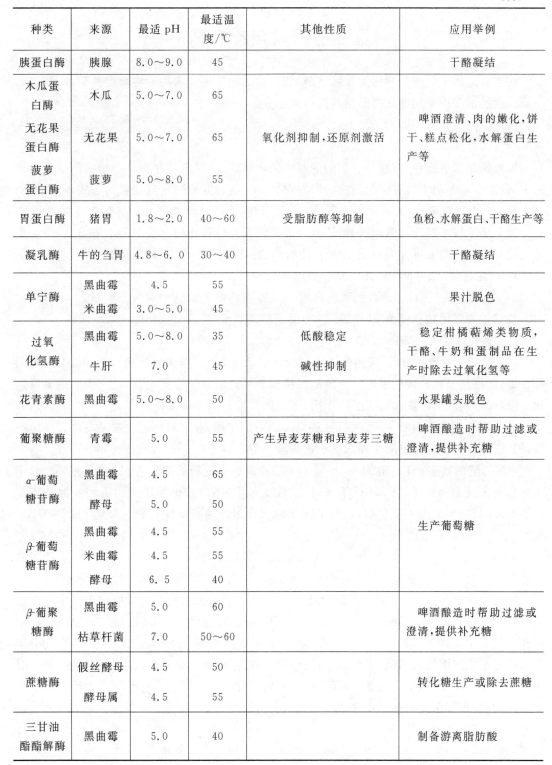

种类	来源	最适 pH	最适温度/℃	其他性质	应用举例
胰蛋白酶	胰腺	8.0～9.0	45		干酪凝结
木瓜蛋白酶	木瓜	5.0～7.0	65	氧化剂抑制，还原剂激活	啤酒澄清、肉的嫩化，饼干、糕点松化，水解蛋白生产等
无花果蛋白酶	无花果	5.0～7.0	65		
菠萝蛋白酶	菠萝	5.0～8.0	55		
胃蛋白酶	猪胃	1.8～2.0	40～60	受脂肪醇等抑制	鱼粉、水解蛋白、干酪生产等
凝乳酶	牛的刍胃	4.8～6.0	30～40		干酪凝结
单宁酶	黑曲霉	4.5	55		果汁脱色
	米曲霉	3.0～5.0	45		
过氧化氢酶	黑曲霉	5.0～8.0	35	低酸稳定	稳定柑橘萜烯类物质，干酪、牛奶和蛋制品在生产时除去过氧化氢等
	牛肝	7.0	45	碱性抑制	
花青素酶	黑曲霉	5.0～8.0	50		水果罐头脱色
葡聚糖酶	青霉	5.0	55	产生异麦芽糖和异麦芽三糖	啤酒酿造时帮助过滤或澄清，提供补充糖
α-葡萄糖苷酶	黑曲霉	4.5	65		生产葡萄糖
	酵母	5.0	50		
β-葡萄糖苷酶	黑曲霉	4.5	55		
	米曲霉	4.5	55		
	酵母	6.5	40		
β-葡聚糖酶	黑曲霉	5.0	60		啤酒酿造时帮助过滤或澄清，提供补充糖
	枯草杆菌	7.0	50～60		
蔗糖酶	假丝酵母	4.5	50		转化糖生产或除去蔗糖
	酵母属	4.5	55		
三甘油酯酯解酶	黑曲霉	5.0	40		制备游离脂肪酸

第二节　常用酶制剂

用于食品加工的酶制剂称为食品酶制剂,在食品加工中最常用的要数淀粉酶和蛋白酶。下面就食品加工中常用的几类酶制剂进行简单介绍。

一、淀粉酶

淀粉酶是水解淀粉、糖原和它们的降解中间产物的酶类,广泛存在于动植物组织和微生物中,是工业酶制剂中具有广泛用途的酶制剂之一。各种淀粉酶水解淀粉的方式不同,有的只水解 α-1,4 糖苷键;有的还可以水解 α-1,6 糖苷键;有的从分子内部水解糖苷键;有的从淀粉分子非还原端水解糖苷键;有的酶还具有葡萄糖苷基转移作用。按酶的水解方式,与工业上应用有关的淀粉酶可分为 α-淀粉酶、β-淀粉酶、葡萄糖淀粉酶、异淀粉酶以及其他淀粉酶。

1. α-淀粉酶　α-Amylase, EC 3. 2. 1. 1

α-淀粉酶为液化型淀粉酶,也称液化酶、α-1,4 糊精酶等。其相对分子质量在 50 000 左右。我国主要采用枯草杆菌 BF-7658 菌种用深层发酵生产。

(1) 理化性质

α-淀粉酶一般为米黄色、灰褐色粉末,含水分 5%～8%。能水解淀粉分子中 α-1,4-葡萄糖苷键,能将淀粉切断成长短不一的短链糊精和少量的低分子糖类,从而使淀粉糊的黏度迅速下降,即起到降低稠度和"液化"的作用,所以此类淀粉酶又称液化酶。

Ca^{2+} 对 α-淀粉酶具有一定的激活、提高酶活力的作用,并且对稳定性的提高也有一定的效果。所以常常在 α-淀粉酶中加入适量的碳酸钙等。

α-淀粉酶的最适 pH 一般为 4.5～7.0,不同来源的 α-淀粉酶的最适 pH 稍有差异。对于大多数的 α-淀粉酶来说,当 pH 低于 4 时,活性显著下降,但是来源于黑曲霉的 α-淀粉酶却比较耐酸,最适 pH 为 4.0 左右,还有来源于地衣芽孢杆菌的 α-淀粉酶其最适 pH 则在 3.0 左右。

同样,对于不同来源的 α-淀粉酶其最适温度也存在差异。当有钙离子存在时,α-淀粉酶的耐热性较高。工业生产上常用到耐高温淀粉酶,也就是平时所说的耐热性 α-淀粉酶,通常指最适反应温度为 90℃～95℃,热稳定性在 90℃ 以上的 α-淀粉酶。如淀粉糖生产中的淀粉喷射液化时所用的 α-淀粉酶就能耐受 100℃ 以上的高温。耐热性 α-淀粉酶与一般的 α-淀粉酶相比具有很多优点:第一是在 90℃ 以上高温液化淀粉,反应快,液化彻底,可避免淀粉分子胶束重排形成难溶性的团粒,因此容易过滤,且节省能源;第二是对钙离子依耐性小,液化时不需要添加钙离子,减少精制费用,降低成本;第三是酶的稳定性好,因此在淀粉糖生产及发酵工业中,一般细菌淀粉酶逐步被耐热性淀粉酶所取代。

(2) 来源与生产

目前,国内外生产 α-淀粉酶所采用的菌种主要有细菌和霉菌两大类,典型的有芽孢杆菌和米曲霉。米曲霉常用固态曲法培养,其产品主要用作消化剂,产量小;芽孢杆菌则主要采用深层通风培养法大规模地生产 α-淀粉酶,如我国的枯草杆菌 BF-7658。

（3）毒性

FAO/WHO 1994 年规定,ADI 无限制性规定;本品在体内无明显蓄积作用,无致突变作用。将其列入一般公认安全物质。

（4）用途

我国《食品添加剂使用标准》(GB 2760—2011)规定:来自米曲霉的 α-淀粉酶,可在焙烤、淀粉工业、酒精酿造和果汁工业中按生产需要适量使用;来自嗜酸性普鲁士蓝杆菌的 α-淀粉酶,可在酿造果酒生产中按生产需要适量使用;来自淀粉液化杆菌的 α-淀粉酶,可在淀粉、酒精、焙烤制品、酿造生产中,按生产需要适量使用;来自地衣芽孢杆菌的 α-淀粉酶可在酿造、酒精、淀粉生产中,按生产需要适量使用;来自枯草芽孢杆菌的 α-淀粉酶,可在淀粉、焙烤生产中,按生产需要适量使用。其他用于面包生产中的面团改良(如降低面团黏度、加速发酵进程、增加糖含量、缓和面包老化);用于婴儿食品中谷类原料的处理;用于果汁加工中淀粉的分解,以加快过滤速度;用于淀粉糖浆生产。

（5）应用实例——糊精、麦芽糊精的生产

糊精是淀粉低程度水解的产物,广泛应用于食品增稠剂、填充剂和吸收剂。其中,DE 值在 10～20 之间的糊精称为麦芽糊精。淀粉在 α-淀粉酶的作用下生成糊精。控制酶反应液的 DE 值,可以得到含有一定量麦芽糖麦芽糊精。酶法生产糊精和麦芽糊精的工艺流程如下:

淀粉→调浆→加酶水解→过滤→脱色→离子交换除去离子→浓缩→喷雾干燥→产品

首先将淀粉配制成 30%～35% 的淀粉浆,调节 pH 至 6.2 左右,加入 0.5%～1.0% 的氯化钙溶液,以提高 α-淀粉酶的活力和稳定性,再加入一定量的 α-淀粉酶,在 85℃～90℃ 作用一段时间,定时检查 DE 值,得到含有一定量葡萄糖和麦芽糖的糊精液。如果控制 DE 值在 10～20 的范围内,则得到麦芽糊精液。再经过过滤、脱色、离子交换、喷雾干燥等工序,获得白色粉状的糊精或麦芽糊精产品。

2. β-淀粉酶　β-Amylase, EC 3.2.1.2

β-淀粉酶又称淀粉-1,4 麦芽糖苷酶,是啤酒酿造、饴糖(麦芽糖浆)制造的主要糖化剂。

（1）理化性质

固态 β-淀粉酶为棕黄色粉末,产品常常制成液体状,主要用于液化淀粉转化为麦芽糖。β-淀粉酶是一种外切酶,可以从麦芽糊精、低聚糖或淀粉分子的非还原端催化 α-1,4-糖苷键水解,释放相连的麦芽糖单元。但是它不能水解支链淀粉的 α-1,6-糖苷键,也不能越过分支点的 α-1,6-糖苷键去切开底物分子内部 α-1,4-糖苷键。在达到分支点 2～3 个葡萄糖残基时就停止不前,而留下大分子的极限糊精。一般淀粉分子中 80%～85% 为支链淀粉,故用 β-淀粉酶水解淀粉,麦芽糖的生成量通常不超过 50%,只有与能切开分支点 α-1,6-糖苷键的异淀粉酶联合使用才能使产量提高。

对于不同来源的 β-淀粉酶,其作用最适 pH 和温度稳定性都有差异,见表 8-3。一般的最适 pH 为 5.0～6.0,温度在 55℃ 以下。

一般还原剂有激活作用,而随食品的焙烤过程失去活性。钙离子对 β-淀粉酶有降低活性的作用,这与对 α-淀粉酶有提高稳定性的效果相反。利用这一差别,可以在 70℃、pH 6～7,有钙离子存在时,使 β-淀粉酶失活,以纯化 α-淀粉酶。

（2）来源与生产

β-淀粉酶广泛存在于大麦、小麦、甘薯、豆类以及一些蔬菜中,往往单独存在或与α-淀粉酶共存。前四种来源的β-淀粉酶已被制成结晶。近年来,发现不少微生物能产β-淀粉酶,微生物β-淀粉酶从其对淀粉的作用来看,与高等植物的β-淀粉酶大体上是一致的,而在耐热性等方面都优于高等植物的β-淀粉酶,更适于工业应用。

但是对β-淀粉酶的研究还不及α-淀粉酶那样深入。商品β-淀粉酶主要是从大豆及麦芽中提取而得,细菌β-淀粉酶的生产还不多。

目前对生产β-淀粉酶菌种研究较多的是芽孢杆菌属的多黏芽孢杆菌、巨大芽孢杆菌、蜡状芽孢杆菌、环状芽孢杆菌和链霉菌等。它们有可能发展成为微生物β-淀粉酶的生产菌种。由于异淀粉酶和β-淀粉酶可以相互配合使用,可以筛选同时具有这两种酶的菌种。据报道,日本从土壤中分离到蜡状芽孢杆菌蕈状变种,在所培养的条件下,可以同时产生β-淀粉酶和异淀粉酶。

（3）毒性

FAO/WHO 1994 年规定,ADI 无限制性规定;本品在体内无明显蓄积作用,无致突变作用。

（4）用途

麦芽糖是食品或医药上重要的双糖,不能用化学水解获得。β-淀粉酶主要用途是制造麦芽糖和酿造啤酒,一般与α-淀粉酶联合使用。

（5）应用实例——饴糖、麦芽糖的生产

饴糖是我国传统的淀粉糖产品,是以大米和糯米为原料,加进大麦芽,利用麦芽中的α-淀粉酶和β-淀粉酶,将淀粉糖转化而成的麦芽糖浆。其中含麦芽糖 30%～40%,糊精60%～70%。

饴糖除了用麦芽生产外,也可以用酶法生产。饴糖的酶法生产是将大米或糯米磨成粉浆,调节到浓度为 18～20°Be,pH 6.0～6.5,加一定量的α-淀粉酶,在 85～90℃反应一段时间,以碘反应颜色正好消失为终点。液化结束后,冷却到 62℃左右,加入一定量的β-淀粉酶,保温反应一段时间,使糊精生成麦芽糖。酶法生产的饴糖中,麦芽糖的含量可达 60%～70%,可以从中分离得到麦芽糖。

若在加入β-淀粉酶进行糖化的同时,添加一些异淀粉酶,则可以减少极限糊精的量,而生产出麦芽糖含量更高的饴糖。

3. 葡萄糖淀粉酶　Glucoamylase(Amyloglucosidase)，EC 3.2.1.3

葡萄糖淀粉酶,系统名为α-1,4-葡萄糖-葡萄糖水解酶,因大量用作淀粉的糖化剂,所以习惯上称之为糖化酶。

（1）理化性质

葡萄糖淀粉酶通常为黄褐色粉末或棕黄色液体。是一种外断型淀粉酶,该酶的底物专一性低,它除了能从淀粉酶分子的非还原端切开α-1,4-糖苷键以外,当遇到α-1,6-糖苷键和α-1,3-糖苷键时也能切开,只是后两种键的水解速度比较慢。

不同来源的葡萄糖淀粉酶在糖化淀粉时,最适温度和 pH 方面都存在差异。来源于曲霉的为 55℃～60℃,pH 3.5～5.0;根霉为 50℃～55℃,pH 5.4～5.5;拟内孢霉为 50℃,pH 4.8～

5.0。

（2）来源与生产

最初的葡萄糖淀粉酶工业生产是用根霉属的固体培养，也有用液体培养方式，还有用拟内孢霉属的液体培养方法，但是以上菌种培养液中所产酶单位较少，不宜用于工业生产。

后来研究用黑曲霉属的液体深层培养法，所产的葡萄糖淀粉酶是耐酸耐热的，培养液单位含量也高，已进入大规模工业生产。

我国对葡萄糖淀粉酶研究早在 20 世纪 50 年代就开始了。在 1978 年中国科学院微生物研究所获得一株 UV-11 高产糖化酶菌株，并投入生产，为我国葡萄糖淀粉酶生产和研究开创了新局面。

（3）毒性

FAO/WHO 1994 年规定，ADI 无限制性规定；本品在体内无明显蓄积作用，无致突变作用。

（4）用途

葡萄糖淀粉酶的主要用途是作为淀粉的糖化剂。用酶法代替高压酸法水解生产葡萄糖是葡萄糖工业的重大突破。使用淀粉酶糖化，可采用粗淀粉原料，投料浓度可高达 50％，得糖率高（100kg 淀粉约得 110kg 葡萄糖），因不需中和等操作，所以杂质含量低，可以直接利用喷雾干燥法制糖粉。

葡萄糖淀粉酶作为淀粉糖化剂还常与 α-淀粉酶一起广泛应用于谷氨酸、柠檬酸等发酵生产。

（5）应用实例——葡萄糖的生产

现在国内外葡萄糖的生产大都采用酶法。酶法生产葡萄糖是以淀粉为原料，先经 α-淀粉酶液化成糊精，再用葡萄糖淀粉酶催化生成葡萄糖。

葡萄糖的生产过程中，淀粉先加水配制成淀粉浆，pH 一般调制为 6.0～6.5，添加一定量的 α-淀粉酶后，在 85℃～90℃ 的温度下保温 45min 左右，使淀粉液化成糊精。若采用喷射液化器则效果更佳。当采用高温淀粉酶时，液化温度提高至 105℃～115℃，可以大大缩短淀粉液化时间，提高液化效率。为了保持 α-淀粉酶的稳定性，通常要在淀粉浆中添加一定量的氯化钙和氯化钠，淀粉的液化程度以控制淀粉浆的 DE 值在 15～20 为宜。DE 值太高或太低都对糖化酶的进一步作用不利。液化反应一般以碘反应颜色正好消失时为终点。

液化完成后，将液化淀粉液冷却至 55℃～60℃，pH 调整至 4.5～5.5，加入适量的葡萄糖淀粉酶，保温 48h 左右，使糊精转变为葡萄糖。

二、蛋白酶

蛋白酶是水解肽键的一类酶。蛋白质在蛋白酶作用下一次被水解成胨、多肽、肽，最后成为蛋白质的组成单位——氨基酸。有些蛋白酶还可以水解多肽及氨基酸的酯键或酰胺键。在有机溶剂中有些蛋白酶具有合成肽类和转移肽类的作用。

蛋白酶研究得比较深入，是重要的一类工业酶制剂。蛋白酶广泛存在于动物内脏、植物茎叶和果实及微生物中。各种生物体都能合成蛋白酶，但只有微生物蛋白酶具有市场价值。

蛋白酶也是食品工业中最重要的一类酶，在蛋白制品加工方面的应用很广阔。例如，在乳制品的加工方面,使用凝乳蛋白酶制造奶酪;以蛋白酶生产乳蛋白水解物等。在鱼制品加工方面,利用蛋白酶生产可溶性的鱼蛋白粉、鱼露等。在肉制品加工方面,用蛋白酶制造肉类蛋白;用木瓜蛋白酶制成嫩肉粉,使肉食嫩滑可口;用蛋白酶生产明胶等。

根据蛋白酶的来源不同,可以分为动物蛋白酶,如胰蛋白酶、胃蛋白酶等;植物蛋白酶,如木瓜蛋白酶、菠萝蛋白酶等;微生物蛋白酶,如枯草杆菌蛋白酶、黑曲霉蛋白酶等。

根据作用的 pH 不同,蛋白酶可分为酸性蛋白酶、碱性蛋白酶和中性蛋白酶。

根据酶作用方式不同,可以分为内肽酶和端肽酶。内肽酶作用于蛋白质分子内部的肽键,生产分子质量较小的多肽;端肽酶作用于蛋白质或多肽分子末端的肽键,生产氨基酸和少一个氨基酸残基的多肽分子。端肽酶中,作用于氨基末端的称为氨肽酶,作用与羧基末端的称为羧肽酶。

根据蛋白酶活性中心的基团不同,可以分为丝氨酸蛋白酶、巯基蛋白酶、羧基蛋白酶和金属蛋白酶。

这里重点介绍食品加工中最常用的两种蛋白酶。

1. 木瓜蛋白酶 Papain,EC 3.4.22.2

木瓜蛋白酶也叫木瓜酶,是由木瓜的未成熟果实,提取出乳液,经凝固、干燥得到的粗制品。

(1)理化性质

纯木瓜蛋白酶是由 212 个氨基酸残基组成的单链蛋白质,相对分子质量为 23406。制品可含有木瓜蛋白酶、木瓜凝乳蛋白酶和溶菌酶等不同的酶。制品中,木瓜蛋白酶约占可溶性蛋白质的 10%;木瓜凝乳蛋白酶约占可溶性蛋白质的 45%;溶菌酶约占可溶性蛋白质的 20%。产品为乳白色至微黄色粉末,具有木瓜的特有气味,稍具有吸湿性。易溶于水、甘油,不溶于一般的有机溶剂。

木瓜蛋白酶对蛋白质具有极强的水解能力,但几乎不分解蛋白胨。木瓜蛋白酶为酸性蛋白酶,在中性和偏碱性时也有作用,但低于 pH 3 或高于 pH 14 时,酶很快失活。对于不同的作用底物,最适 pH 和温度存在差异。多数情况下适宜 pH 为 5.0,适宜反应温度为65℃。等电点为 8.75。Fe^{2+}、Cu^{2+}、氧化剂等对活性影响很大。制品中水分子大于 7% 时,活力降低很快。

(2)来源与生产

采用天然的木瓜乳汁直接干燥、精制而成。

(3)毒性

FAO/WHO 1994 年规定,ADI 无限制性规定;FAD 将其列入一般公认安全物质。

(4)用途

我国《食品添加剂使用标准》(GB 2760—2011)规定:用于水解动植物蛋白质,饼干,肉、禽制品,可按生产需要适量使用。在其他方面的使用,如用于啤酒澄清(水解啤酒中的蛋白质,避免冷藏时产生浑浊),使用量为 0.5mg/kg~5.0mg/kg;肉类嫩化(水解肌肉蛋白中的胶原蛋白),使用量为宰前注射 0.5mg/kg~5.0mg/kg;用于饼干、糕点松化,可代替亚硫酸盐,既有降筋效果,又提高了安全性,可使产品疏松,降低碎饼率。在动、植物蛋白食品加工方面,如用于蛋白质水解产物和高蛋白饮料,可提高产品质量和营养价值,提高产品消化吸

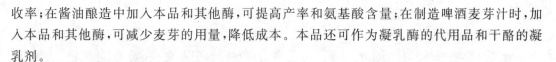

收率;在酱油酿造中加入本品和其他酶,可提高产率和氨基酸含量;在制造啤酒麦芽汁时,加入本品和其他酶,可减少麦芽的用量,降低成本。本品还可作为凝乳酶的代用品和干酪的凝乳剂。

(5)实例——在啤酒中的应用

啤酒在低温下(10℃以下)贮存时经常出现浑浊现象,浑浊物主要是由蛋白质(15%～65%)和多酚类物质(10%～35%)构成,此外还有少量碳水化合物。在啤酒中添加适量的木瓜蛋白酶(巴氏杀菌前加入)可减少浑浊。现已有固定化木瓜蛋白酶可精确地控制蛋白的水解,使啤酒中保留部分蛋白,对稳定啤酒泡沫十分有利。

2. 菠萝蛋白酶 Bromelai,EC 3.4.22.4

(1)理化性质

菠萝蛋白酶制品为白色至浅棕黄色无定形粉末、颗粒或块状,或为透明至褐色液体。溶于水,水溶液无色至淡黄色,不溶于乙醇、氯仿和乙醚。属糖蛋白。主要作用原理是使多肽水解为低分子量的肽类,还有水解酰胺基键和酯类的作用。相对分子质量在28000～33000,等电点为9.35,最适 pH 为6～8,最适温度55℃。

(2)来源与生产

由菠萝果实及茎经压榨、盐析再分离、干燥而得。或用水提取后再处理也可以。

(3)毒性

FAO/WHO 1994 年规定,ADI 无限制性规定;FAD 将其列入一般公认安全物质。

(4)用途

同"木瓜蛋白酶"。主要用于啤酒抗寒;肉类软化;谷类预煮准备;水解蛋白质的生产,以及面包、家禽、葡萄酒等生产加工中。活力单位为 40 万 u/g 的,添加量在 0.8mg/kg～1.2mg/kg。

三、其他食品用酶制剂

1. 葡萄糖氧化酶 Glucose oxidase,EC 1.1.3.4

(1)理化性质

葡萄糖氧化酶制剂是一种近乎白色至浅黄色粉末,或黄色至棕色液体。溶于水,水溶液一般呈淡黄色,几乎不溶于乙醇、氯仿和乙醚。主要作用酶为:葡萄糖氧化酶和过氧化氢酶。主要作用是使 β-D-葡萄糖氧化为葡萄糖内酯。适宜 pH 为 4.5～7.5,适宜温度 30～60℃。

(2)来源与生产

美国用黑曲霉变种,日本多用青霉菌。也可用金黄色青霉菌、点青霉在受控条件下进行深层发酵,用乙醇、丙酮使之沉淀经高岭土或氧化铝吸附后再用硫酸铵盐析、精制而得。

(3)毒性

FAO/WHO 1994 年规定,来自黑曲霉者,ADI 无限制性规定。

(4)用途

葡萄糖氧化酶主要用于从蛋液中除去葡萄糖,以防蛋白成品在贮存期间的变色、变质。柑橘类饮料及啤酒等的脱氧,以防止色泽加深、降低风味和金属溶出。

用于全脂奶粉、谷物、可可、咖啡、虾类、肉等制品中,可防止由葡萄糖引起的褐变。

（5）应用实例

① 食品除氧保鲜

氧气是影响视频质量的主要因素之一。氧的存在容易引起花生、奶粉、冰淇淋、奶油、饼干、油炸食品等富含油脂的食品发生氧化作用，引起油脂酸败，产生不良的味道和气味，降低营养价值，甚至产生有毒物质；氧化还会使去皮马铃薯、苹果等果蔬及果汁、果酱等果蔬制品变色；氧化也会使得肉类褐变。

解决氧化问题的根本方法是除氧。葡萄糖氧化酶是一种有效的除氧保鲜剂。葡萄糖氧化酶可催化葡萄糖，与氧反应生成葡萄糖酸和双氧水。通过葡萄糖氧化还原酶的作用，可以除去氧气，达到食品保鲜的目的。

应用葡萄糖氧化酶进行食品保鲜时，食品应该置于容器内，将葡萄糖氧化酶和葡萄糖一起置于密闭容器中。如将葡萄糖氧化酶和葡萄糖混合在一起，包装于不透水但可以通气的保鲜膜袋中，封闭后，置于装有需要保鲜食品的密闭容器中，密闭容器中的氧气通过薄膜进入保鲜袋，与葡萄糖反应，由此除去密闭容器中的氧，防止氧化作用的发生，达到食品保鲜的目的。

葡萄糖氧化酶也可以直接加到罐装果汁、水果罐头等含有葡萄糖的食品中，起到防止食品氧化变质的效果，同时也可以有效防止容器的氧化作用。

② 蛋类制品脱糖保鲜

蛋类制品如蛋白粉、蛋白片、全蛋粉等，由于蛋白中含有 0.5%～0.6% 的葡萄糖，会与蛋白质反应生成小黑点，并影响其溶解性，从而影响产品的质量。

为了尽可能地确保蛋类制品色泽和溶解性，必须进行脱糖处理，将蛋白中含有的葡萄糖除去。以往多采用接种乳酸菌的方法进行蛋白的脱糖，但是处理时间较长，效果不太理想。

应用葡萄糖氧化酶进行蛋白的脱糖处理，是将适量的葡萄糖氧化酶加到蛋白液中，采用适当的方法通进适量的氧气，通过葡萄糖氧化酶作用，使所有含葡萄糖完全氧化，从而保持蛋白的色泽和溶解性。

2. 溶菌酶 Lysozyme EC 3. 2. 1. 17

溶菌酶是一类引起生物细胞壁水解的酶类，也称细胞壁解酶。它具有杀菌、抗病毒、抗肿瘤细胞的作用。微生物细胞壁溶解后，细胞立即膨胀，极易破裂而使内容物扩散出来，这种现象叫溶菌作用。

（1）理化性质

溶菌酶的纯品为白色、微黄或黄色的晶体或无定形粉末，无臭、味甜、易溶于水，遇碱破坏，不溶于丙酮、乙醚中。溶菌酶是一种碱性球蛋白。市售溶菌酶由 129 个氨基酸组成，相对分子质量为 14300，等电点在 10.7～11.0。溶菌酶对革兰氏阳性菌、好气性包子形成菌、枯草杆菌、地衣型芽孢杆菌等都有抗菌作用。

（2）来源与生产

溶菌酶广泛存在于哺乳动物乳汁、体液，禽类的蛋白及部分植物、微生物体内。

不同来源的溶菌酶，其性质各有不同。动物溶菌酶，如鸡蛋白中约含 3.5% 的溶菌酶，该溶菌酶能分解革兰氏阳性菌，对革兰氏阴性菌不起作用。鸡蛋白溶菌酶的相对分子质量为 14000～15000，等电点为 11.1，最适温度为 50℃，最适 pH 为 6～7。植物溶菌酶，如木瓜溶

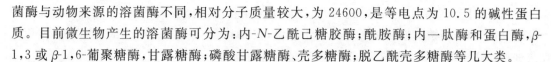

菌酶与动物来源的溶菌酶不同,相对分子质量较大,为 24600,是等电点为 10.5 的碱性蛋白质。目前微生物产生的溶菌酶可分为:内-N-乙酰己糖胶酶;酰胺酶;内一肽酶和蛋白酶,β-1,3 或 β-1,6-葡聚糖酶,甘露糖酶;磷酸甘露糖酶、壳多糖酶;脱乙酰壳多糖酶等几大类。

(3) 毒性

FAO/WHO 1994 年规定,允许使用量:LD_{50} 为 20g/kg。

(4) 用途

溶菌酶在食品工业中用途广泛。

① 溶菌酶在乳品中的应用

在牛乳中加入溶菌酶,可使牛乳人乳化,增加牛乳蛋白质的消化。研究还表明,溶菌酶有防止肠炎和变态反应的作用,是双歧杆菌增长因子,对婴幼儿的肠道菌群有平衡作用,所以奶粉中添加溶菌酶还有利于婴幼儿肠道细菌正常化。在干酪生产中添加溶菌酶可代替硝酸盐等抑制丁酸菌污染,防止干酪产气,并对干酪的感官质量有明显的改善作用。溶菌酶、氯化钠和亚硝酸钠联合使用到肉制品中可延长肉制品的保质期。

② 溶菌酶在其他方面的应用

在糕点中加入溶菌酶,可防止微生物的繁殖,特别是含奶油的糕点容易腐败,在其中加入溶菌酶,还可起到一定的防腐作用。

在低度酒中添加 20mg/kg 的溶菌酶不仅对酒的风味无任何影响,还可防止产酸菌生长,同时受酒类澄清剂的影响也很小,是低度酒类较好的防腐剂。

在用酵母法生产蛋白质时,由于处于酵母壁细胞壁中的蛋白质利用率很低,所以利用溶菌酶破坏酵母细胞壁,可制成微生物蛋白质,以提高酵母蛋白质的利用率。

利用溶菌酶生产调味品,用含放线菌菌体的溶菌酶处理酵母液可生产催化 5′-肌苷酸、5′-鸟苷酸及其他呈味物质。

3. 纤维素酶 Cellulase　EC 3.2.1.4

(1) 理化性质

纤维素酶制品是灰白色无定形粉末或液体。主要作用原理为使纤维素的多糖中 β-1,4-葡萄糖水解为 β-糊精。作用的最适 pH 为 4.5～5.5。对热稳定,即使在 100℃下维持 10min 仍可保持原活力的 20%,一般最适作用温度为 50～60℃。溶于水,微溶于乙醇、氯仿和乙醚。

(2) 来源与生产

主要采用黑曲霉或李氏木霉菌进行培养,然后通过盐析法将发酵液沉淀、精制而成。

(3) 毒性

FAO/WHO 1994 年规定,由黑曲霉或李氏木霉菌生产的纤维素酶 ADI 不做特殊规定;由青霉制得的纤维素酶,ADI 未做规定。

(4) 用途

主要用于谷类、豆类等植物性食品的软化、脱皮;控制咖啡提取物的黏度,最高允许量为 100mg/kg;淀粉、琼脂和海藻类食品的制作;消除果汁、葡萄酒、啤酒等由纤维素引起的浑浊;提高和改善绿茶、红茶等饮品的速溶性。

(5) 应用实例

用于提高大豆蛋白的提取率。酶法提取工艺用在减法提取大豆蛋白工艺前,增加酶液浸泡豆粕处理,用精酶液在 40℃～45℃下保温,在 pH 4.5 条件下浸泡 2h～3h,以后按原工艺进行。这样可以增加提取率 11.5%,质量也有提高。

4. 固定化葡萄糖异构酶 Immobilized glucose isomerase　EC 5.3.1.5

固定化葡萄糖异构酶也称为不溶性葡萄糖异构酶。由密苏里放线菌、锈棕色链霉菌、橄榄色链霉菌、紫黑链霉菌、凝结芽孢杆菌等微生物中的一种受控发酵后所生成的酶经固定化而成。

(1)理化性质

固定化葡萄糖异构酶制剂为近白色或浅棕色颗粒,柱状或条状。最适作用温度 60℃,适用温度范围 30℃～75℃。最适作用 pH 范围 7.0～7.5,适用 pH 范围 6.0～8.0。Mg^{2+} 及 Co^{2+} 对本品有激活作用;山梨醇和甘露醇对本品有强抑制作用。可溶于水,但不溶于乙醇、氯仿和乙醚。

(2)来源与生产

主要由密苏里放线菌 AC-81-2、嗜热链霉菌 M1033 等微生物发酵法生成的酶固定化制得。

(3)毒性

FAO/WHO 1994 年规定,无限制性规定。

(4)用途

固定化葡萄糖异构酶主要应用于果葡糖浆生产中将葡萄糖异构为果糖。有分批法、连续搅拌法、酶层过滤法和固定化酶床反应器法。现在普遍采用固定化酶床反应器法,即将固定化葡萄糖异构酶装于直立的保温反应柱中,经精制、脱氧的葡萄糖液由柱顶流经酶柱,发生异构化反应,由柱底流出异构化糖浆,整个生产过程连续操作。酶柱可连续使用 800h 左右。

当该酶用于制造果葡糖浆时,可按生产需要适量使用。丹麦 Novo 公司推荐(使用该公司产品 Q 型 Sweetzyme)的连续生产果葡糖浆的工艺条件为:底物浓度 35%～45%DS;葡萄糖含量 93%～97%;进口处 pH 为 8.2;温度 61℃;$MgSO_4 \cdot 7H_2O$ 添加量为每升糖浆 0.1g。

【复习思考题】

1. 酶作为生物催化剂,它与化学催化剂有哪些异同点?
2. 食品用酶制剂作为食品添加剂有哪些卫生与安全要求?
3. 你知道的用于食品的酶制剂有哪些?说说它们各自的用途。

第九章　营养强化剂

【学习目标】

1. 了解营养强化剂的概念及分类。
2. 理解营养强化剂作用机理及特点。
3. 掌握营养强化剂的安全性及使用特性。
4. 能利用营养强化剂知识解决营养与食品加工实际问题。

传统的食品并非营养俱全,同时食品中的营养素会在加工、烹调等处理中丧失。因此,往往需要在食品中添加营养强化剂以提高营养价值。所谓营养强化剂,是以增强和补充食品的营养为目的而使用的添加剂。其主要有氨基酸类、维生素类及矿物质和微量元素类等。

营养强化剂不仅能提高食品的营养质量,而且还可以提高食品的感官质量和改善其保藏性能。因为,有些营养强化剂具有两种以上的功能特性,如卵磷脂,它既是营养强化剂,又是一种很好的乳化剂,还是一种抗氧化剂等。食品经强化处理后,食用较少种类和单纯食品即可获得全面营养,从而简化膳食处理。这对某些特殊职业的人群具有重要意义,如军队和地质工作者所食用的压缩干燥的强化食品,营养既全面,体积又小,质量又轻,食用又方便。从国民经济的角度考虑,用强化剂来增加食品的营养价值比使用天然食物达到同样目的所花费的费用要少得多。如补充赖氨酸1g,用猪肉约要200g才能满足,其费用比单纯使用强化剂高10倍左右。

营养强化的理论基础是营养素平衡,滥加强化剂不但不能达到增加营养的目的,反而造成营养失调而有害健康。为保证强化食品的营养水平,避免强化不当而引起的不良影响,使用强化剂时首先要合理确定出各种营养素的使用量。

在食品加工过程中,并非每种产品都需要强化,强化剂的使用要有针对性,使用强化剂通常应注意以下几点:

(1) 强化用的营养素应是人们膳食中或大众食品中含量低于需要量的营养素;

(2) 易被机体吸收利用;

(3) 在食品加工、贮存等过程中不易分解破坏,且不影响食品的色、香、味等感官性状;

(4) 强化剂量适当,不致破坏机体营养平衡,更不致因摄食过量引起中毒;

(5) 卫生安全,质量合格,经济合理。

有些强化剂不稳定,如维生素C及氨基酸等遇光、热等易被氧化而破坏损失;而有些强化剂会与食品中的其他成分结合,导致强化剂的损失。因此,应选择合适添加方法和强化载体,采取合理的强化措施以保证强化的有效性和稳定性。一般可采用以下几种方法。

(1) 强化剂的改性　在不影响营养价值的前提下对强化剂进行适度的物理、化学和生物改性以提高强化剂的稳定性。

(2) 添加各种稳定剂　用螯合剂、抗氧化剂等作为保护剂来减少强化剂的损失。

（3）加强食品中的食用指导　对于添加了强化剂的食品，应组织相应的指导以避免由于饮食习惯的不当造成的损失，如添加含碘的食盐应在起锅后添加，添加了水溶性维生素的挂面应以食用汤面为宜。

食品的营养强化，除应根据不同的食品选取适当的营养强化剂之外，还应根据食品种类的不同，采取不同的强化方法。通常有三种方法。

（1）在食品原料中添加　如对小麦面粉进行强化时，预先将少量面粉用强化剂制成强化面粉，然后按一定比例与普通面粉进行混合，制成强化面粉。这种方法操作简单，但强化剂在食品加工、贮存期间易于损失。

（2）在加工过程中添加　这是最普遍采用的方法，其易使所添加的营养素分布均匀，但由于食品加工多离不开热、光及与金属接触，因而不可避免地会使强化剂受到一定的损失，特别是对热敏感的强化剂维生素 C 等。因此应注意添加的时机及工艺，并适当增大强化剂量，以保证成品中留存所需一定量的强化剂。

（3）在成品中添加　为减少强化剂在加工过程中被破坏，对于某些产品可以采用在加工的最后工序或在成品中混入的方法。这种方法对强化剂的保存最为有效。但由于各种食品加工方法各异，如罐装食品和某些糖果、糕点等，则只能在杀菌、焙烤之前加入，因而并非所有的强化食品均能采用此法。

各种营养素为生命所必需，但切不可滥用，一定要以我国食品营养强化剂使用卫生标准为依据。下面分别介绍主要的氨基酸类、维生素类、无机盐类营养强化剂。

第一节　氨基酸类强化剂

氨基酸是合成蛋白质的基本结构单元，蛋白质是生命活动不可缺少的物质。构成人体蛋白质的 20 多种氨基酸中大多数可在人体内合成，有 8 种氨基酸在体内无法合成而必须从食物中摄取。若是这些氨基酸的摄入种类或数量不足，就不能有效地合成人体蛋白质，因此称这 8 种氨基酸为必需氨基酸，包括赖氨酸、亮氨酸、异亮氨酸、苯丙氨酸、蛋氨酸、苏氨酸、色氨酸和缬氨酸。组氨酸原为婴儿所必需，最近有报告称，组氨酸对成人也是一种必需氨基酸。作为食品强化用的氨基酸主要是这些必需氨基酸或它们的盐类。某种食物蛋白质中，其必需氨基酸含量与人体氨基酸需要模式中相应必需氨基酸需要量之比，其比例关系相对不足的氨基酸称为限制氨基酸。正是这些氨基酸严重影响机体对蛋白质的利用，并且决定蛋白质的质量。食物中最主要的限制氨基酸为赖氨酸和蛋氨酸。前者在谷物植物蛋白质和一些其他植物蛋白质中含量甚少；后者在大豆、花生、牛奶和肉类蛋白质中相对不足。因此，在一些焙烤制品，特别是在以谷类为基础的婴幼儿食品中常添加适量的赖氨酸予以强化，提高营养价值。此外，小麦、大麦、燕麦和大米还缺乏苏氨酸，玉米中缺乏色氨酸。对食品进行氨基酸强化，对于充分利用蛋白质和提高食品质量起着重要作用，并且对人体健康有着直接关系。在氨基酸的强化过程中，必须以营养要求和氨基酸相互间的平衡比值增添氨基酸；在添加过程中，须考虑氨基酸的特性，特别是它的稳定性。表 9-1 列出了部分氨基酸的稳定性。

表 9-1　部分氨基酸的稳定性

种类	因素						
	pH 7	酸性	碱性	氧气	光	热	烹调加工损失/%
异亮氨酸	s	s	s	s	s	s	0～10
亮氨酸	s	s	s	s	s	s	0～10
赖氨酸	s	s	s	s	s	u	0～40
蛋氨酸	s	s	s	s	s	s	0～10
苯丙氨酸	s	s	s	s	s	s	0～5
苏氨酸	s	u	u	s	s	u	0～20
色氨酸	s	u	s	s	u	s	0～15
缬氨酸	s	s	s	s	s	s	0～10

注：s—稳定；u—不稳定。

一、赖氨酸

赖氨酸为必需氨基酸之一，体内不能合成，是谷类食物中的第一限制氨基酸。如在谷类中添加可提高蛋白质效价。常用的赖氨酸强化剂为 L-赖氨酸盐酸盐、L-赖氨酸-L-天门冬氨酸盐。

1. L-赖氨酸盐酸盐

游离的 L-赖氨酸极易潮解，易发黄变质，并有刺激性腥味，难以长期保存。而 L-赖氨酸盐酸盐比较稳定，不易潮解，便于保存，故一般商品都是以 L-赖氨酸盐酸盐的形式出售。

又称 L-盐酸赖氨酸，化学式为 $C_6H_{14}N_2O_2 \cdot HCl$，相对分子质量 182.65。

（1）性状　无色结晶或白色粉末，几乎无臭，熔点为 263℃。性质稳定，在高湿度下易结块，并稍有着色，在碱性条件中及有还原糖存在时，加热则分解。与维生素 C 和维生素 K 共存时可着色。易溶于水（40g/100mL，25℃），能溶于甘油（10g/100mL），不溶于乙醇和乙醚等有机溶剂。

（2）性能　L-赖氨酸盐酸盐具有增强体内胃液分泌和造血功能，增加体内白细胞、血红蛋白和丙种球蛋白，能提高蛋白质的利用率，保持体内代谢的平衡，提高抗疾病的能力。缺乏 L-赖氨酸，则会发生蛋白质代谢和机能障碍，成人每日所需要量约为 0.8g。

（3）毒性　大鼠经口 LD_{50} 为 10.75g/kg（体重）。FAO/WHO（1985）将其列为一般公认安全物质。通常使用时不需要考虑毒性。

（4）应用　按我国《食品营养强化剂使用卫生标准》（GB 14880—1994）规定：L-赖氨酸盐酸盐可用于面包、饼干和面条的面粉中，使用量为 1g/kg～2g/kg。谷类及其制品可按需要量添加。

2. L-赖氨酸-L-天冬氨酸盐

化学式为 $C_{10}H_{21}N_3O_6$，相对分子质量 279.30。

（1）性状　白色粉末，无臭或略带臭，有特殊异味，易溶于水，而不溶于乙醇、乙醚。

L-赖氨酸因易吸收空气中的碳酸气变成碳酸盐,且有潮解性,难以处理。若与具有呈味性的天门冬氨结合成盐,则使用方便。通常使用时不需要考虑毒性。

(2)应用 L-赖氨酸-L-天冬氨酸盐酸盐 1.910g 相当于 L-赖氨酸 1g。L-赖氨酸-L-天冬氨酸盐酸盐 1.529g 相当于 L-赖氨酸盐酸盐 1g。我国《食品营养强化剂使用卫生标准》(GB 14880—1994)规定:使用的范围与 L-赖氨酸盐酸盐相同,用量需经折算成 L-赖氨酸盐酸盐来计。

二、牛磺酸

牛磺酸,即 2-氨基乙磺酸,化学式为 $C_2H_7NO_3S$,相对分子质量 125.15。

(1)性状 白色结晶或结晶性粉末,无臭,味微酸,对热稳定,溶于水,不溶于乙醇和乙醚。

(2)性能 牛磺酸与婴儿发育关系密切,尤其是对婴幼儿大脑、身高、视力等的生长、发育起着重要的作用。除营养作用外,它尚有广泛的药理作用:清热、镇静、解毒、强心、降血压、降血糖、增强免疫功能、利胆、保肝等。

(3)毒性 无任何毒副作用。

(4)应用 我国《食品营养强化剂使用卫生标准》(GB 14880—1994)规定:可用于乳制品,婴幼儿食品及谷类制品中,使用量为 0.3g/kg ~ 0.5g/kg;在饮液、乳饮料中则为 0.1g/kg~0.5g/kg。

第二节 无机盐类强化剂

无机盐亦称矿物质。它是构成机体组织和维持机体正常生理活动所必需的营养素。它们维持着体内的酸碱平衡、细胞渗透压、调节神经兴奋和肌肉的运动,维持机体的某些特殊的生理功能,在人体内主要以离子形式存在。矿物质中含量较多(大于 0.005%)的常量元素有 Ca,Mg,K,Na,P 和 Cl;含量较少的微量元素,目前已确认为人体生理必需的有 14 种:Fe,Zn,Cu,I,Mn,Mo,Co,Se,Cr,Ni,Sn,Si,F,V。体内的矿物质由于新陈代谢的结果,每天都有一定量排出体外,因此需要从膳食中不断补充。矿物质在食物中分布很广,一般均能满足机体需要,只有某些种类比较易于缺乏,如钙、铁和碘等。特别是对正在生长发育的婴幼儿、青少年、孕妇和乳母,钙、铁和碘的缺乏较常见。在食品中强化无机盐一般采用把其均匀混合于原料中的方法。这类强化剂比较稳定,一般的加工条件对它们的特性影响不大。

无机盐强化时应解决以下问题:实际效果,强化剂对风味的影响,强化剂对产品形态的影响,添加量和摄入量是否安全,确定强化的食品等。下面分别介绍常用的无机盐类强化剂。

一、钙强化剂

成人体内含钙量为 7.0g~1400g,它是组成人体骨骼、牙齿的主要成分,约占体内总钙量的 99%。另外,它能维持组织细胞的渗透压,保持体内的酸碱平衡,促进体内酶的活度等。

与钾、钠、镁等共同维持人体神经、肌肉的兴奋和细胞膜的正常通透性。

目前市场上的钙强化剂主要可以分为三种类型,即无机钙强化剂、生物钙强化剂和有机钙强化剂。

无机钙强化剂的主要缺点是溶解性差(如磷酸钙的溶度积为 $Ksp = 2.0 \times 10^{-29}$),在机体内需消耗胃酸(如 $CaCO_3$、CaO 等),吸收利用率低;生物钙强化剂的成分本质是碳酸钙与活性钙(如贝壳粉、珍珠粉)或磷酸钙与磷酸氢钙(如动物骨粉),这类钙强化剂同样具有溶解度较低和难以吸收利用的缺点,而且卫生安全性也较低。由于动物自身的饮食卫生差,导致动物从食物中摄取的重金属量增加,由于重金属几乎不能被机体代谢出体外而最终富集在动物的骨骼中,同时由于海洋污染日趋严重,许多重金属离子同样可以富集、沉积在贝壳和珍珠上,造成生物钙强化剂中的重金属超标,故而难以达到食品卫生的标准。所谓生物活性必需具备生物吸收的选择性和生物利用的选择性,但在这些生物体的骨骼和贝壳中,钙主要以无机盐的形式存在,不具有真正的生物活性;有机钙强化剂普遍存在含钙量偏低和有不同程度毒副作用等缺点。因此,在采用钙制剂对食品进行强化时,要考虑钙制剂的特点及其与食品的相互作用。下面介绍几种常用的钙强化剂。

1. 乳酸钙

乳酸钙,化学式为 $C_6H_{10}O_6Ca \cdot 5H_2O$,相对分子质量为 308.3。

(1)性状 乳酸钙为白色粉末或颗粒,几乎无臭,无味,能溶于水,几乎不溶于乙醇。加热至 150℃时可转变为无水物。在空气中略有风化性。

(2)毒性 实用上可认为是无毒的,ADI 不作限制性规定。

(3)应用 乳酸钙的吸收率是钙强化剂中最佳品种。由于人体对其的吸收率较好,因此适合作幼儿和学龄儿童的营养强化剂;除作钙强化剂化,还可用做发酵粉的缓冲剂、酸度调节剂、稳定剂和凝固剂等。

2. 葡萄糖酸钙

葡萄糖酸钙,化学式为 $(C_6H_{11}O_7)_2Ca \cdot H_2O$,相对分子质量为 448.39。

(1)性状 葡萄糖酸钙为白色结晶颗粒或粉末,无臭,无味,在空气中稳定,在水中缓缓溶解,易溶于热水,不溶于乙醇、乙醚及氯仿。

(2)毒性 在实用上可认为是无毒的。但糖尿病患者不宜服用。现在临床上主要将葡萄糖酸钙作为静脉注射液以用于应急状态下补钙。

(3)应用 可作为一般食品的钙强化剂,其含钙量很低(理论含钙量为 9.16%)。一般可与乳酸钙混合使用。

二、铁强化剂

铁是人体中最丰富的微量元素,在体内参与氧的运转、交换和组织呼吸过程,人体如缺铁,则产生缺铁性贫血和营养性贫血。一般来说,凡容易在胃肠道中转变为离子状态的铁易于吸收,二价铁比三价铁易于吸收,而植酸盐和磷酸盐可降低铁的吸收,抗坏血酸和肉类可以增加铁的吸收。铁的良好来源为动物的肝脏、蛋黄、豆类、瘦肉及某些蔬菜。有些抗氧化剂可与铁离子反应而着色,使用时应注意。下面介绍几种常用的铁强化剂。

1. 柠檬酸铁

化学式为 $C_6H_5O_7Fe$,相对分子质量为 244.92。

(1) 性状 为红褐色透明状的小片,或褐色粉末,组成成分不一,含铁量为 16.5%～18.5%,易溶于热水,在冷水中逐渐溶解。不溶于乙醇,其水溶液呈酸性,在光或热的作用下会逐渐变成柠檬酸亚铁。

(2) 应用 按照我国《食品营养强化剂使用卫生标准》(GB 14880—1994)规定:用于谷物及其制品为 150mg/kg～290mg/kg;饮料为 60mg/kg～120mg/kg;乳制品、婴幼儿配方食品为 360mg/kg～600mg/kg;食盐、夹心糖为 3600mg/kg～7200mg/kg。

柠檬酸铁呈褐色,故不适宜用于不允许着色的食品。

2. 葡萄糖酸亚铁

(1) 性状 为黄灰色或浅黄绿色结晶体颗粒或粉末,略有类似焦糖的气味。易溶于水(10g/100mL,温水),几乎不溶于乙醇。加入葡萄糖可使溶液稳定。

(2) 应用 我国《食品营养强化剂使用卫生标准》(GB 14880—1994)规定:在谷物及其制品中用量为 200mg/kg～400mg/kg;饮料为 80mg/kg～160mg/kg;乳制品、婴幼儿食品为 400mg/kg～800mg/kg;食盐、夹心糖为 4800mg/kg～6000mg/kg。

三、锌强化剂

锌是人体必需的 14 种微量元素中较重要的一种。它参与人体许多种酶的合成,许多蛋白质、核酸的合成都离不开它。锌在人脑中含量丰富,对生长发育、修复组织细胞、增强免疫力及提高小儿智力等有着重要作用,被人们誉为"生命之花"。对于生长发育旺盛的儿童和青少年来说,锌具有更重要的营养价值。人体缺锌的主要表现是食欲不振,生长停滞,味觉减退,性发育不良,创伤愈合不良及容易得皮炎,孕妇缺锌甚至容易出现婴儿畸形,儿童缺锌会造成生长迟缓或停止形成侏儒。

解决人体缺锌的方法,除了多食含锌量高的食品以外,可口服含锌制剂和用锌强化食品。通常在食品中使用的锌强化剂有硫酸锌、乳酸锌、葡萄糖酸锌等。

1. 葡萄糖酸锌

化学式为 $C_{12}H_{22}O_{14}Zn$,相对分子质量为 455.67。

(1) 性状 为白色或近白色粗粉或结晶性粉末。无臭,无味。易溶于水,难溶于乙醇。

(2) 毒性 FDA 将其列为一般公认安全物质。

(3) 应用 我国《食品营养强化剂使用卫生标准》(GB 14880—1994)规定:葡萄糖酸锌在谷类及其制品、饮液中的使用量分别为 80mg/kg～160mg/kg、40mg/kg～80mg/kg;乳制品为 230mg/kg～470mg/kg;婴幼儿食品为 195mg/kg～545mg/kg;用于食盐为 800mg/kg～1000mg/kg。

2. 硫酸锌

化学式为 $ZnSO_4 \cdot xH_2O$,含 1 分子或 7 分子水。

(1) 性状 无色透明的棱柱体或小针状体,或呈颗粒状结晶性粉末,无臭,易失水及风化,可溶于水,不溶于乙醇。

(2) 毒性 FDA 将其列为一般公认安全物质。

（3）应用　我国《食品营养强化剂使用卫生标准》(GB 14880—1994)规定：硫酸锌在谷类及其制品、饮液中的使用量分别为 80mg/kg～160mg/kg、32.5mg/kg～44mg/kg；乳制品为 130mg/kg～250mg/kg；婴幼儿食品为 113mg/kg～318mg/kg；用于食盐为 800mg/kg～1000mg/kg。

四、碘强化剂

碘是合成甲状腺素的重要成分，人体缺碘，易患甲状腺肿病，并影响智力发育。我国是碘营养不良的部分，部分山区甲状腺病发病率较高，因此，我国早已大面积推广碘强化剂，其用量为 20mg/kg～30mg/kg。此外碘强化剂还应用于婴幼儿食品中。碘强化剂包括碘化钾、碘酸钾和海藻碘，在食盐中主要用碘酸钾。

第三节　维生素类强化剂

维生素是调节人体各种新陈代谢过程必不可分的营养素，它几乎不能在人体内产生，必须不断从体外摄取。当膳食中长期缺乏某种维生素时，就会引起代谢失调、生长停滞，以致进入病理状态。因此，维生素强化剂在强化食品中占有重要地位。

维生素的强化主要注意的问题是其稳定性，影响维生素稳定性的主要因素是水、氧化、加热、酶作用、酸碱、金属及其盐类、高压等。对不耐热的维生素应在加工的最后阶段用喷、涂、浸的方法来强化。表 9-2 列出了各种因素对维生素的影响情况。

表 9-2　维生素的影响因素

维生素	影响因素					附注
	热	氧	光	酸	碱	
维生素 A	+	++	++	++	−	对热敏感，尤其有氧存在
维生素 D	−	+	+	+	−	
维生素 E	−	+	+	−	−	
维生素 K	+	++	++	++	++	
维生素 B_1	++	++	−	−	++	
维生素 B_2	+	+	++	−	−	有氧和碱存在时对热敏感
维生素 B_{12}	−	++	++	−	−	
维生素 PP	−	−	−	−	−	
叶酸	++	−	−	−	−	在酸溶液中，对热敏感
泛酸	−	−	−	++	++	
盐酸吡哆醇	−	−	++	−	−	加热对氧或碱敏感
维生素 C	++	++	++	−	++	有氧时对热敏感，对酸稳定

注：++敏感；+有些敏感；−稳定。

维生素虽然重要，但对维生素强化的品种和剂量应慎重选择和判定。维生素按其效果可分为生理剂量、药理剂量和中毒剂量。生理剂量为满足绝大多数人生理需要且不缺乏的量，药理剂量为生理剂量的 10 倍，可用来治疗缺乏症，中毒剂量为生理剂量的 100 倍，可引起不适或中毒。

一、维生素 A 类

人和动物眼睛的杆细胞中能感光的物质是视紫红质,它是由视蛋白与维生素 A 所组成。因此缺少维生素 A 会引起夜盲、干眼、角膜软化、表细胞角化、失明、生长发育受阻等症。故在食品中适量强化维生素 A 会防止、治疗以上疾病。

维生素 A 包括维生素 A_1 和维生素 A_2 两种。维生素 A_1 即视黄醇,主要存在于海产鱼类肝脏中。维生素 A_2 是 3-脱氢视黄醇,主要存在于淡水鱼肝脏中。通常使用的是维生素 A_1 的制剂。

维生素 A_1 化学式为 $C_{20}H_{30}O$,相对分子质量为 286。结构式为:

维生素 A_1

(1) 性状　维生素 A_1 为淡黄色片状结晶或粉末,不溶于水,易溶于油脂或有机溶剂,易受紫外线与空气中的氧所破坏而失去效力,在碱性条件下稳定,在酸性条件下不稳定。

(2) 毒性　维生素 A_1 毒性较低,但一次大量摄入也有中毒的可能。

(3) 使用　我国《食品营养强化剂使用卫生标准》(GB 14880—1994),维生素 A 的使用范围和使用量为:芝麻油、色拉油、人造奶油、固体饮料用量为 4mg/kg～8mg/kg;婴幼儿食品、乳制品 3mg/kg～9mg/kg;乳及乳饮料 0.6mg/kg～1mg/kg;冰淇淋 0.6mg/kg～1.2mg/kg。维生素 A_1 的纯品很少作为食品添加剂,一般使用维生素 A 油。

二、维生素 B 类

维生素 B 类包括维生素 B_1、维生素 B_2、维生素 B_6、维生素 B_{12} 等。

1. 维生素 B_1

维生素 B_1 广泛存在于动植物食品中,但比较丰富的是在动物内脏、瘦猪肉、鸡蛋、核果和马铃薯中。维生素 B_1 在体内参与酶反应,与糖、蛋白质的代谢有关。缺乏时,可致糖代谢紊乱,并影响氨基酸、脂肪酸的合成,造成"脚气病"。在食品中强化维生素 B_1 会对肌肉无力、感觉障碍、神经痛、心律不齐,消化不良等疾病起到预防和治疗作用。

盐酸硫胺素,为维生素 B_1 的盐酸盐,具有维生素 B_1 的活性。化学式为 $C_{12}H_{17}ON_4ClS \cdot HCl$,相对分子质量为 337.27。结构式为:

盐酸硫胺素

（1）性状　白色结晶或结晶性粉末，有微弱的特异臭，味苦，干燥品在空气中易吸湿。极易溶于水，略溶于乙醇，几乎不溶于乙醚或苯。在酸性溶液中很稳定，在碱性溶液中不稳定，易被氧化和受热破坏。

（2）毒性　毒理学参数小鼠经口 LD_{50} 为 9000mg/kg。FDA 将其列为一般公认安全物质。

（3）应用　我国《食品营养强化剂使用卫生标准》（GB 14880—1994）规定：可用于谷物及其制品，使用量 3mg/kg～5mg/kg；饮液、乳饮料 1mg/kg～2mg/kg（若为固体饮料，则需按稀释倍数增加）；婴儿食品 4mg/kg～8mg/kg。还可用以强化面包、饼干等面制品。也可强化大米、面粉、面条、乳制品、人造奶油、糕点、清凉饮料、果酱以及豆腐等。

常用的维生素 B_1 的强化剂是盐酸硫胺素，还有硝酸硫胺素、丙酸硫胺素。盐酸硫胺素稳定性较差，易损失，且可被亚硫酸盐与硫胺分解酶所破坏，而硝酸硫胺素稳定性比盐酸硫胺素高，添加于面包等食品中效果比盐酸硫胺素好。而丙酸硫胺素效果持久，排泄慢，口服吸收良好，作用比盐酸硫胺素强 1 倍，且不会受到硫胺分解酶的破坏，不足之处是风味稍差。因此，在食品进行强化时，应按食品的形态选择用适宜的维生素 B_1 衍生物。

2. 维生素 B_2

又叫核黄素，天然品广泛存在于乳汁、蛋类、肝、心、酵母及发芽豆芽类。核黄素能促进机体生长发育，人体缺乏时可导致口角炎、舌炎、阴囊炎、脂溢性皮炎等。故用核黄素强化食品会对以上疾病起到预防和治疗作用。

化学式为 $C_{17}H_{20}N_4O_6$，相对分子质量为 376.37。

结构式为：

核黄素

（1）性状　黄色或橙黄色晶体粉末，微有臭气味，味苦，约 280℃熔化并分解。中性或酸性下极稳定，碱性下迅速分解，遇光则分解更快。对氧化剂较稳定，遇还原剂不稳定。极难溶于水，几乎不溶于乙醇，不溶于乙醚和氯仿，极易溶于稀碱液。

（2）毒性　大鼠腹腔注射 LD_{50} 为 560mg/kg。FAO/WHO（1994）规定：ADI 为 0mg/kg～0.5mg/kg（体重）。

（3）应用　我国《食品营养强化剂使用卫生标准》（GB 14880—1994）规定：可用于谷物及其制品，使用量为 3mg/kg～5mg/kg；饮液、乳饮料为 1mg/kg～2mg/kg（若为固体饮料，则需按稀释倍数增加）；婴幼儿食品为 4mg/kg～8mg/kg，食盐为 100mg/kg～150mg/kg。

3. 维生素 PP

维生素 PP 包括烟酸和烟酰胺。天然品在酵母、猪肝、鱼、绿色蔬菜中都含量较多。维生素 PP 有维持皮肤与神经健康、促进消化道功能的作用。缺乏维生素 PP 时易患糙皮病、舌炎、口炎及其他皮肤病以及精神抑郁、肠炎、腹泻等症。因而,在食品中添加维生素 PP 可预防和治疗由于缺乏维生素 PP 而导致的上述病症。

烟酸,别名尼克酸、维生素 PP,化学式为 $C_6H_5O_2N$,相对分子质量为 123.11,烟酰胺别名尼克酰胺、维生素 PP,化学式为 $C_6H_5N_2O$,相对分子质量为 122.13。两者的结构式为:

烟酸   烟酰胺

(1) 性状　烟酸为白色或淡黄色结晶或结晶性粉末,无臭或稍有微臭,味微酸。易溶于热水、热乙醇及含碱的水中,几乎不溶于乙醚。有升华性,无吸湿性,对光、热、空气、酸、碱的稳定性均强,将溶液加热亦几乎不分解。烟酰胺为白色结晶性粉末,无臭或几乎无臭,味苦,易溶于水和乙醇,溶解于甘油,对光、热及空气很稳定,在无机酸、碱溶液中强热,则水解为烟酸。

(2) 毒性　烟酸大鼠口服 LD_{50} 为 560mg/kg;烟酰胺大鼠口服 LD_{50} 为 2.5g/kg～3.5g/kg。FDA 将烟酸和烟酰胺列为一般公认安全物质。

(3) 应用　我国《食品营养强化剂使用卫生标准》(GB 14880—1994)规定:可用于谷物及其制品,使用量为 40mg/kg～50mg/kg;饮液、乳饮料为 10mg/kg～40mg/kg;婴幼儿食品为 30mg/kg～40mg/kg。

三、维生素 C 类

维生素 C 能够促进体内红细胞的生成,参与体内胶原蛋白的生成,防止毛细血管通透性和脆性的增加,有利于伤口的愈合。维生素 C 还有中和毒素,促进抗体生成的作用。

维生素 C 主要起防止维生素 C 缺乏病、龋齿、牙龈脓肿、贫血、生长发育停滞等病症,还有利于防治感冒及其他疾病,保持和促进健康的功效。

强化用维生素 C 主要是 L-抗坏血酸和 L-抗坏血酸钠。在所有维生素中,维生素 C 是最不稳定的,在加工和储藏过程中很容易破坏。其破坏率随金属离子的催化作用而增加,尤其是铜和铁的作用最大;另外,还因为酶的作用而增加。将食品放置在有氧气的地方,或在有氧时持续地加热,或暴露在光照下都会使食物中的维生素 C 受到损失。含铜和铁的酶是破坏维生素 C 有效的催化剂。正因为维生素 C 的不稳定,而对生命的活动又极为重要,故有必要在食品中强化。

我国《食品营养强化剂使用卫生标准》(GB 14880—1994)规定:果泥中用量为 50mg/kg～100mg/kg;饮料为 120mg/kg～240mg/kg;水果罐头为 200mg/kg～400mg/kg;夹心硬糖为2000mg/kg～6000mg/kg;婴幼儿食品为 300mg/kg～600mg/kg。

四、维生素 D 类

维生素 D 是一种脂溶性维生素。天然品广泛存在于动物体中,脂肪丰富的鱼类肝脏中含量最多,也含于牛乳、蛋黄、鱼子、奶油等中。有促进肠内钙、磷吸收的功能,与骨骼牙齿的正常钙化有关。用于治疗佝偻病、婴儿手足抽搐症以及预防维生素 D 缺乏症。维生素 D 中对健康关系较密切的是维生素 D_2 和维生素 D_3。用于营养强化剂的主要也是这两种。

维生素 D_2,又名麦角钙化醇,化学式为 $C_{28}H_{44}O$,相对分子质量为 396.66。维生素 D_3,又名胆钙化醇,化学式为 $C_{27}H_{44}O$,相对分子质量为 384.66。

两者的结构式为:

维生素D_2　　　　　　　　　　　　维生素D_3

(1) 性状　维生素 D_2 为无色针状结晶或白色结晶性粉末,无臭,无味,不溶于水,略溶于植物油,易溶于乙醇、乙醚、丙酮,极易溶于氯仿。在空气中易氧化,对光不稳定,对热相当稳定,溶于植物油时亦相当稳定,但在无机盐存在时迅速分解。

维生素 D_3 为无色针状结晶或白色结晶性粉末,无臭,无味,不溶于水,略溶于植物油,极易溶于乙醇、丙酮或氯仿。对空气和日光不稳定,对热相当稳定。维生素 D_3 比维生素 D_2 稳定。

(2) 毒性　维生素 D_2 小鼠经口 LD_{50} 为 1mg/kg(体重),20d;大白鼠、狗、猫经口 LD_{50} 为 5mg/kg(体重),20d;豚鼠经口 LD_{50} 为 40mg/kg(体重),20d。若大量连续摄入则易造成过剩症,会引起食欲不振、呕吐、腹泻,以及高血钙等症状。维生素 D_3 大鼠经口 LD_{50} 为 42mg/kg(体重)。

(3) 应用　我国《食品营养强化剂使用卫生标准》(GB 14880—1994)规定:在乳及乳饮料中用量为 0.01mg/kg～0.04mg/kg;人造奶油中,用量为 0.125mg/kg～0.156mg/kg;乳制品为0.063mg/kg～0.125mg/kg;婴儿食品为 0.05mg/kg～0.1mg/kg。

【复习思考题】

1. 营养强化剂的添加原则是什么?

2. 使用营养强化剂通常应注意哪些问题?

3. 维生素类强化剂的稳定性如何? 举例说明。

第十章　食品加工助剂

【学习目标】

1. 掌握消泡剂的概念、原理和分类、应用；
2. 掌握抗结剂的作用、特点、应用；
3. 了解螯合剂、酸碱剂、溶剂、胶姆糖基础剂以及其他添加剂的性能和在食品中的应用。

第一节　消　泡　剂

一、概述

消泡剂是在食品加工过程中用来降低表面张力，降低泡沫稳定性的物质。

泡沫的产生多是由不溶性的气体在外力作用下进入液体并被其彼此隔离而成气泡并上浮，或在食品的加工过程中，由于其中所溶解的蛋白质的起泡性等作用，有时也会产生大量的泡沫。泡沫的存在有助于保证啤酒、香槟、冷饮、可乐等产品的特殊风味和质感。但一些泡沫的产生往往会造成不便，如在食品的发酵、搅拌、浓缩、煎炸等过程中产生大量气泡，将影响后续工艺的正常进行，降低生产效率和设备管路利用效率，故一定要及时清除或抑制泡沫的产生以保证最终产品的质量。

凡能降低表面张力、消除泡沫的物质均可能作为消泡剂来使用。消泡剂由于自身的表面张力很低，能使泡沫的表面张力局部下降，使得膜壁逐步变薄，被周围表面张力大的膜层所牵拉，最终导致泡沫的破裂。

消泡剂大致可以分为两大类：破泡剂和抑泡剂。所谓破泡剂指的是能消除掉业已产生的气泡，这类消泡剂如乙醇等低级醇、天然油脂等；抑泡剂则是指抑制泡沫的形成，在发泡前就已经加入来阻止发泡的消泡剂，如乳化硅油等。

有效的消泡剂既要能快速破泡，又要能在相当长得时间内防止泡沫重新生成，因此消泡剂的使用必须具备一定的条件：①消泡能力较强，用量较少；②具有比被加的液体更低的表面张力；③扩散性、渗透性好；④在发泡系统中溶解度小；⑤化学稳定性较强，耐气化性强；⑥气体溶解性、透过性较好；⑦无生理活性，符合食用安全性。

二、常用消泡剂

目前，世界上使用较多的消泡剂种类很多，大多是硅质消泡剂。考虑到消泡能力以及相关的毒性和安全性，我国《食品添加剂使用标准》（GB 2760—2011）中，许可使用的消泡剂有

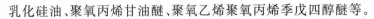

乳化硅油、聚氧丙烯甘油醚、聚氧乙烯聚氧丙烯季戊四醇醚等。

1. 乳化硅油

乳化硅油,俗称硅油,是以甲基聚硅氧烷为主体组成的有机硅消泡剂。

(1) 分类代码　CNS03.001。

(2) 理化性质　为白色黏稠液体,相对密度 0.98～1.02,几乎无臭,不溶于水(但可分散在水中)、乙醇、甲醇,溶于芳香族碳氢化合物、脂肪族碳氢化合物和氯代碳氢化合物。性质稳定,不挥发,不易燃烧,对金属物有腐蚀性,久置于空气中也不易胶化。

(3) 毒性

GRAS　FDA-21CFR182.1711。

急性毒性试验　灌喂小鼠(剂量为每千克体重 20mL)观察一周,无急性中毒症状。

(4) 应用　为亲油性表面活性剂,表面张力小,消泡能力强,我国《食品添加剂使用标准》(GB 2760—2011)规定:用于饮料类(除包装饮用水),最大使用量为 0.01g/kg(以聚二甲基硅氧烷计,固体饮料按冲调倍数增加用量);其他(发酵工艺用)最大使用量 0.2g/kg。

2. 聚氧丙烯甘油醚

聚氧丙烯甘油醚,又称甘油聚醚,别名 GP 型消泡剂。

(1) 分类代码　CNS 03.005。

(2) 理化性质　无色或黄色非挥发性油状液体,溶于苯及其他芳烃溶剂,亦溶于乙醚、乙醇、丙酮、四氯化碳等溶剂,难溶于水,热稳定性好。

(3) 毒性

小鼠口服 LD_{50} 大于 10g/kg(体重);

蓄积毒性　K 值大于 5.3;

致突变试验　Ames 试验、小鼠骨髓细胞微核试验和小鼠精子畸变试验,均无致突变作用。

(4) 应用　我国《食品添加剂使用标准》(GB 2760—2011)规定:用于发酵工艺,按生产需要。在味精生产时采用在基础料中一次加入,加入量为 0.02％～0.03％。对制糖业浓缩工序,在泵口处预先加入,加入量为 0.03％～0.05％。

3. 其他消泡剂

除上述消泡剂外,我国《食品添加剂使用标准》(GB 2760—2011)还规定了聚氧乙烯聚氧丙烯胺醚(CNS 03.004)、聚氧丙烯氧化乙烯甘油醚(CNS 03.006)、聚氧乙烯聚氧丙烯季戊四醇醚(CNS 03.003)等的使用标准,它们均可按生产需要量适用于发酵工艺。

此外,一些天然的脂肪酸(如月桂酸、油酸、棕榈酸等)和油脂也可用作消泡剂,除发挥消泡作用外,有的还具有增香的作用,且是天然的物质、无毒,可安全地添加到食品中去。

目前,复配型的消泡剂已逐渐应用到生产中去,这类产品较单一的消泡剂可具有更好的消泡能力,它们主要是由高级脂肪酸类、食品表面活性剂和天然油脂类等组成。

例如,在豆腐的生产中,加入一些复配的消泡剂能消除大豆的破碎物在各个加热工序中产生的泡沫,防止泡沫影响各生产工序的操作。如在煮豆浆的过程中,大量泡沫泛起,会造成"扑锅"外溢现象。另外,豆浆的假沸现象将引起蛋白质变性不足,导致大豆蛋白质不能适当地变性而影响产品的质量和得率,同时也会使后续点浆凝固过程中豆腐凝固困难,制得的豆腐易破碎,不能保证有一个细腻的质地、富有保水性和弹性以及良好的口味及口感。见表 10-1。

表 10-1　豆腐生产过程中常用的复合消泡剂配方

配方
(1)　四聚蓖麻油酸甘油酯(10 份)，大豆卵磷脂(5 份)；食用牛油(55 份)；磷酸钙(30 份)。混合后使用
(2)　硅酮树脂(30%)；蔗糖脂肪酸酯(4%)；甘油单脂肪酸酯(2%)。液体
(3)　硅酮树脂(10%)；蔗糖脂肪酸酯(5%)；甘油单脂肪酸酯(5%)。液体
(4)　高熔点植物油(40%)；碳酸钙(60%)。粉末

第二节　抗　结　剂

一、概述

抗结剂又称抗结块剂、流动调节剂、润滑剂或滑动剂，是用来防止颗粒或粉状食品聚集结块以保持其松散或自由流动状态的物质。

抗结剂多为微细颗粒($2\mu m \sim 9\mu m$)，表面积大($310m^2/g \sim 675m^2/g$)，比容高(密度 $80kg/m^3 \sim 465kg/m^3$)，呈微小多孔状，以利用其高度的孔隙率来吸附导致食品结块的水分或分散油脂，从而使得颗粒或粉末食品的表面保持干爽、无油腻，以使食品避免吸潮、聚集而结块。

通常使用的抗结剂必须黏附在主颗粒的全部或部分表面，由抗结剂颗粒和主基料颗粒之间存在的亲和力产生的黏附作用形成一种有序的混合物，才能影响到主基料颗粒的物性，来改善主基料的流动性和提高抗结性的目的。

抗结剂主要是用于涂覆蔗糖粉、发酵粉、葡萄糖粉、食盐、面粉及汤料，也可用于奶粉、可可粉等，使它们的结团现象减少，自由流动性增加。

二、常用抗结剂

常用的食用抗结剂有硅酸铝钙、硅酸钙、硬脂酸钙、微晶纤维素等十余种。我国《食品添加剂使用标准》(GB 2760—2011)目前批准使用的有：亚铁氰化钾、硅铝酸钠、磷酸三钙、二氧化硅、微晶纤维素、滑石粉等。

1. 亚铁氰化钾

亚铁氰化钾，又称黄血盐钾。

(1) 分类代码　CNS 02.001；INS 536。

(2) 理化性质　黄色单斜体结晶或粉末。略有咸味。加热至 70℃失去结晶水，强烈灼烧时分解而释放出氮气，并生成氰化钾和碳化铁。溶于水，不溶于乙醇、乙酸乙酯、液氮。

(3) 毒性

小鼠口服 LD_{50} 为 $1.6g/kg \sim 3.2g/kg$(体重)；

ADI 为 $0mg/kg \sim 0.25mg/kg$(体重)(以亚铁氰化钾，FAO/WHO，1994)

（4）应用

我国《食品添加剂使用标准》(GB 2760—2011)规定亚铁氰化钾在食盐及代盐制品中,添加用量为 0.01g/kg(以亚铁氰根计)。具体使用时,可配制成浓度为 2.5g/L～5.0g/L 的水溶液,再喷入 100kg 食盐中。

2. 硅铝酸钠

硅铝酸钠,又称铝硅酸钠。

（1）分类代号　CNS 02.002;INS 554。

（2）理化性质　为白色去定形细粉或粉末。无臭无味,熔点 1000℃～1100℃,相对密度为 2.6。不溶于水、乙醇或其他有机溶剂,在 80℃～100℃时部分溶于强酸或强碱溶液。用无二氧化碳的水制成浆液(20g/100mL)的 pH 为 6.5～10.5。

（3）毒理学

GRAS　FDA-21CFR 182.2727。

ADI 不作特殊规定(FAO/WHO,1994)。

（4）应用

我国《食品添加剂使用标准》(GB 2760—2011)规定:可用于植脂性粉末,最大使用量为 5.0g/kg;乳粉(包括加糖乳粉)和奶油粉及其调制产品、干酪、可可制品、蛋糕预拌粉、淀粉及淀粉类制品、食糖、餐桌甜味剂、盐及代盐制品、香辛料及粉、复合调味料、固体饮料类、酵母及酵母类制品等,按生产需要适量使用。

FAO/WHO 规定:用于可可粉、奶粉、糖粉、食盐、面粉等最高使用量为 10g/kg;用于奶油粉,最高使用量为 1g/kg。

3. 二氧化硅

二氧化硅,又称无定形二氧化硅、合成无定形硅、硅胶等。

（1）分类代号　CNS 02.004;INS 551。

（2）理化性质　为无定形物质,分胶体硅和湿法硅两种。胶体硅为白色、蓬松、易吸湿的微细粉末;湿法硅为白色、蓬松、吸湿且呈微孔泡状颗粒。不溶于水、酸和有机溶剂,溶于氢氟酸和热的浓碱液。

（3）毒性

小鼠经口 LD_{50} 为 21.5g/kg(体重);

ADI 不作特殊规定(FAO/WHO,1994)

（4）应用　可用作抗结剂。我国《食品添加剂使用标准》(GB 2760—2011)规定:二氧化硅可用于盐及代盐制品、香辛料类、固体复合调味料中最大使用量为 20g/kg;用于乳粉(包括加糖乳粉、奶油粉及其调制产品)、糖粉、奶粉、可可粉、可可脂、植脂性粉末、脱水蛋制品(蛋白粉、蛋黄粉、蛋白片)、固体饮料等,最大使用量为 15g/kg;用于粮食最大使用量为 1.2g/kg;冷冻饮品(食用冰除外)最大使用量为 0.5g/kg;其他(豆制品工艺用),复配消泡剂用,以每千克黄豆的使用量计,最大使用量为 0.025g/kg。

4. 微晶纤维素

微晶纤维素,又称结晶纤维素、纤维素胶。

（1）分类代码　CNS 02.005;INS 460。

（2）理化性质　白色细小结晶性可流动粉末,无臭无味,不溶于水、稀酸或稀碱溶液和大多数有机溶剂,可吸水胀润。

（3）毒性

小鼠经口 LD_{50} 为 21.5g/kg(体重);

ADI 不作特殊规定(FAO/WHO,1994)。

（4）应用　可作为抗结剂、乳化剂、分散剂、黏合剂。我国《食品添加剂使用标准》(GB 2760—2011)规定:可在需添加抗结剂的各类食品中按生产需要适量使用。在冰淇淋中使用,可提高整体乳化效果,防止冰渣形成,改善口感。与羧甲基纤维素合用可增加乳饮料中可可粉的悬浮性。

第三节　螯　合　剂

一、概述

螯合剂,是指能与多价金属离子结合形成可溶性络合物的物质。螯合剂在食品中主要用于消除易引起有害氧化作用的金属离子,以提高食品的质量和稳定性。

食品中游离的金属离子能与某些组分形成不溶性或有色化合物,并有分解食品组分的催化剂作用,如油脂在某些金属离子的催化作用下自动氧化生成脂质过氧化自由基。另外,金属离子的存在还能使葡萄酒产生沉淀呈浑浊现象、饮料褪色、维生素分解等而影响食品的质量。

许多天然食品本身络合多种金属离子,如叶绿素的镁,各种酶中的铜、铁、锌和镁等,肌红蛋白和血红蛋白中的铁等,在水解或降解的过程中会释放出金属离子后会发生脱色、氧化、酸败、混浊和风味改变的现象,此时若加入适当螯合剂,会稳定其中的金属离子,保证食品质量稳定。

二、常用螯合剂

食品中常用的螯合剂主要有食用酸类(草酸、柠檬酸及其钠盐、苹果酸、酒石酸及其盐等),磷酸及其钠、钾、钙盐和乙二胺四乙酸(EDTA)及其二钠盐、葡萄糖酸-δ-内酯。其中以柠檬酸及其盐的螯合能力最强,应用也较为广泛。

1. 乙二胺四乙酸二钠

乙二胺四乙酸二钠,别名 EDTA 二钠。

（1）分类代码　CNS 18.005;INS 386。

（2）理化性质　白色结晶性颗粒和粉末,无臭,无味,易溶于水,微溶于乙醇,不溶于乙醚。2%水溶液 pH 为 4.7,常温下稳定。100℃使结晶水开始挥发,120℃时失去结晶水而成为无水物,有吸湿性,熔点 240℃。

（3）毒性

GRAS　FDA-21CFR 172.135;

大鼠经口 LD_{50} 为 2g/kg(体重);

ADI 为 0mg/kg~2.5mg/kg(体重)(FAO/WHO,1994)。

进入人体后,主要与体内的钙离子络合,最后随尿液排出体外,大部分在 6h 内排出;口服,与体内重金属离子形成络合物,由粪便排出体外,无毒性,可安全用于食品。

（4）应用

可用作螯合剂、稳定剂和凝固剂、防腐剂和抗氧化剂。我国 GB 2760 规定:用于罐头和酱菜,最大使用量为 0.25g/kg。作为螯合剂与抗氧化剂,可用于灌装和瓶装清凉饮料,增进色、香、味和延长货架期,还可抑制水煮食品的水混浊度作用。在果汁加工过程中,由于果汁中含有的丰富的天然还原性的一种水溶性维生素——*L*-抗坏血酸易被氧化破坏,而其损失受铜、铁(二价及三价)离子的催化作用有很大关系。因此,在果汁生产过程中加入螯合剂 EDTA 来消除这些,有利于金属离子对 *L*-抗坏血酸作用的催化,减缓氧化作用,最大限度地保留果汁中的营养物质。

当然 EDTA 用量不能过量,若过量使用可能会使人体中的钙及其他金属物质缺乏。

2. 柠檬酸钠

柠檬酸钠,别名柠檬酸三钠。

（1）分类代码　CNS 01.303;INS 331。

（2）理化性质　白色结晶,无臭、味咸,有清凉感。易溶于水,不溶于乙醇、乙醚。水溶液的 pH 约为 8,在空气中稳定,有吸湿性和风化性。

（3）毒性

GRAS　FDA-21CFR 182.1751;

大鼠腹腔注射 LD_{50} 为 1549mg/kg(体重);

ADI 不作特殊规定。

（4）应用　我国《食品添加剂使用标准》(GB 2760—2011)规定,用于糖果、罐头,使用量按正常生产需要添加。可用作螯合剂、酸度调节剂、稳定剂。作为螯合剂用于清凉饮料可缓和酸味,改进口味,与游离的金属离子螯合,防止风味物质因氧化或催化导致的变色反应。但不宜添加过多,可能产生苦味。

3. 葡萄糖酸-δ-内酯

葡萄糖酸-δ-内酯,又称 1,5-葡萄糖酸内酯、葡萄糖酸内酯,简称 GDL。

（1）分类代码　CNS 18.007;INS 575。

（2）理化性质　白色粉末或结晶性粉末,几乎无臭,味先甜后酸。易溶于水,微溶于乙醇,几乎不溶于乙醚。在水中分解为葡萄糖酸及其 δ-内酯和 γ-内酯的平衡混合物。热稳定性低,153℃左右分解。

（3）毒性

GRAS　FDA-21CFR 184.1318;

兔静脉注射 LD_{50} 为 7.63g/kg(体重);

ADI 不作特殊规定(FAO/WHO,1994)。

（4）应用　可作为稳定剂和凝固剂、酸味剂、螯合剂。作为螯合剂使用,应用于豆腐、午餐肉、香肠、鱼糜制品、葡萄汁豆腐品,最大使用量为 3.0g/kg;用于乳制品生产时,可以用来调节 pH,防止乳石产生;用于啤酒生产,防止游离的铜离子催化多酚化合物的氧化,避免其氧化产物与酒中的蛋白质反应产生啤酒石使酒变浑浊。

第四节　酸性剂和碱性剂

一、概述

酸性剂指的是除去用作调味品的酸度调节剂以外的酸类物质；而碱性剂指的是在食品的加工过程中所添加的碱类物质，大多为一些呈碱性的盐类。酸性剂和碱性剂通常用于水解以及中和、保持脆度，提高持水性等目的。

二、常用酸碱剂

1. 盐酸

盐酸（HCl），又名氢氯酸。

（1）分类代码　CNS 01.108；INS 507。

（2）理化性质　为无色或微黄色发烟的澄明液体。有腐蚀性并有强烈刺激性气味。易溶于水、乙醇、乙醚、甘油等。商品浓盐酸含氯化氢 37％，食品级盐酸为含氯化氢 31％以上的水溶液。

（3）毒性

GRAS　FDA-21CFR 182.1057；

兔经口 LD_{50} 为 0.9g/kg（体重）；

ADI 不作特殊规定（FAO/WHO,1994）。

（4）应用　我国《食品添加剂使用标准》（GB 2760—2011）规定：可作为蛋黄酱、沙拉酱加工助剂使用，按正常生产需要添加，最终应中和（可用碳酸钠溶液）除去。盐酸可水解淀粉生产淀粉糖浆，橘子罐头可用盐酸除去囊衣和囊络等。

2. 氢氧化钠

氢氧化钠，又称苛性钠、苛性碱、烧碱。

（1）分类代码　CNS 01.201；INS 524；

（2）理化性质　为白色片状或棒状固体，易潮解，极易溶于水，溶解时放热。易从空气中吸收二氧化碳变成纯碱碳酸钠。对有机物有腐蚀作用，能使大多数金属盐形成氢氧化物或氧化物沉淀。

（3）毒性

GRAS　FDA-21CFR 171.310,FDA-21CFR 184.1763；

兔经口 LD_{50} 为 0.5g/kg（体重）；

ADI 不作特殊规定（FAO/WHO,1994）。

（4）应用　我国《食品添加剂使用标准》（GB 2760—2011）规定：氢氧化钠可作食品工业加工助剂使用，按正常生产需要量添加。可用于食品加工和处理中的中和、去皮、去毒物、去污、脱皮、脱色、脱臭、管道清洗等方面。一般中和用浓度为 0.1％～1％；果品脱皮浓度为 2％～5％；管道清洗为 2％～10％。要注意其腐蚀性强。

其他的碱性剂还有氢氧化钙、碳酸钠等。氢氧化钙在果蔬加工中可以达到保持果蔬的硬度和脆度,防止在煮制过程中变软。碳酸钠可用于发酵面团,以中和其酸性,还可用于面条以增加其弹性和延展性。

第五节 胶姆糖基础剂

一、概述

胶姆糖基础剂,是赋予胶姆糖(如泡泡糖、口香糖、非甜味的营养口嚼片等)起泡、增塑、耐咀嚼性等作用的一类食品加工助剂。

胶姆糖基础剂的基本要求就是能够延长咀嚼时间而能很少改变它的柔韧性,并不致降解成可溶性物质。

胶姆糖基础剂按来源可分为天然和合成两大类。天然的有各种树胶(如糖胶、小蜡烛树蜡、马来乳胶等);合成的有丁苯橡胶、丁基树胶等各种树胶和松香脂以及各类软化剂、填充剂、乳化剂等。

各种胶基很少单独使用,而是相互配合以取长补短,而且胶基必须为惰性不溶物,不易溶于唾液。

二、常用的胶姆糖基础剂

1. 丁苯橡胶

丁苯橡胶,即丁二烯苯乙烯橡胶,按所含丁二烯和苯乙烯比例的不同,分为 75/25 和 50/50 两种。

(1)分类代码 CNS 07.002;

(2)理化性质 不完全溶于汽油、苯、氯仿。有苯乙烯气味。极性小,黏附性差,耐磨性及耐老化性较优,耐酸碱。

(3)毒性

GRAS FDA-21CFR 172.615;

(4)应用 我国《食品添加剂使用标准》(GB 2760—2011)规定,用于胶姆糖基础剂,在胶姆糖、口香糖中使用,用量按正常生产需要添加。

2. 海藻酸铵

海藻酸铵,又称藻朊酸铵、藻酸铵。

(1)分类代号 INS 403;

(2)理化性质 白色至浅黄色纤维状或颗粒状粉末,溶于水形成黏稠状溶液。不溶于乙醇和乙醇含量高于 30% 的水溶液。不溶于氯仿、乙醚及 pH 低于 3 的溶液。

(3)毒性

ADI 不作特殊规定(FAO/WHO,2007)。

(4)应用 我国《食品添加剂使用标准》(GB 2760—2011)规定,用于胶姆糖基础剂,在胶姆糖、口香糖中使用,用量按正常生产需要添加。实际使用中,可用于糖食制品、调味品、果酱、果冻,用量约 4g/kg;用于油脂、明胶布丁、甜沙司约 5g/kg;用于其他食品约 1g/kg。

其他用作胶姆糖基础剂的加工助剂还有丁基橡胶、据醋酸乙烯酯、硬脂酸钙等。

第六节　溶　　剂

一、概述

溶剂是指能溶解其他物质的物质。也称溶媒。主要用于辅助溶解用，如用于各种非水溶性物质的萃取，如油脂、香料的萃取；也常用作非水溶性物的稀释，如油溶性色素、维生素等。

二、常用溶剂

1. 丙二醇

(1) 分类代码　CNS 18.004；INS 1520；

(2) 理化性质　为无色、清亮、透明黏稠液体，无臭，略有辛辣味和甜味，外观与甘油相似，有吸湿性。与水、醇等多数有机溶剂以任意比混合。对光、热稳定，有可燃性。可溶解于挥发性油类，但与油脂不能混合。

(3) 毒性

GRAS　FDA-21CFR 184.1666；

小鼠经口 LD_{50} 为 22mg/kg～23mg/kg(体重)；大鼠经口为 21.0mg/kg～33.5mg/kg(体重)。

(4) 应用　可用作溶剂、稳定剂和凝固剂、抗结剂、消泡剂、乳化剂、水分保持剂、增稠剂。我国《食品添加剂使用标准》(GB 2760—2011)，可用于糕点，最大使用量为 3.0g/kg；用于生湿面制品(如面条、饺子皮、馄饨皮、烧麦皮)，最大使用量为 1.5g/kg。难溶于水的防腐剂、色素和抗氧化剂等食品添加剂可先用少量丙二醇溶解，然后再添加到食品中。另外，丙二醇的水溶液不易冻结，40％的丙二醇溶液在－20℃仍不冻结，对食品有抗冻作用。

2. 其他溶剂

其他可作为溶剂来使用的加工助剂还有乙醇、丙三醇(甘油)，可用作抽提的溶剂、载色剂、香精香料溶剂等。

第七节　其他添加剂

我国"食品添加剂分类和代码"规定，列出氯化钾等产品为"其他食品添加剂"。这类物质是属于某些加工助剂或者用于辅助使用、增加效果。

1. 异构化乳糖液

异构化乳糖液，又称乳糖果、乳酮糖、乳士糖、半乳糖基果糖苷。

(1) 分类代码　CNS 00.003；

(2) 理化性质　为淡黄色透明液体，有甜味，甜度为蔗糖的 60％～70％，黏度在 25℃时大于 0.3Pa·s,与麦芽糖和 70％蔗糖溶液相似,储存或加热后色泽加深。

（3）毒性

急性毒性试验 大鼠按 1 日 20mL/kg(体重)剂量灌胃 2 次,总剂量 47.2g/kg(体重),一周后状况良好,无死亡;小鼠按 1 日 0.6mL/25g(体重)剂量灌胃 3 次,总剂量 84.96mg/kg(体重),一周后状况良好,无死亡。

致突变试验 Ames 试验、骨髓微核试验及小鼠睾丸染色体畸变试验,均无致突变性。

（4）应用 此品可作为双歧杆菌的增殖因子,我国《食品添加剂使用标准》(GB 2760—2011)规定,以异构化乳糖干物质计,用于乳粉(包括加糖乳粉)和奶油粉及其调制产品、婴幼儿配方食品中,最大使用量为 1.5g/kg;在饼干中,为 2.0g/kg;在饮料类(除包装饮用水外),为 1.5g/kg(固体饮料按冲调倍数增加使用量)。

2. 固化单宁

（1）分类代码 CNS 00.006;INS 181;

（2）理化性质 主要成分为水不溶性单宁,即采用固定化技术将天然单宁结合在水不溶性载体上所制成的高效蛋白吸附剂。不溶于水、酒精,对蛋白质、金属离子有极强的亲和力。

（3）毒性

ADI 不作特殊规定(FAO/WHO,1994);

（4）应用 可作为澄清剂、螯合剂。我国《食品添加剂使用标准》(GB 2760—2011)规定,可按正常生产需要量适用于低度白酒和果酒。

此外,其他添加剂还有氯化钾、高锰酸钾、咖啡因、棒粘土、酪蛋白钙肽、月桂酸、二氧化碳等。

【复习思考题】

1. 什么是消泡剂? 简述其原理和分类、应用。

2. 什么是抗结剂? 简述其特点。

3. 简述螯合剂、酸碱剂、溶剂、胶姆糖基础剂以及其他添加剂的性能和在食品中的应用。

第十一章　食品添加剂实验

第一节　食品添加剂实验的性质、作用和要求

　　人类一切重大科技成果,几乎都是建立在实验的基础上的,都是人类运用先进的科学实验方法和实验手段获得的。实践告诉我们,通过实验发现和发展理论,又通过实验检验和评价理论。因此,学好实验是学好理论的重要教学环节。

　　食品添加剂实验是以介绍实验原理、实验方法、实验手段及实验操作技能为其主要内容。本课程的教学目的是为了适应 21 世纪高等院校对本、专科生人才的素质、知识能力的要求以及我国经济、科技发展和学生个性发展的需要,使学生获得有关实验化学基础理论、基本知识和基本操作技能。其主要任务是开拓学生智能,培养学生严肃、严密、严格的科学态度和良好的实验素养,提高学生的动手能力和独立工作能力,并为有关的后续课程和将来从事的专业工作奠定坚实的基础。实验化学的作用不仅是验证学生所学的化学理论知识,更重要的是通过本门课程的教学活动,训练学生进行科学实验的方法和技能,使学生逐步学会对实验现象进行观察、分析、联想思维和归纳总结,培养学生独立工作和分析、解决问题的能力。食品添加剂实验内容涉及面较广,有不少内容直接与食品生产实践相联系,通过教学使学生懂得生产来自实验,实验指导生产,没有实验就没有生产。通过本门实验课程的教学,使学生加深对食品添加剂基础理论知识的学习和理解。掌握实验的原理、方法手段及操作技能的有关知识,以指导正确地使用保鲜剂、防腐剂等食品添加剂。通过实验教学,使学生养成严格、认真和实事求是的科学态度,具有一定的实验操作能力和处理实验数据、实验结果及书写实验报告的能力、并具有把这种技能运用到本学科本专业后续课程的学习及科研活功中去的能力;具有把实验化学与其他课程进行交融、渗透与联系的能力,能够举一反三、触类旁通,以及有一定的收集、整理、分析、综合信息和研究问题的能力。

　　实验中有综合实验及自行设计实验,使实验赋予启发性和思考性,有助于培养学生独立工作能力和科学思维方法;通过本门实验课程的教学,了解食品添加剂在整个食品工业界的应用及发展,正确地指导食品添加剂在食品工业中应用的各项研究,并时刻关注这方面的进展,以便在一定程度,从高水平去观察各种自然现象和实验现象;更深入地学习了解本学科本专业的前沿,提出更深层次的研究课题;了解食品科学与其他学科(尤其是生物科学、环境科学、农业科学、林业科学、水产科学、医药科学等)间的相互交融、渗透与联系,以促使学生具备一定的专业素质,以便利用这些知识和严密、严格、严谨的科学态度,去解决和研究本学科、本专业以及与其他学科间交叉渗透所产生的各种问题,才能肩负起振兴我国食品工业,建设有中国特色社会主义的重任,成为高质量、高水平的面向 21 世纪的人才。为了完成好上述任务,提出以下要求。

　　(1) 做好预习工作。预习为做好实验奠定必要的基础,所以,学生在实验之前,一定要在听课和复习的基础上,认真阅读有关教材,明确本实验的目的、原理、操作的主要步骤及注意事项,做到心中有数。

（2）遵守纪律，不迟到、不早退。

（3）在实验过程中应手脑并用。在进行每一步操作时，都要积极思考这一步操作的目的和作用，可能出现什么现象等；实验时听从教师的指导，严格按操作规程正确操作，并认真细心观察，积极思考，理论联系实际，不能只是"照方配药"。

（4）必须备有实验记录本，随时把必要的实验原始数据和现象清楚正确地记录在专用的记录本上。要实事求是，合条理，要有严谨的科学态度。严禁在小片纸上记录。实验记录上的每一个数据，都是测量结果，所以重复观测时即使数据完全相同，也应记录下来。进行文字记录时须准确、清楚明白。

（5）对实验所得结果和数据，按实际情况及时进行整理、计算和分析，绝对不允许私自拼凑数据。重视总结实验的经验教训，认真写好实验报告。按时交给指导老师批改。

注：实验中所列仪器为该方法所需用的特殊仪器，一般实验室仪器不再列入。所采用的名词及单位制均应符合国家规定的标准及法定计量单位。

第二节　实验室注意事项

（1）遵守实验室各项制度。不在实验室大声喧哗，保持室内安静。

（2）实验前，先清点所用仪器，如发现破损，立即向指导教师声明补领。如在实验过程中损坏仪器，应及时报告，并填写仪器破损报告单，经指导教师签字后交给实验工作人员处理。

（3）爱护仪器，注意桌面和仪器的整洁；严格地遵守操作程序及注意事项，以免损坏仪器、浪费试剂，使实验失败，预防发生意外事故。对公用和个人的仪器，从摆放到使用都要求规范化；公用仪器和试剂瓶等用毕立即放回原处，不得随意乱拿乱放。试剂瓶中试剂不足时，应报告指导教师，及时补充。

（4）实验时要注意火柴梗、用后的试纸等和废物一起投入废物篓内，严禁投放在水槽中，以免堵塞水槽及下水道。

（5）实验中严格遵守水、电、煤气、易燃、易爆以及有毒药品等的安全规则。使用乙醚、苯、二氯甲烷等有毒或易燃的有机溶剂时要远离火源和热源，用过的试剂倒入回收瓶中，不要倒入水槽中。注意节约水、电和试剂。

（6）实验完毕，及时洗涤、清理仪器，实验桌面；值日生负责做好整个实验室的清洁工作，切断、关闭电源、水和气路，并关好门窗等。实验室一切物品不得带离实验室。

第三节　实 验 内 容

实验一　没食子酸正丙酯（PG）在油脂中的抗氧化作用

1. 实验目的

通过添加抗氧化剂和未添加抗氧化剂的油脂过氧化值的比较，掌握抗氧化剂及其增效剂在防止油脂氧化过程中的作用。

2. 实验材料和试剂

① 猪油；

② 冰醋酸—氯仿混合液（3∶2），0.01mol/L NaS_2O_3 标准溶液，1%淀粉指示剂，碘化钾饱和溶液，没食子酸正丙酯（PG），柠檬酸。

3. 实验步骤

（1）油样的制备

将猪油做三个平行试验，每例试验的油样为 20.0g。第一例油样不加任何添加剂，作对照用；第二例油样添加 0.01% 的 PG；第三例油样添加 0.01 的没食子酸正丙酯和 0.005 的柠檬酸。将油样摇匀（可温热）后，各称取 2g 的油样测定其过氧化值，剩余样品同时放入（63±1）℃烘箱中，每天取样一次，每次称取 3 个油样各 2g 测定过氧化值，比较结果。

（2）过氧化值的测定

称取油样 2.0g 置于干燥的碘量瓶中，加入冰醋酸—氯仿混合液 30mL，碘化钾饱和液 1mL，摇匀。1min 后，加蒸馏水 50mL，淀粉指示剂 1mL 用 0.01mol/L 硫代硫酸钠标准溶液滴定至蓝色消失。在同样条件下做一空白试验。

$$过氧化值（\%）=\frac{(V_1-V_2)\times c\times 0.1296}{m}\times 100\%$$

式中　　V_1——样品滴定时消耗硫代硫酸钠标准溶液的毫升数；

　　　　V_2——空白滴定时消耗硫代硫酸钠标准溶液的毫升数；

　　　　c——硫代硫酸钠标准溶液的浓度；

　　　　m——油样的质量；

　　0.1296——1mol/LNaS_2O_3 1mL 相当于碘的质量，g。

4. 思考题

（1）本实验原理是什么？

（2）请列举几种防止含油脂食品发生氧化的方法。

（3）如果单独使用抗氧化剂增效剂如柠檬酸钠、是否对油脂也可取得抗氧化效果？

实验二　几种甜味剂的性能比较

1. 实验目的

（1）了解并比较几种甜味剂的性能。

（2）了解食盐对几种甜味剂甜度的影响。

2. 实验仪器

150mL 烧杯 5 只，塑料勺 5 个，100mL 量筒 1 只。

3. 实验原料

蔗糖、环己基氨基磺酸钠、甜菊糖、糖精、食盐（食用）。

4. 实验步骤

（1）在台式天平上称取 2g 蔗糖于烧杯中，量取 100mL 水倒入，用勺搅拌至溶解；

（2）同上法称取 0.2g 环己基氨基磺酸钠于烧杯中,量取 100mL 水溶解;

（3）同上法称取 0.2g 甜菊糖于烧杯中,量取 10mL 水溶解;

（4）同上法称取 0.2g 糖精于烧杯中,量取 10mL 水溶解;

（5）比较（1）、（2）、（3）、（4）项中的甜度;

（6）取（1）中 50mL 加 0.5g 食盐,再比较（1）和（6）项中的甜度。

5．思考题

（1）比较常用合成、天然甜味剂的性状、甜味有何异同点。

（2）食盐对甜度有什么影响？甜度的影响因素有哪些？

实验三　几种酸味剂的性能比较

1．实验目的

了解并比较几种酸味剂的性能。

2．实验仪器

150mL 烧杯 3 只。塑料勺 3 个,100mL 量筒 1 只,1mL 吸管 2 根。

3．实验原料

柠檬酸（食用）、乳酸（食用）、醋酸（食用）。

4．实验步骤

（1）在台式天平上称取 0.1g 柠檬酸于烧杯中,量取 100mL 水倒入,用勺搅拌至溶解;

（2）用吸量管吸取乳酸 0.1mL,于烧杯中,量取 100mL 水倒入,用勺搅拌混匀;

（3）用吸量管吸取醋酸 0.1mL 于烧杯中,量取 100mL 水倒入,用勺搅拌混匀;

（4）比较（1）、（2）、（3）项中的酸味。

5．思考题

（1）影响酸味剂风味的因素是什么？

（2）举例说明酸味剂的性状、作用。

实验四　即食软包装风味菜丝的制作

1．实验目的

了解食品呈味剂:咸味剂、甜味剂、辣味剂、鲜味剂等。

2．实验仪器

不锈钢锅、切片机、拌料桶、真空封口机、杀菌锅、离心机、烧杯 2 只、量筒 1 只、聚酯/聚丙烯复合蒸煮袋。

3．实验原料

蒜薹、莴笋;食用醋、八角、丁香、老姜、桂皮、白胡椒、小茴香等香料;食盐、白砂糖、味精、花生油、小磨香油、辣椒粉、蒜粉、辣椒油、柠檬酸、氯化钙、山梨酸钾;乳酸乙酯、乙酸乙酯、乙酸异成酯（食品级）、脱氢醋酸钠。

4. 实验配方(%)[自选方案(1)或(2)]

(1) 菜丝 50g、食盐 1.0g、白砂糖 0.8g、熟花生油 2.5g、味精 0.1g、小磨香油 2g、山梨酸钾 0.1g、辣椒油 2g。

(2) 菜丝 75g、香料水 2g、八角 20g、老姜 40g、丁香 8g、桂皮 8g、白胡椒 5g、小茴香 10g，加水总体积为 10L、食盐 2g、白砂糖 20g、食用醋 1g、乳酸乙酯 0.02g、乙酸乙酯 0.02g、乙酸异戊酯 0.01g。

5. 实验工艺流程

原料预处理：盐制→切丝→脱盐→脱水→调味→装袋→封口→杀菌→成品。

6. 实验步骤

(1) 原料预处理

选择新鲜幼嫩的莴笋和蒜薹，莴笋去皮去筋，蒜薹去薹苞。用含 50mg/L 有效氯的漂白粉精洗后，采用 10% 食盐水(含 0.2%～0.5% 明矾)腌制(从第 2 天起每天递增 2% 至食盐浓度为 16% 为止)。莴笋腌制 4d，蒜薹腌制 5d。

(2) 切丝、脱盐、脱水

将莴笋切成粗 3mm～5mm，长 5cm 的丝，蒜薹切成 5cm 长段。用流动水反复冲洗 12h，在 120r/min 离心机里离心 2min，以脱去蔬菜表面的明水。

(3) 配制调味液、装袋、封口、杀菌

配制香料水：八角 20g、老姜 40g、丁香 8g、桂皮 8g、白胡椒 5g、小茴香 10g，将以上香料粉碎，用白布包好，用 10kg 沸水熬制 1h(熬制过程中挥发损失的水应补足使总体积为 10kg)，再加入 0.02% 乳酸乙酯、0.02% 乙酸乙酯、0.01% 乙酸异戊酯，即得香料水。

将香料水、砂糖、食用醋、冰醋酸、食盐按配方要求配制成调味液，拌菜丝用聚酯或聚丙烯复合袋包装置于沸水中杀菌 10min 即可。

7. 思考题

举例说明咸味剂、甜味剂、辣味剂、鲜味剂的性能、应用。

实验五　色素的调色应用

1. 实验目的

掌握颜色调色原理，并进一步了解食用色素的性质与应用时的注意事项。

2. 实验器材

紫外—可见分光光度计、烧杯、天平等。

3. 实验材料

食用胭脂红(或诱惑红)、柠檬黄(或日落黄)、亮蓝(或靛蓝)、葡萄皮色素、姜黄、栀子蓝、蒸馏水。

4. 实验步骤

(1) 理论橙色的调色

① 配制 0.1% 胭脂红水溶液和 0.5% 的柠檬黄水溶液，按红∶黄＝1∶2(体积比)的比例将两种溶液混合，观察调配后溶液的色泽，并分别测定三种溶液的 λ_{max}(可见光最大吸收波

长)。可改变胭脂红和柠檬黄溶液的调配比例,观察调配后溶液的色泽变化。

② 配制适当浓度($E_{\lambda_{max}}^{1cm}=0.5\sim0.6$)的葡萄皮色素和姜黄色素水溶液,按红:黄=1:2(体积比)的比例将两种溶液混合,观察调配后溶液的色泽,并分别测定三种溶液的葡萄皮色素和姜黄色素溶液的调配比例,观察调配后溶液的色泽变化。

(2) 理论紫色的调色

① 配制0.1%烟脂红水溶液和0.1%的亮蓝水溶液,按红:蓝=2:1(体积比)的比例将两种溶液混合,观察调配后溶液的色泽,并分别测定三种溶液的λ_{max}。改变胭脂红和亮蓝溶液的调配比例、观察调配后溶液的色泽变化。

② 配制适当浓度($E_{\lambda_{max}}^{1cm}=0.5\sim0.6$)葡萄皮色素和栀子蓝色素水溶液,按红:蓝=2:1(体积比)的比例将两种溶液混合。观察调配后溶液的色泽,并分别测定三种溶液的λ_{max}。改变葡萄皮色素和栀子蓝色素溶液的调配比例,观察调配后溶液的色泽变化。

(3) 理论绿色的调色

① 配制0.5%柠檬黄水溶液和0.1%的亮蓝水溶液,按黄:蓝=1:1(体积比)的比例将两种溶液混合。观察调配后溶液的色泽,并分别测定三种溶液的λ_{max}。改变柠檬黄和亮蓝溶液的调配比例,观察调配后溶液的色泽变化。

② 配制适当浓度($E_{\lambda_{max}}^{1cm}=0.5\sim0.6$)的姜黄色素和栀子蓝色素水溶液,按红:蓝=1:1(体积比)的比例将两种溶液混合,观察调配后溶液的色泽,并分别测定三种溶液的λ_{max}。改变姜黄色素都栀子蓝色素溶液的调配比例,观察调配后溶液的色泽变化。

(4) 理论咖啡色的调色

① 用0.1%胭脂红水溶液、0.5%柠檬黄水溶液和0.1%的亮蓝水溶液,按红:黄:蓝=1:2:2(体积比)的比例将三种溶液混合。观察调配后溶液的色泽,并测定配制溶液的λ_{max}。改变葡萄皮色素、姜黄色素和栀子蓝色素溶液的调配比例,观察调配后溶液的色泽变化。

② 配制适当浓度($E_{\lambda_{max}}^{1cm}=0.5\sim0.6$)的葡萄皮色素、姜黄色素和栀子蓝色素水溶液,按红:黄:蓝=1:2:2(体积比)的比例将三种溶液混合,观察调配后溶液的色泽,并测定配制溶液λ_{max}。改变葡萄皮色素、姜黄色素和栀子蓝色素溶液的调配比例,观察调配后溶液的色泽变化。

5. 结果分析

将上述实验观察和测定的结果和数据填入表11-1中,并对实验结果进行分析。

表 11-1　调色实验结果

色泽	合成色素调色			色泽	天然色素调节		
	胭脂红	柠檬黄	亮蓝		葡萄皮色素	姜黄	栀子蓝
	λ_{max} = nm	λ_{max} = nm	λ_{max} = nm		λ_{max} = nm	λ_{max} = nm	λ_{max} = nm
理论紫色	λ_{max}: nm			理论紫色	λ_{max}: nm		
	实际色调:				实际色调:		
理论橙色	λ_{max}: nm			理论橙色	λ_{max}: nm		
	实际色调:				实际色调:		

色泽	合成色素调色			色泽	天然色素调节		
	胭脂红	柠檬黄	亮蓝		葡萄皮色素	姜黄	栀子蓝
	λ_{max} = nm	λ_{max} = nm	λ_{max} = nm		λ_{max} = nm	λ_{max} = nm	λ_{max} = nm
理论绿色	λ_{max} : nm			理论绿色	λ_{max} : nm		
	实际色调:				实际色调:		
理论咖啡色	λ_{max} : nm			理论咖啡色	λ_{max} : nm		
	λ_{max} : nm				λ_{max} : nm		
	实际色调:				实际色调:		

6. 思考题

颜色调色原理是什么？

实验六 食用色素的稳定性

1. 实验目的

通过实验增强使用色素氧化还原、光、热等稳定性的感性认识。

2. 实验器材

紫外—可见分光光度计、自动色差计、紫外灯、比色管、烧杯、天平等。

3. 实验原料

(1) 色素溶液 胭脂红、苋菜红、柠檬黄、日落黄、亮蓝、靛蓝、葡萄皮色素、姜黄、栀子蓝、焦糖色等色素的蒸馏水溶液，$E^{1cm}_{\lambda_{max}}$ 在 0.5 左右。

(2) 试剂 1% 高锰酸钾溶液，1% 抗坏血酸溶液，1% 三氯化铁溶液，1% 硫酸铜溶液，1% 硫酸锡溶液。

4. 实验步骤

(1) 光稳定性

取上述色素溶液 10mL 分别加入两支比色管，一支存放于暗处，作为对比样，另一支排列于开着的紫外灯之前照射 2h～4h。然后用肉眼观察两种样品的色调差别，同时用色差计测定其 Hunter 表色系统值，用分光光度计测定 λ_{max} 和 $E_{\lambda_{max}}$。

(2) 热稳定性

取上述色素溶液 10mL 分别加入两支比色管，一支存放于室温暗处作为对比样，另一支于 95℃ 水浴加热 0.5h～1h。然后用肉眼观察两种样品的色调差别，同时用色差计测定其 Hunter 表色系统值，用分光光度计测定 λ_{max} 和 $E_{\lambda_{max}}$。

(3) 氧化还原稳定性

取上述色素溶液 10mL 分别加入三支比色管，一支存放于室温暗处作为对比样，另二支分别滴入数滴高锰酸钾溶液和抗坏血酸溶液，振荡均匀，静置 10min～30min。然后用肉眼观察两种样品的色调差别，同时用分光光度计测定 λ_{max} 和 $E_{\lambda_{max}}$。

（4）金属离子稳定性

取上述色素溶液 10mL 分别加入四支比色管，一支存放于室温暗处作为对比样，另三支分别滴入数滴氯化铁、硫酸铜、硫酸锡溶液，振荡均匀，静置 10min～30min。然后用肉眼观察两种样品的色调差别，同时用分光光度计测定 λ_{max} 和 $E_{\lambda_{max}}$。

5. 结构分析

将上述实验观察和测定结果数据分别填入表 11-2、表 11-3、表 11-4、表 11-5，并对实验结果进行分析。

表 11-2　色素的抗光稳定性

测定指标	色素									
	胭脂红	苋菜红	柠檬黄	日落黄	亮蓝	靛蓝	葡萄皮色素	姜黄	栀子蓝	焦糖色
对比样色调										
对比样 λ_{max}/nm										
对比样 $E_{\lambda_{max}}$										
试样色调										
试样 λ_{max}/nm										
试样 $E_{\lambda_{max}}$										
试样 Hunter 值										
（亮度）										
（红绿偏差）										
（蓝黄偏差）										

表 11-3　色素的耐热稳定性

测定指标	色素									
	胭脂红	苋菜红	柠檬黄	日落黄	亮蓝	靛蓝	葡萄皮色素	姜黄	栀子蓝	焦糖色
对比样色调										
对比样 λ_{max}/nm										
对比样 $E_{\lambda_{max}}$										
试样色调										
试样 λ_{max}/nm										
试样 $E_{\lambda_{max}}$										
试样 Hunter 值										
（亮度）										
（红绿偏差）										
（蓝黄偏差）										

表 11-4 色素的抗氧化还原稳定性

测定指标	色素									
	胭脂红	苋菜红	柠檬黄	日落黄	亮蓝	靛蓝	葡萄皮色素	姜黄	栀子蓝	焦糖色
对比样色调										
对比样 λ_{max}/nm										
对比样 $E_{\lambda_{max}}$										
氧化试样色调										
氧化试样 λ_{max}/nm										
氧化试样 $E_{\lambda_{max}}$										
还原试样色调										
还原试样 λ_{max}/nm										
还原试样 $E_{\lambda_{max}}$										

表 11-5 色素的抗金属离子稳定性

测定指标	色素									
	胭脂红	苋菜红	柠檬黄	日落黄	亮蓝	靛蓝	葡萄皮色素	姜黄	栀子蓝	焦糖色
对比样色调										
对比样 λ_{max}/nm										
对比样 $E_{\lambda_{max}}$										
Fe^{3+} 试样色调										
Fe^{3+} 试样 λ_{max}/nm										
Fe^{3+} 试样 $E_{\lambda_{max}}$										
Cu^{2+} 试样色调										
Cu^{2+} 试样 λ_{max}/nm										
Cu^{2+} 试样 $E_{\lambda_{max}}$										
Sn^{2+} 试样色调										
Sn^{2+} 试样 λ_{max}/nm										
Sn^{2+} 试样 $E_{\lambda_{max}}$										

6. 思考题

氧化还原、光、热对食用色素稳定性的影响如何？

实验七 食品调香、调味实验

1. 实验目的

通过几种果香型、花香型等食用香精的食品加香、调香实验,了解常见食用香精、香料的基本组成、香韵的描述方法,初步掌握加香方法,并通过味的调配初步掌握几种常见呈味剂的协同效应。

2．实验材料、试剂

果香型、花香型香精各 3～5 种,香辛料,国药各 3 种,天然果汁 2～3 种,酸味剂、甜味剂各 3 种,核苷酸,味精,精盐,奎宁,乌梅汁(均为食品级)。

3．实验仪器

分析天平,恒温水浴锅。

4．实验步骤

(1)记忆数种香料、香精、国药、并写出香型、香韵。

(2)在未标名称的 1#～5# 香精样品中、进行观察、嗅辨后,写出香精名称和香型。

(3)模拟天然果汁饮料的调香、加香实验、试配制橙汁或柠檬汁饮料,记录用量和呈香效果。

(4)辨别三种酸味剂和三种甜味剂的不同味质感并初步试验它们的阈值。

(5)对比现象和变味现象实验　已有砂糖、精盐、奎宁、酸味剂等呈味剂,请设计实验过程和呈味剂用量,进行呈味的对比现象和变味现象实验,并说明第一味对第二味的加强或减弱的影响,先尝味对后味味质感的影响,进行列表比较说明。

(6)相乘效应实验　已有精盐、味精、核苷酸,请设计实验过程和用量,并进行实验与品尝,说明相乘效应的结果,列表比较说明。

(7)相抵效应实验　已有精盐、醋酸、糖、奎宁、味精等呈味剂,没计并实验相抵效应,列表说明。

(8)味质感比较　相同浓度的柠檬酸和乳酸溶液的味质感与酸味强度的比较。

(9)自制饮料的调味(如乌梅汁饮料)　取 60mL 乌梅汁,用砂糖、精盐进行调味设计,比较加呈味剂前后的酸涩味变化情况,并说明其原因。

5．思考题

(1)请从日常生活中举一例说明各种味觉的相互作用。

(2)现有一份刚炒好的青菜,经品尝太咸,难以入口,请你根据调味协同效应原理加以调剂,令其可口。

实验八　肉桂油提取及肉桂油衍生物的制备

1．实验目的

了解用水蒸气蒸馏法从肉挂皮中提取肉桂油,并制备其衍生物——肉桂缩氨基脲,以鉴定肉桂油中的主要成分肉桂醛。

2．实验材料、试剂

肉桂皮、乙醚、无水硫酸钠、盐酸氨基脲、无水乙酸钠、95％乙醇。

3．实验仪器

水蒸气发生管。

4．实验步骤

(1)肉桂油提取

在 250mL 的二颈(或三颈)烧瓶上分别接上水蒸气导入管(其另一端接水蒸气发生器)和蒸馏装置,成为一套水蒸气蒸馏装置。

置 10g 磨碎的肉桂树皮于二颈烧瓶中,加入 60mL 热水。加热水蒸气发生器,使蒸汽平稳地输入烧瓶中,注意管道的堵塞和蒸气进入的量,收集白色乳液至馏出液澄清为止,大约收集 40mL 馏出液。

将馏出液转移至分液漏斗中,用 10mL 乙醚萃取 2 次,弃去下层水相,有机相用少量无水 Na_2SO_4 干燥,将溶液滤出,在 60℃ 热水浴蒸馏回收大部分溶剂至蒸不出为止。将精油的乙醚溶液转移至事先称重的试管中,将试管放于水浴中小心加热浓缩至无溶剂为止,揩干试管外壁,称重,计算提取得率。

(2) 衍生物制备

在 2mL 水中,溶入 0.2g 盐酸氨基脲和 0.3g 无水乙酸钠,后者充当缓冲剂,加入 3mL 95%乙醇,将上述溶液加至肉桂油中,在沸水浴中加热 5min,不断搅拌,防止溶液喷出。冷却,结晶,抽滤得肉桂醛缩氨基脲晶体。用 95%乙醇重结晶,烘干称重,测熔点。

5. 思考题

适合采用水蒸气蒸馏进行分离的有机物要求具备什么条件?

实验九　几种乳化剂的性能比较

1. 实验目的

了解并比较几种乳化剂的性能。

2. 实验仪器

150mL 烧杯 4 只、塑料勺 2 只,100mL 量筒 1 只,5mL 吸管 1 只,电炉。

3. 实验试剂

甲甘酯(食用)、大豆磷脂(食用)、植物油。

4. 实验步骤

(1) 用量筒量取 100mL 水于两个烧杯中,分别加入甲甘酯(食用)、大豆磷脂(食用)各 0.2g,用玻璃棒搅拌至溶解。

(2) 用量筒量取 100mL 植物油于两个烧杯中,分别加入甲甘酯(食用)、大豆磷脂(食用)各 0.2g,用玻璃棒搅拌至溶解。

(3) 用吸管分别吸取 3mL 水于装有植物油的两烧杯中,观察,再搅拌均匀。

5. 思考题

比较各种乳化剂的性状、性能。

实验十　乳化剂在乳饮料中的乳化稳定作用

1. 实验目的

通过应用实验,了解乳化剂的乳化作用性能。

2. 实验器材

小型均质机、压盖机、常压水浴杀菌器、冰箱、电炉、不锈钢锅、温度计等。

3. 实验原材料

鲜牛乳、单硬脂酸甘油酯、磷脂、四旋盖玻璃瓶(300mL)。

4. 实验步骤

(1) 混合

将 2L 鲜牛乳用水浴加热至 60℃~70℃,平分成两份;事先称好 4g 单硬脂酸甘油酯、10g 磷脂,单硬脂酸甘油酯用少量热水(或热牛乳)振荡分散,添加到一份热牛乳中,磷脂则直接添加到另一份鲜牛奶中,搅拌均匀。

(2) 均质

分别将二份鲜牛奶于 5MPa 压力下均质,均质前保持鲜牛乳温度为 60℃左右。

(3) 杀菌、冷印

将均质后的两种鲜牛奶分别用四旋玻璃瓶装瓶,扣盖后于水浴锅中加热至中心温度高于 80℃,然后拧紧盖子,继续杀菌 15min~25min。然后先于 55℃水浴中冷却 10min,再于冷水浴中冷却至 38℃以下。

(4) 空白样的制备

参照(1)~(3)步制作空白样,只是鲜牛奶中不添加乳化剂。

(5) 贮藏

将所有消毒牛乳样品于 4℃~10℃中冷藏,5d 观察一次(主要观察乳液面是否出现脂肪层或乳晕),20d 后对各种样品进行品尝,注意口感和风味的区别。

5. 结果分析

将实验结果填于表 11-6 中。

表 11-6　乳化剂对牛乳饮料稳定效果

观察的感官指标	样品		
	空白样	单硬脂酸甘油酯样	磷酯样
出现脂肪层的天数			
口感(细腻感)			
风味			

6. 思考题

举例说明乳化剂在乳饮料中的乳化稳定作用。

实验十一　几种增稠剂的性能比较

1. 实验目的

了解并比较几种增稠剂的性能。

2. 实验仪器

150mL 烧杯 5 只、塑料勺 5 只、10mL 量筒 1 只。

3. 实验原料

琼脂(食用)、明胶(食用)、海藻酸钠(食用)、CMC(食用)卡拉胶、黄原胶、果胶。

4. 实验步骤

(1) 在台式天平上称取琼脂 0.5g 于烧杯中,量入 100mL 纯净水,0.5h 后观察现象;并于水浴中加热 0.5h,继续观察现象;

(2) 在台式天平上称取 2g 明胶于烧杯中,加 20mL 纯净水,0.5h 后观察现象,并于水浴中加热 0.5h,继续观察现象;

(3) 在台式天平上称取 1g 海藻酸钠于烧杯中加 50mL 纯净水,0.5h 后观察现象。加 10mL10％的柠檬酸,继续观察现象;并于水浴中加热 0.5h,继续观察现象;

(4) 在台式天平上称取 CMC 1g 于烧杯中。加 50mL 冷纯净水,5min 后观察现象,加 10mL。10％柠檬酸,继续观察现象;并于水浴中加热 0.5h,继续观察现象;

(5) 在台式天平上称取 0.2g 卡拉胶于烧杯中,加 20mL 纯净水.0.5h 后观察现象、并于水浴中加热 0.5h,继续观察现象;

(6) 在台式天平上称取 0.2g 黄原胶于烧杯中,加 20mL 纯净水,0.5h 后观察现象,并于水浴中加热 0.5h,继续观察现象;

(7) 比较(1)、(2)、(3)、(4)、(5)、(6)口感。冻结现象。

5. 思考题

比较各种增稠剂的性状、性能。

实验十二　果胶凝胶度(加糖率)的测定

1. 实验目的

了解 SAG 法测定果胶凝胶度的方法。对果胶品质有感性的认识,在果冻生产中有助于生产管理。

2. 实验材料与试剂

低酯果胶、砂糖、柠檬酸溶液(50％)。

3. 实验仪器

(1) 果冻强度测定仪(图 11-1)。

(2) 试验用玻璃杯:Hazel-AtlesNo.85 平底无脚玻璃杯或塑料杯,其玻璃或塑料是经过磨制加工的,内高精确至 7.94cm,用铁皮边框加高 2cm。

(3) 测微螺杆:每 2.5cm 有 32 个螺纹,因此每旋转一圈即移动过杆 0.0792cm,或胶冻原先高度的 1％(相当于 1％凹陷)。

(4) 胶带:采用透明胶带或绝缘胶带均可,用来固定玻璃杯和铁皮间加高部位。

(5) 秒表。

4. 实验步骤

(1) 胶冻的制备

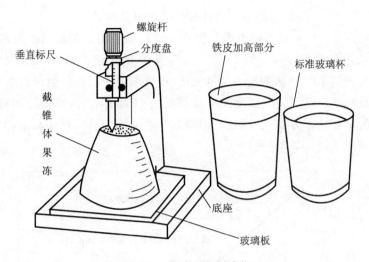

图 11-1　果冻强度测试仪

准确称取 4.33g 果胶(按凝胶度 150 计),用少量无水乙醇湿润,另称取 646g 蔗糖,取其中 20g 左右置于湿润的果胶中,充分搅拌均匀,再加少量蒸馏水调成糊状。另用一搪瓷锅,加入 250mL 蒸馏水煮沸,将果胶糊状物慢慢倒入锅中边加边搅拌,直至加完。再用 160mL 蒸馏水分次洗烧杯,洗液全部并入锅内(蒸馏水总量为 410mL),搅拌均匀,再将剩余蔗糖边加边搅拌,继续煮沸蒸发至胶冻净重为 1015g。如果净重不足可加入稍过量的蒸馏水煮沸,至所需质量,但整个加热时间不应超过 5min~8min。撇去泡沫或浮渣,将锅倾斜待内温达 95℃时,立即将胶冻迅速倒入三只预先加有 3.5mL 50%柠檬酸溶液的标准玻璃杯中(注意控制 pH 小于 3,这样才能得到可靠的结果)。此时应边倒边搅拌,使酸溶液迅速与凝胶混匀,倒至接近加高的部位。放置 15min 后盖上玻璃皿。在室温下放置 20h~24h。

(2) 测定方法

在未测定前,把标准棒(6.35cm)直立在玻璃板上,使其正对测微螺杆下方,旋转测微螺杆,使其向下恰好接触标准棒,此时读数准确为 20.0(如读数不符,可松开垂直标尺和游尺的固定螺丝,上下移动调节至标准,然后拧紧固定螺丝)。

测定时将玻璃杯上的胶带撕去,用马口铁皮或薄刀片削去上面高出边缘部分的胶冻,使成平滑的切面,然后将标准杯稍微倾斜,用薄金属片制成的小刀插入胶冻与杯壁间,沿壁缓缓旋转使两者分离。小心地将胶冻倾覆在玻璃板上,同时按揿秒表,把放置截锥体胶冻的玻璃板平放在仪器底板上,使截锥体胶冻中心对准测微螺杆顶尖,仔细调节测微螺杆,使顶尖恰好与截锥体胶冻表面接触,间隔准确 2min 时记下测微螺杆标尺下降的刻度值,此值即为胶冻的凹陷百分数(标准杯深度为 7.94cm)。测微螺杆每 2.5cm 有 32 个螺纹,因此每转一圈即移动 0.794cm,也即相当胶冻下陷原先高度的 1%,即 1 凹陷。与一般测微器读数原理一样,螺杆分度盘上的 1 大格(1 圈共 10 大格)也就相当于凹陷百分数的 1/10(读数精确至 0.1%)。

如果同一胶冻样品在三只玻璃杯中读数误差超过 0.6 时,必须重新测定。用折光计检查总可溶性固形物含量,并根据温度给予校正。

(3) 结果校正

准确加糖率按下式计算:

准确加糖率＝估计加糖率×换算因素(％)

科克斯和希格比采用五种不同类型果胶在高于或低于特定的加糖率时制备胶冻,测定每一玻璃杯中胶冻凹陷百分数,画出了凹陷百分数和真正加糖率/估计加糠率的曲线(图 11-2)。果冻凹陷 23.5％被假定为标准强度,根据测定的凹陷数值由曲线图可以确知测试果胶的真正加糖率。测试胶冻强度在标准强度的 20％上下时,测得的加糖率是准确的。如果胶冻采用的是加糖率为 150 的果胶,凹陷为 26％,由图 11-2 可知真正的加糖率应为估计加糖率的 0.9 倍,即 150×0.9＝135。

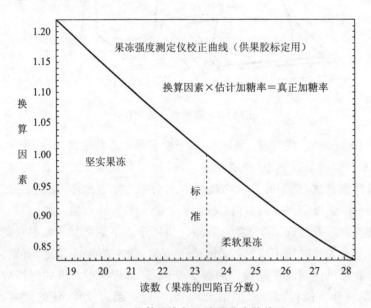

图 11-2　换算因素与凹陷百分率的关系

5. 思考题

根据测定的结果,讨论果胶的凝聚能力。

实验十三　增稠剂黏度的测定

1. 实验目的

通过对增稠剂黏度的测定,增强对不同类型增稠剂增稠稳定性能的感性认识。

2. 实验材料

明胶、黄原胶(均为食品级)。

3. 实验仪器

(1) NDJ-1 型旋转黏度计、勃氏黏度管(图 11-3)。

(2) 超级恒温器、秒表(准确到 0.01s)、恒温水浴箱、温度计(准确到 0.1℃)。

4. 溶胶的准备

(1) 黄原胶溶胶　用蒸馏水分别配制 0.5％、1.0％、1.5％的黄原胶溶液各 500mL,并冷却至 25℃。

(2) 明胶溶胶　用蒸馏水分别配制 5.0％、6.5％、7.0％的明胶溶液各 500mL,并冷却到 61℃左右。

5．黏度的测定

（1）黄原胶溶液黏度的测定

① 安装好旋转黏度计　注意要调节水平螺钉，保持仪器水平。

② 测定　将被测液置于不小于 70mL 烧杯或直筒形容器中，准确地控制被测液体温度为 25℃。将保护架装在仪器上。选取 3 号转子。旋入连接螺杆上，旋转升降旋钮，使仪器缓慢地下降，转子逐渐浸入被测液中，直到转子液面标志和液面相交为止。调正仪器水平。选择转速为 60r/min，按下指针控制杆，开启电机开关，转动交速旋钮，使所需转速数向上，对准速度指示点，放松指针控制杆，使转子在液体中旋转，经过多次旋转（一般为 20s～30s）待指针稳定。按下指针控制杆，使读数固定下来，再关掉电机，读取读数。重复以上操作，将剩余样品进行测定。

③ 计算　按下式计算：

$$\eta = K\alpha$$

式中　η——绝对黏度（mPa·s）；

　　　K——系数（3 号转子、转速 60r/min 时 $K=20$）；

　　　α——表盘读数。

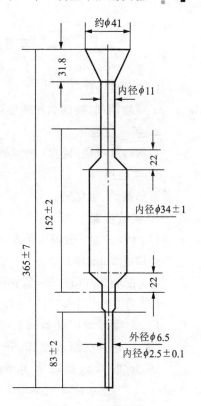

图 11-3　勃式黏度管

（2）明胶溶胶黏度的测定

① 开启超级恒温器，使流过黏度计夹套的温度为（60±0.1）℃。用手指顶毛细管末端，要避免空气或泡沫进入，迅速将胶液倒入黏度管里，直到超过上刻线 2cm～3cm。

② 将温度计插入黏度计里，当温度稳定在（60±0.1）℃时，将胶液水平调节到上刻线，将手指移开毛细管末端时按下秒表。胶液水平达到下划线时停下秒表，记下时间，准确到 0.1s。

③ 结果计算　按下式计算：

$$\eta = 1.005At - 1.005B/t$$

式中　η——胶液黏度（mPa·s）；

　　　t——流过时间（s）；

　A、B——黏度计常数，通过校正测定。

④黏度计校正　分别测出 100mL 40％和 60％蔗糖（分析纯）水溶液在 60℃时流过黏度计上下刻度线的时间，然后根据下式计算常数 A、B。

$$\eta/d = At - B/t$$

式中　A、B——黏度计常数；

　　　d——蔗糖密度（g/cm³）；

　　　η——蔗糖黏度（mPa·s）。

6．思考题

根据实验结果，讨论两种增稠剂的增稠性能的差异。

实验十四　海藻凉粉的制作

1．实验目的

了解增稠剂,凝固剂的性能,应用。

2．实验仪器

塑料薄膜一块,瓷盘一个,塑料板一块,不锈钢刀一把。

3．实验原料

海藻酸钠、氯化钙。

4．实验步骤

(1) 将 5g 海藻酸钠溶于 85mL 水中,浸泡 0.5h,调制成熟稠液,沸水浴加热 10min,倒在瓷盘中铺成 2mm 厚;

(2) 配制 250mL 10％氯化钙;

(3) 将"(2)"倒入"(1)"中浸泡 5min 得凝胶物;

(4) 将凝胶物切成 2cm 宽细条,再于 10％氯化钙中浸泡 5min;

(5) 流水冲洗细条约 10min;

(6) 称取 1.3g 磷酸钠、0.6g 偏磷酸钠、0.8g 碳酸氢钠溶于 100mL 水中,将细条泡入 0.5h～1h,用流水冲洗细条 5min,再沸水煮 1min;

(7) 用糖或盐、味精、酱油调味。

5．思考题

举例简述增稠剂、凝固剂的性能、应用。

6．自选方案

仿鱼翅食品(参考书:《食品科学》,中国轻工业出版社,2001)。

实验十五　"葡萄球"的制作

1．实验目的

了解增稠剂、凝固剂、甜味剂、酸味剂的性能和应用。

2．实验仪器

半圆塑料模具 1 只,滴管 1 个。

3．实验原料

海藻酸钠、白砂糖、柠檬酸(食用)、氯化钙(食用)、明胶(食用)、水果、食盐、CMC。

4．实验配方

梅藻酸钠 1.5％,明胶 1.0％,3.5％氯化钙水溶液,白砂糖 8％,柠檬酸 0.2％,水果汁 100mL。

5．实验步骤

(1) 将海藻酸钠、明胶、备用冷开水于烧杯中浸泡 0.5h 后于水浴加热 10min。

(2) 配制氯化钙 3.5％水溶液于烧杯中。

（3）将适量白砂糖、柠檬酸用少量水溶解，将（1）和（3）中原料混合；倒入半圆形塑料模具中置于氯化钙液中固化 4min 后取出。

6. 思考题

举例简述增稠剂、凝固剂、甜味剂、酸味剂的性能和应用。

7. 自选方案

（1）仿鱼子食品（参考书：《食品加工技术、工艺和配方大全》续集 1 中，科学技术文献出版社，2005）。

（2）彩珠饮料（参考书：食品研究与开发，2000(3)，1998，3；食品工业，1996，2）。

实验十六　果冻的制作

1. 实验目的

了解增稠剂、甜味剂、酸味剂的性能及应用。

2. 实验仪器

150mL 烧杯 2 只、100mL 量筒 1 只。

3. 实验原料与配方

白砂糖 8％，柠檬酸 0.1％，明胶 6％，苹果 15％。

4. 实验步骤

（1）称明胶 6g 于 150mL 烧杯中，加 10mL 冷开水浸泡 0.5h，在沸水浴中加热 30min；

（2）称白砂糖 8g，柠檬酸 0.1g 于 150mL 烧杯中，加 90mL 水，在电炉上加热至沸，加入适量苹果丁；

（3）将全部原料混合，搅拌后冷却。

5. 思考题

举例简述增稠剂、甜味剂、酸味剂的性能及应用。

实验十七　利用凝固剂制作豆腐花

1. 实验目的

（1）进一步掌握凝固剂的作用原理。

（2）通过对比不同凝固剂的凝固性能、掌握不同凝固剂的作用特性。

2. 实验原理

豆腐生产中，大豆蛋白经磨浆和热处理，发生热变性，蛋白质的多肽链的侧链断裂开来，形成开链状态，分子从原来有序的紧密结构变成疏松的无规则状态。这时加入凝固剂，通过改变蛋白质带电特性或发生化学键的结合，使变性的蛋白质分子相互凝聚、相互穿插凝结成网状的凝聚体，水被包在网状结构的网眼中，转变成蛋白质凝胶。

3. 实验器材与原材料

（1）小型磨浆机、烧杯、恒温水浴锅、电炉、温度计、pH 试纸、棉纱布等。

（2）原材料

黄豆、硫酸钙、葡萄糖酸-δ-内酯、碳氢酸钠、一次性塑料杯等。

4. 操作步骤

（1）原料预处理

将黄豆除杂和清洗,然后于黄豆的2.5倍水中浸泡,室温下需浸泡约8h。泡涨的黄豆重量约为原重的2倍左右。

（2）制浆、过滤与煮浆

用磨浆机对浸泡好的黄豆进行磨浆,磨豆时的加水量约为黄豆重量的3倍。然后用两层纱布进行过滤,得生浆,用10％碳酸氢钠调pH至7.0。将生浆于电炉上进行煮浆,煮浆时要不断搅拌,以防烧结,当豆浆温度达到98℃时,离火。

（3）点浆

称取凝固剂:硫酸钙添加量为1.2g/L(豆浆);葡萄糖酸-δ-内酯添加量为2.5g/L(豆浆)。将硫酸钙事先用少量水调成悬浊液,葡萄糖酸-δ-内酯也用少量水事先溶解。将豆浆平分为两份,冷至85℃左右,将两种凝固剂分别添加到两份豆浆中,边添加边用勺搅拌,并且均匀搅拌2min～3min。

（4）凝固成型

点浆完成后,将豆浆分装于一次性杯中,用保鲜膜封好杯口,在恒温水浴箱中保温。80℃静置约15min～40min凝固成型。静置时可进行观察,凝固完好后即可取出于冷水浴中冷却。

5. 结果分析

将两种凝固剂制作的豆腐花进行感官指标的观察,将结果填入表11-7。对两种凝固剂的凝固效果进行对比分析。

表 11-7　两种凝固剂的凝固效果

感官结果	凝固剂	
	硫酸钙	葡萄糖酸-δ-内酯
凝结完整性		
切面细腻感		
品尝细腻感		
色泽		

6. 思考题

（1）简述凝固剂的作用原理。

（2）对比不同凝固剂的凝固性能。

实验十八　果胶酶在果汁澄清中的应用

1. 实验目的

进一步掌握酶制剂的作用特性,加强酶制剂在食品工业中应用的感性认识。

2. 实验器材

家用榨汁机、恒温水浴箱、真空抽滤装置、721 分光光度计、煮锅、电炉、烧杯、纱布、温度计、秒表等。

3. 实验材料

苹果、草莓、果胶酶、硅藻土、精密滤纸、食用碳酸氢钠、柠檬酸、精密酸性 pH 试纸等。

4. 实验步骤

（1）粗果汁制备

① 粗苹果汁　将苹果洗净，去皮、核，切成小块，于不锈钢煮锅中沸水热烫 2min～5min。冷却后于榨汁机中取汁，取少量清水洗果渣，用纱布取汁，与原果汁混合，用 pH 试纸测定其酸度（合适 pH 3.5～5.0），必要时用酸、碱将其 pH 调整到合适范围，待用。至少制备 2L 粗果汁。

② 草莓果汁　将草莓洗净，取净果可食部分于榨汁机中取汁，用少量清水洗果渣，用纱布取汁，与原果汁混合，用 pH 试纸测定其酸度（合适 pH 3.5～5.0），必要时用酸、碱将其 pH 调整到合适范围，待用。至少制备 2L 粗果汁。

（2）酶解净化处理　分别将两种粗果汁分成四份，每份 500mL，于两种粗果汁中分别添加 0，0.2%，0.3%，0.5% 的果胶酶制剂，于 45℃～50℃ 恒温保温酶解 2h，其间要适当搅拌。结束后于冷水浴中冷却。

（3）澄清处理

分别在酶解后的果汁样品中添加 0.5% 的硅藻土，搅拌均匀，分析进行抽滤，抽滤过程中控制相同抽滤真空度，记录每个样品抽滤所用的时间。然后，用分光光度计对每个抽滤后的果汁测定其 660nm 处的 E 值（以蒸馏水为参比）。

5. 结果分析

将实验结果填入表 11-8，并对结果进行效果分析。

表 11-8　实验结果

测定 指标	苹果汁果胶酶添加量/%				草莓汁果胶酶添加量/%			
	0	0.2	0.3	0.5	0	0.2	0.3	0.5
E 值(660nm)								
抽滤时间/min								
澄清效果								

6. 思考题

酶制剂的作用特性有哪些？

参 考 文 献

[1] 江建军主编.食品添加剂应用技术[M].北京:科学出版社,2011

[2] 孙平,张津凤主编.食品添加剂应用手册.北京:化学工业出版社,2011

[3] 孙平主编.食品添加剂.北京:中国轻工业出版社,2009

[4] 彭珊珊,钟瑞敏,李琳编.食品添加剂(第二版)[M].北京:中国轻工业出版社,2011

[5] 孙宝国等编.香料化学与工艺学.第二版[M].北京:化学工业出版社,2004

[6] 刘程主编.食品添加剂食用大全.北京:北京工业大学出版社,1994

[7] 胡国华主编.食品添加剂应用基础[M].北京:化学工业出版社,2005

[8] 汤高奇,曹斌主编.食品添加剂[M].北京:中国农业大学出版社,2010